高等学校计算机基础教育教材

C语言程序设计

罗兵 高潮 洪智勇 编著

清华大学出版社
北京

内 容 简 介

本书以掌握C语言的编程应用为教学目标对工科学生进行编程基础教学,包括传统经典的C语言语法、面向过程的模块化程序结构方法,为进一步进行Web程序设计、单片机程序设计等应用开发打下基础。突出重点,将少数常规的疑难考点作为选学内容。本书以成果导向的教育(outcome based education,OBE)理念进行知识组织改革,侧重于编程能力培养,注重应用,淡化非重点语法细节,多案例、细讲解、少语法、少偏怪。目标是使学生具有程序设计能力,了解必要的语法。最后附录部分介绍了实验教学内容、在线作业、考试软件等内容。本书有配套的教学课件、例题和习题源程序等电子资源。

本书适合作为应用型高校计算机类、信息类、控制类专业的"程序设计"课程教材,也可作为程序设计初学者的入门教材。

图书在版编目(CIP)数据

C语言程序设计/罗兵,高潮,洪智勇编著. —北京:清华大学出版社,2023.1(2025.8重印)
高等学校计算机基础教育教材
ISBN 978-7-302-62179-9

Ⅰ.①C… Ⅱ.①罗… ②高… ③洪… Ⅲ.①C语言-程序设计-高等学校-教材 Ⅳ.①TP312.8

中国版本图书馆CIP数据核字(2022)第214316号

责任编辑:袁勤勇
封面设计:常雪影
责任校对:韩天竹
责任印制:丛怀宇

出版发行:清华大学出版社
　　网　　　址:https://www.tup.com.cn,https://www.wqxuetang.com
　　地　　　址:北京清华大学学研大厦A座　　　　　邮　　编:100084
　　社 总 机:010-83470000　　　　　　　　　　　邮　　购:010-62786544
　　投稿与读者服务:010-62776969,c-service@tup.tsinghua.edu.cn
　　质量反馈:010-62772015,zhiliang@tup.tsinghua.edu.cn
　　课件下载:https://www.tup.com.cn,010-83470236
印 装 者:三河市铭诚印务有限公司
经　　销:全国新华书店
开　　本:185mm×260mm　　　　印　　张:19.5　　　　字　　数:473千字
版　　次:2023年1月第1版　　　　　　　　　　　印　　次:2025年8月第4次印刷
定　　价:59.80元

产品编号:095114-01

前言

现代科技发展离不开计算机,现代工科大学生需要掌握计算机编程技术,程序设计是众多高校选课学生人数最多、开设专业最多的必修课之一。对于应用型本科人才来说,虽然感受到了计算机编程的重要作用,但往往又被复杂烦琐的语法所困扰,被应试教育所累。现代工程教育提出了成果导向的教育(OBE)理念,注重应用能力培养、自学能力培养,以案例为导向,淡化知识的系统教学,系统知识可以留待自学和遇到需要时再学习。这样会提高学生的学习兴趣,且目的明确、理论结合实际、学以致用。

传统的程序设计教学内容偏重语法体系,注重偏、难、怪的语法细节,程序例题、习题脱离实际应用,容易导致以应试为导向,使学生对学习目的感觉迷茫,挫伤了学生的学习兴趣,往往课程学完后只是会考试,不会编程应用。

本书将现代工程教育提出的成果导向的教育理念应用于高校工科程序设计课教学改革实践,内容突出重点,注重实例,淡化意义不大的偏、难、怪的语法细节问题。

目前程序设计教学一般采用的 C 语言有诸多适合作编程入门语言的特点:面向过程、结构化程序设计、规范、清晰、功能强、可直接控制底层、可直接访问硬件、与多种语言有相似性、容易再学习新的编程语言等。

全书共 12 章,分别介绍了 C 语言的基础知识、数据类型、运算符及表达式、程序的选择结构、程序的循环结构、函数、数组、指针、字符串、构造数据类型、文件的操作等知识,最后一章介绍了程序设计综合应用。本书还有 8 个附录,列举了 ASCII 码表、C 语言的关键字、运算符的优先级和结合性、库函数、实验教学等内容。

本书适合作为应用型高校工科专业学生学习"程序设计"课程的教材,也可作为程序设计初学者的入门教材。本书配有教学课件、例题和习题源程序等数字资源。

本书由罗兵、高潮、洪智勇编著,罗兵编写了第 1、2、3、9、10、11 章,高潮编写了第 4~8 章,洪智勇编写了第 12 章和附录,并负责全书的统稿工作。

由于编者知识水平有限,加之时间紧迫,书中难免存在不少错误和不足,恳请读者指正。

编　者

2022 年 10 月

目 录

第1章

基础知识

思考题

1. 为什么要学习程序设计?

2. 为什么选择 C 语言开始学习程序设计?

3. 学习 C 语言程序设计需要哪些基础知识?

1.1 为什么要学习程序设计

现代科学技术都离不开计算机,从智能手机到飞机、高铁,从工业自动控制到人脸识别,计算机的身影无处不在。计算机包括硬件和软件两部分,硬件的核心是中央处理器(CPU),软件的核心是程序(program)。

无论你准备从事哪一个工程领域,例如电子、通信、自动化、电气、机械、建筑、化工、纺织、材料、能源、交通、设计,或者从事计算机行业,都需要掌握程序设计能力,这样才能更好地使用计算机工具,使其成为你专业技术工作的利器。

本书采用 C 语言作为工科程序设计的入门语言。

下面通过几个例子,看看 C 语言程序可以实现什么。

例 1.1 将一张 100 元的纸币换成 10 元、20 元和 50 元的零钞,有几种换法?

解:设将一张 100 元纸币换成 x 张 10 元、y 张 20 元和 z 张 50 元零钞,这是一个求解三元一次方程的整数解问题:$10x+20y+50z=100$。

计算机求解此类问题,可以采用穷举法,因为计算机擅长做有规律的重复计算工作。

将 x 从 0 到 10 循环、y 从 0 到 5 循环、z 从 0 到 2 循环,每次将循环的候选解代入方程的左边计算判断结果是否为 100,为 100 则输出一组解。该问题的 C 语言程序为:

```
01      #include<stdio.h>
02      main()
03      {
04          int x,y,z;
05          for(x=0;x<=10;x++)
06              for(y=0;y<=5;y++)
07                  for(z=0;z<=2;z++)
08                      if(10*x+20*y+50*z==100)
```

```
09              printf("%d * 10+%d * 20+%d * 50=100\n",x,y,z);
10   }
```

程序运行结果如图 1-1 所示。

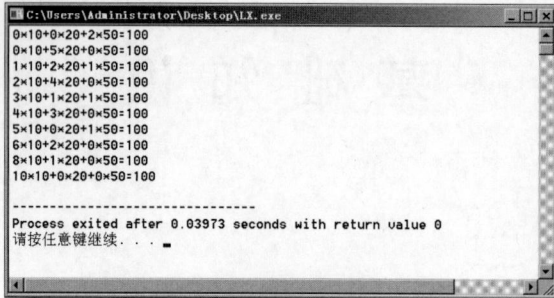

图 1-1　例 1.1 的程序运行结果

例 1.2　求解关于 x 的一元二次方程 $ax^2+bx+c=0$。

解：C 语言程序的算法流程如图 1-2 所示。

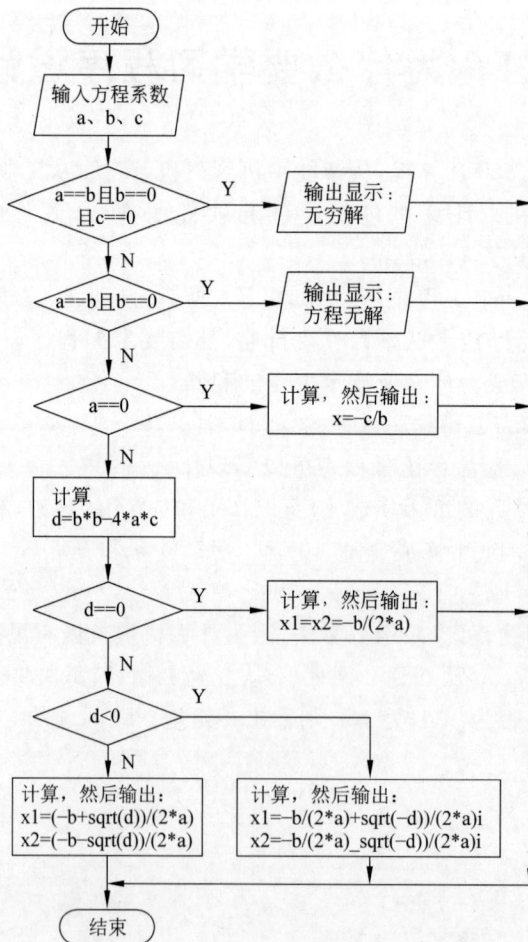

图 1-2　求解一元二次方程的算法流程图

该问题的 C 语言程序为：

```
01    #include<stdio.h>
02    #include<math.h>
03    main()
04    { double a,b,c,d,x;
05      printf("请输入方程的 3 个系数:");
06      scanf("%lf%lf%lf",&a,&b,&c);
07      if(a==0&&b==0&&c==0)
08          printf("Infinite Solutions !");
09      else if(a==0&b==0)
10          printf("No Solution !");
11      else if(a==0)
12          printf("x=%g",-c/b);
13      else
14      { d=b*b-4*a*c;
15          if(d==0)
16              printf("x1=x2=%g",-b/2/a);
17          else if(d>0)
18          {   printf("x1=%g\n",-(b+sqrt(d))/2/a);
19              printf("x2=%g\n",-(b-sqrt(d))/2/a);
20          }
21          else
22          {   printf("x1=%g+%gi\n",-b/2/a,sqrt(-d)/2/a);
23              printf("x1=%g-%gi\n",-b/2/a,sqrt(-d)/2/a);
24          }
25      }
26    }
```

例 1.3　我国的农历采用天干地支纪年法,但每年起始是春节。1894 年春节农历是甲午年,1898 年是戊戌年,1900 年是庚子年,1901 年是辛丑年,1911 年是辛亥年。这些年都留下了著名的历史记忆:甲午战争、戊戌政变、庚子赔款、辛丑条约、辛亥革命。试编程求某一公历年春节起农历年的天干地支纪年。

解：十天干为甲、乙、丙、丁、戊、己、庚、辛、壬、癸;十二地支为子、丑、寅、卯、辰、巳、午、未、申、酉、戌、亥。公元 4 年的农历年是甲子年,依次循环纪年。天干的循环周期为 10 年,地支的循环周期为 12 年。依据输入的公元年份与公元 4 年的间隔、周期,即可推导出其所在农历年的纪年。

```
01    #include<stdio.h>
02    main()
03    { int y,t,d;             //分别表示公元年、天干顺序数、地支顺序数
04      char tian_g[]="甲乙丙丁戊己庚辛壬癸";
05      char di_z[]="子丑寅卯辰巳午未申酉戌亥";
06      printf("\nInput the year: ");
07      scanf("%d",&y);
08      t=((y-4)%10+10)%10;
09      d=((y-4)%12+12)%12;
10      printf("\n 公元%d 年是农历%c%c%c%c 年 \n",\
```

```
11           y,tian_g[t*2],tian_g[t*2+1],di_z[d*2],di_z[d*2+1]);
12      }
```

这里第 3 行的"//"是行注释符号,表示本行后面的内容是给程序员看的注释,编译时编译程序将自动忽略跳过注释。第 10 行最后的单独一个"\"表示续行符,即下一行与本行是一行代码,因书写不下而换行,在某些宏定义时有作用,此处可以省略。C 语言也可以使用"/*"和"*/"一起表示块注释,这两个符号之间的内容将作为注释被编译程序忽略跳过,这种注释可以有一行或多行。

计算机程序擅长解决复杂的计算问题或复杂的逻辑问题,其他复杂问题只要能够将要求解的问题转换为计算问题和逻辑判断问题,计算机程序都可以解决。"记忆好"(存储量大)、"反应快"(计算快、存储快)、擅长做重复有规律的处理(循环)是计算机程序的特点。

本课程首先学习如何将实际问题用计算机 C 语言描述,并求解。从使用的角度,C 语言比较简单,大家要有信心可以很好地掌握。当然,C 语言的语法细节有很多疑难的地方,但对于实际应用意义不大。例如,变量 a 的初始值为 1,分析执行语句"a+=a-=a*=a;"后变量 a 的值;或者分析语句"b=a++;"与"b=++a;"的区别。这些问题比较疑难,实际意义不大。编程设计真正的难点在于如何将复杂的问题转换为计算机可解决的计算模型,即算法问题。例如,如何求圆周率? 在计算机只能直接进行加减乘除四则算术运算的条件下如何计算平方根? 等等。

本课程主要学习将已设计好的算法写为 C 语言程序,即算法的 C 语言实现。

1.2　C 语言简介

在 C 语言诞生以前,系统软件主要用汇编语言编写。由于汇编语言依赖于计算机硬件,与具体计算机的型号密切相关,其可读性和可移植性都很差;但一般的高级语言又难以实现对计算机硬件的直接操作,于是有产生一种兼有汇编语言和高级语言特性的新语言的强烈需求。20 世纪 70 年代在美国最早设计了 C 语言。

美国电报电话公司(AT&T)的贝尔实验室工程师 Ken Thompson 在 1970 年以 BCPL (basic combined programming language)语言为基础,设计了一种类似于 BCPL 的语言,取其首字母 B,称为 B 语言。1972 年,贝尔实验室的 Dennis M. Ritchie 为克服 B 语言的诸多不足,在 B 语言的基础上重新设计了一种语言,取其第二字母 C,故称为 C 语言。BCPL 和 B 语言最初都是为编写操作系统软件和编译器而开发的语言。贝尔实验室在 B 语言的基础上开发出的 C 语言,最初也用来编写 UNIX 操作系统,C 语言是作为 UNIX 操作系统的开发语言为人们所认识。但由于 C 语言严格的设计,C 语言与具体硬件无关以及其他许多优点,使它的应用很快就超越了贝尔实验室的范围。20 世纪 70 年代末,C 语言开始移植到非 UNIX 环境中,并逐步脱离 UNIX 系统成为一门独立的程序设计语言,迅速地在全球传播。一直到现在,C 语言始终在全球编程语言使用率排名中稳居前二。如图 1-3 是国际著名的软件测评公司 TIOBE 最新公布的编程语言偏好排名。2020 年和 2021 年 C 语言再次重登榜首,其中开发广泛使用的智能设备是一个重要原因。

C 语言之所以备受青睐,和它具有的许多优点分不开。这些优点主要有:

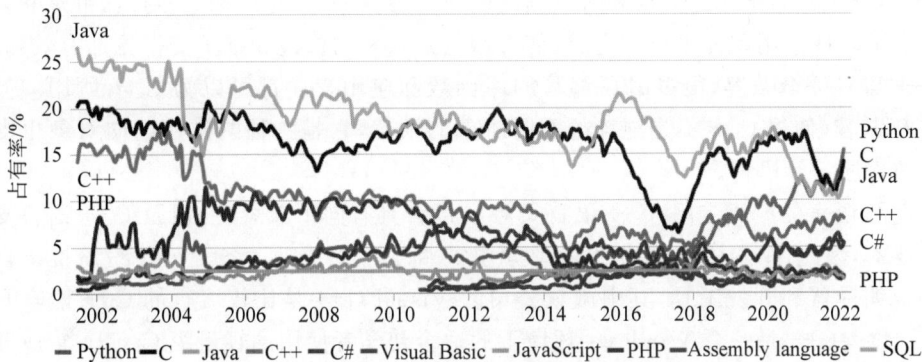

图 1-3　TIOBE 公司最新发布的编程语言偏好排名

（1）C 语言作为一种高级语言，又具有机器语言的功能。高级语言与人的语言习惯、表达方式更接近，容易理解、掌握和使用，包括数学表达式。C 语言又能直接访问物理地址、具有位（bit）操作的功能，可以直接对硬件进行操作。这使 C 语言成为单片机、小型智能设备等的程序设计语言，并一直是使用率最高的程序设计语言之一。

（2）用 C 语言编写的程序编译后所生成的目标代码质量高，程序的执行效率高。由于 C 语言可直接访问控制硬件，代码效率高，具有高级语言的特点，因此在追求速度的小型智能设备、工业控制和实时处理中得以广泛采用。

（3）C 语言是典型的面向过程的结构化程序设计语言，具有结构化的控制语句。顺序、选择、循环这三种类型的结构化控制，在 C 语言中都有相应的语句加以体现，因此可以用 C 语言进行结构化程序设计。C 语言还以函数作为程序的基本单位，便于实现程序的模块化。面向对象程序设计或其他高级语言都需要类似的面向过程的程序设计逻辑基础。因此 C 语言也一直被选为程序设计入门教学语言。

（4）C 语言简洁紧凑，但功能强大。它只有 32 个关键字和 9 种控制语句，而且书写形式自由，所以 C 语言入门比较容易。它又有丰富的数据类型和丰富的运算符，可以实现强大的运算和逻辑功能。它不仅有常用的基本数据类型，而且还有指针类型、构造数据类型等，能用来实现各种复杂的数据结构。C 语言的丰富运算符使许多操作都可以通过运算符表示。由运算符和操作数再组成表达式，因而 C 语言中表达式的类型也相当丰富。

由于以上这些优点，C 语言既可以用来开发系统软件，也可以用来开发应用软件。另一方面，由于 C 语言的语法限制不太严格，程序设计自由度大，对程序员要求也较高。而且 C 语言是一种面向过程的程序设计语言，面向过程的程序设计以过程处理为核心，这种设计方法在大型程序设计、软件的重用性、图形化界面设计等方面有其局限性。

自 20 世纪 80 年代初开始，随着面向对象程序设计思想的日益普及，很多支持面向对象程序设计方法的语言也相继出现了，C++ 就是其中之一。C++ 是 Bjarne Stroustrup 于 1980 年在 AT&T 的贝尔实验室开发的一种语言。它是 C 语言的超集和扩展，是在 C 语言的基础上扩充了面向对象的语言成分而形成的。最初这种扩展后的语言称为带类（class）的 C 语言，1983 年才被正式称为 C++ 语言。以后又经过不断的改进，发展成为今天的 C++。

作为 C 语言的超集，C++ 继承了 C 的所有优点。它既保持了 C 的简洁性和高效性，又对数据类型做了扩充，使编译系统可以检查出更多类型错误。C++ 支持面向对象程序设计，通过类和对象的概念把数据和对数据的操作封装在一起，通过抽象、封装、继承和多态等特性实现了软件重用和程序自动生成，使大型复杂软件的构造和维护变得更加有效和容易。

　　C++与C完全兼容，很多用C编写的库函数和应用程序都可以为C++所用。但正是由于与C兼容，使得C++不是纯粹的面向对象的语言，它是一种既支持面向对象也支持面向过程的程序设计语言。

　　由于C语言的广泛应用，C++语言又对C语言具有向下兼容性，以及C++语言支持面向对象技术，因此，C++语言推出后，很快就获得商业上的成功。各大公司纷纷推出自己的C++语言编译器和开发工具，其中微软公司的Visual C++是比较流行的C++语言开发平台之一。Dev-C++是一个Windows环境下的适合初学者使用的轻量级C/C++集成开发环境(IDE)。它是一款自由软件，要求遵守通用公共协议(GPL)许可自由复制、使用。它集合了MinGW中的GCC编译器、GDB调试器和AStyle格式整理器等众多自由软件。原开发公司Bloodshed在开发完4.9.9.2版本后停止开发，现在由Orwell公司继续更新开发，最新版本是5.12。本书建议采用Dev-C++作为开发平台。

　　由于C语言的输入输出语法复杂但使用意义不大，而C++中的输入输出流简洁方便，因此本书在采用C语言语法的同时，介绍C++的流式输入输出方法。初学时采用该输入输出方法可以简化输入输出编程而着重学习掌握C语言的其他语法及编程算法。

　　通过本课程的学习，学生们可以掌握：

　　(1) 面向过程的C语言程序设计，能编写结构化程序；

　　(2) 掌握计算机的程序逻辑，掌握分支、循环、穷举等简单算法，将用户需求转化为计算机语言实现；

　　(3) 为后续的单片机、智能控制设备软件开发打下基础，也为计算机专业学生学习其他语言打下基础。

　　下面先通过几个简单的C语言程序例子，使大家对C语言程序有初步认识。同时也列出C++语言程序对比，使大家理解采用C++语言的输入输出进行C语言编程的作用，即避免烦琐而意义不大的输入输出格式要求，更多关注于算法和程序实现。

　　例1.4　输出一行文字。

```
01    #include<stdio.h>            //预处理命令,包含该头文件到此处
02    main()                        //主函数,程序入口
03    {                             //函数开始标记
04      printf("Hello World!\n");   //语句:输出字符
05    }                             //函数结束标记
```

　　上面是一个完整的C语言源程序，可以将其保存为example1.c，运行后在屏幕上输出一行文字，如图1-4所示。

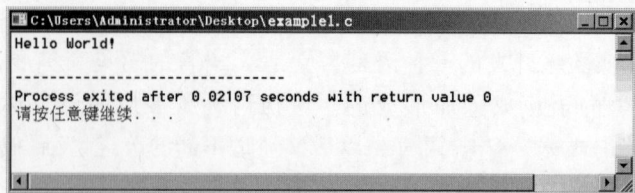

图1-4　例1.4程序的运行结果

程序的第 1 行表示该程序要使用 stdio 库中的函数,因此将该库函数的头文件加入到程序前面。第 2 行是程序开始执行的入口,称为主函数(main)。

程序的主体是一条语句,即输出字符,语句的结束处有分号";"。注意 C 语言的程序语句中的符号,如分号、引号、逗号、括号都是英文半角符号。printf 是 C 语言的格式输出函数,当其涉及变量时使用比较复杂。

该程序改用 C++ 的输出流进行编写,如下:

```
01   #include<iostream>              //C++的输入输出头文件
02   using namespace std;           //C++的命名空间
03   int main(void)
04   { cout<<"Hello World!";        //C++的输出流对象进行输出字符
05     return 0;
06   }
```

该程序可以保存为 example1.cpp,程序运行结果与 example1.c 相同。但头文件不同;程序多了第 2 行,表示命名空间;输出采用 cout 输出流对象的方法。

C 语言的程序包括头部和函数两部分。头部主要是一些编译预处理命令,而 C 语言程序的主体是多个函数,必须有一个主函数 main,它是程序开始执行的入口。

例 1.5 输入圆的半径,输出该圆的周长、面积。

```
01   #include<stdio.h>
02   #define PI 3.14159                //宏定义
03   main()
04   { doubler,c,area;                 //定义了 3 个变量
05     printf("input radius: ");       //输出显示提示输入
06     scanf("%lf",&r);                //输入半径
07     c=2*PI*r;
08     area=PI*r*r;                    //运算
09     printf("circumference is %f, area is %f.",c,area);   //输出
10   }
```

运行后,如果输入半径 1,则输出圆周长和面积,如图 1-5 所示。

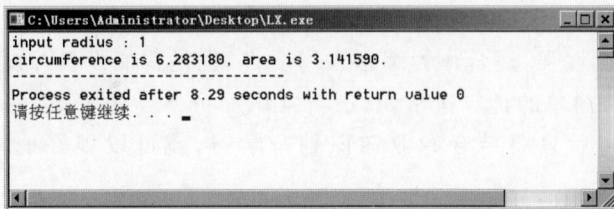

图 1-5　例 1.5 程序运行输入 1 后的结果

这里的头部多了一个宏定义,将 PI 定义为 3.14159,这样编译时将会把程序中的 PI 全部替换为 3.14159,从而避免反复输入圆周率常数,也便于在宏定义处进行简单修改。例如,提高精度使用 10 位圆周率,不必在程序中每处修改,仅修改 PI 的宏定义即可。

该程序改用 C++ 的输出流进行编写,如下:

```
01    #include<iostream>
02    #define PI 3.14159
03    using namespace std;
04    int main(void)
05    { doubler,c,area;
06      cout<<"input radius: ";              //输出显示提示输入
07      cin>>r;                              //输入半径
08      c=2*PI*r;
09      area=PI*r*r;                         //运算
10      cout<<"circumference is "<<c<<", area is "<<area<<".";      //输出
11      return 0;
12    }
```

可见 C++的输入输出流对象进行输入输出要简单得多,没有类型差异,变量位置直观。

在 C/C++语言源程序中,凡是放在"/*"与"*/"之间或以"//"开始到行尾的部分都是注释的内容,前者称为"块注释",后者称为"行注释"。

程序在编译时,注释部分被忽略,不产生目标代码,对程序运行不起任何作用。但注释是程序的重要组成部分!注释可以提高程序的可读性,它是对编程意图、程序功能、算法、语句的作用等所做的必要说明,注释应在编程的过程中进行。对那些一目了然的内容一般在注释中就不必陈述,以免影响注释的效果。

C/C++语言程序在书写时不要将程序的每一行都由第一列开始,应在语句前面加进一些空格,称为"缩进"。

C/C++语言程序的书写格式自由度高,灵活性强,随意性大。比如,一行内可写一条语句,也可写几条语句;一条语句也可分写在多行内。因此,应该通过必要的缩进格式,或在适当的地方加进一些空行,以提高程序的可读性,便于人们阅读和理解。例如:

一般情况下每条语句占用一行。

表示结构层次的花括号单独占一行,并与使用花括号的语句对齐。花括号内的语句采用缩进书写格式。

不同结构层次的语句,从不同的起始位置开始。即同一结构层次中的语句,缩进对齐;用锯齿形缩进表示程序(或程序块)的层次结构。

适当加些空格和空行,这样便于阅读。

C 语言程序可读性强,适合作为编程入门语言,也是智能设备开发的常用语言。它的学习基础要求低,有简单的计算机常识、逻辑常识即可。当然,后续的算法设计会涉及很多专业知识,但入门后只要结合专业知识勤奋学习,就可以很好地掌握和应用 C 语言编程。

1.3 相关的软件知识

1.3.1 二进制

计算机中只有 0 和 1 两种表现形式,对于信息分为两类进行表示:数和符号。数的基

础是整数,采用二进制表示;符号的基础字符则采用 0 和 1 的 ASCII 编码来表示。ASCII 编码表见附录 A。

人们日常生活中习惯采用十进制,即每位的权重分别是 10 的幂,每位可以为数字 0～9。例如:

$$518 = 5 \times 10^2 + 1 \times 10^1 + 8 \times 10^0 \tag{1-1}$$

同样,二进制的每位权重分别是 2 的幂,只需要用数字 0 和 1 表示值,例如:

$$1011 = 1 \times 2^3 + 0 \times 2^2 + 1 \times 2^1 + 1 \times 2^0 \tag{1-2}$$

二进制数与十进制数的转换,计算机可以自动进行,但了解转换方法和常用的转换有利于我们编程中的表达。

(1) 二进制数转换为十进制数:将二进制数每位上的数乘以该位的权重,再相加即可得到十进制,如式(1-2)。二进制数 1011 按式(1-2)进行计算,可得到其相等的十进制数 11。

(2) 十进制数转换为二进制数:将十进制数对 2 进行短除法,每次除的余数即相应二进制数的各位。例如十进制数 11 到二进制数的转换如图 1-6 所示。

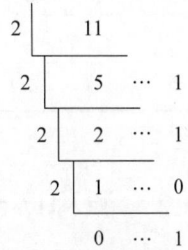

图 1-6　十进制数到二进制数的转换

这样,十进制数 11 可以转换得到二进制数 1011。

二进制数有一个不足之处,一般的数每次写起来都很长,不便于书写。为此,常采用八进制数、十六进制数来表示二进制数。将二进制数从低位起每 3 位写为一个数就是八进制数,每 4 位写为一个数就是十六进制数。八进制数只有数字 0～7,十六进制数在 0～9 外分别用小写字母 a、b、c、d、e、f 或大写字母 A、B、C、D、E、F 表示数字 11～15。表 1-1 所示是十进制数 0～15 与对应的二进制数、八进制数和十六进制数。

表 1-1　十进制数 0～15 及等值的其他进制数

十进制数	二进制数	八进制数	十六进制数	十进制数	二进制数	八进制数	十六进制数
0	0	0	0	8	1000	10	8
1	1	1	1	9	1001	11	9
2	10	2	2	10	1010	12	A
3	11	3	3	11	1011	13	B
4	100	4	4	12	1100	14	C
5	101	5	5	13	1101	15	D
6	110	6	6	14	1110	16	E
7	111	7	7	15	1111	17	F

在 C 语言中,为避免歧义,在不同进制数的整数前加上前缀以示区别。11 表示是十进制数,0b11 表示是二进制数,011 表示是八进制数,0x11 表示是十六进制数。

表 1-2 是部分常用字符的 ASCII 码值。

表 1-2 部分常用字符的 ASCII 码值

字 符	ASCII 码值			字 符	ASCII 码值		
	十进制数	二进制数	十六进制数		十进制数	二进制数	十六进制数
换行(LF)	10	00001010	0A	A	65	01000001	41
Enter 键(CR)	13	00001101	0D	B	66	01000010	42
空格(SPACE)	32	00100000	20	C	67	01000011	43
0	48	00110000	30	a	97	01100001	61
1	49	00110001	31	b	98	01100010	62
2	50	00110010	32	c	99	01100011	63

1.3.2 源程序到可执行程序

进行计算机程序设计,首先需要用某种软件编写出某种计算机语言的源程序,源程序一般是文本文件。然后计算机程序对源程序进行处理得到可执行程序,计算机就可以执行可执行程序了。不同语言对源程序的处理分为两种类型:编译型和解释型。前者有 C 语言、Java 等,后者有 BASIC、MATLAB 等。

解释型是对源程序逐句处理,边解释边执行。编译型源程序处理需要编辑软件、编译软件和连接软件,现在一般将这 3 个软件及功能集成在一个软件中,便于使用,也称为集成开发环境(IDE)。

不同语言的源程序后缀名不同,C 语言源程序的后缀是".c",C++ 源程序的后缀是".cpp"。由于 C++ 兼容 C 语言,为了避免初学 C 语言时烦琐的输入输出语句出错,可以采用 C++ 的输入输出流,这样源程序的后缀就是".cpp",其他均为 C 语言语法。熟悉后,在进行单片机编程时,再采用 C 语言的格式输入输出函数。

C/C++ 常用的 IDE 有微软公司的 Microsoft Visual C++、Visual Studio、开源的 Dev-C++ 等。Dev-C++ 是开源软件,功能强大且免费,适合初学者使用,本书推荐将其作为 C 语言编程的 IDE 使用。如图 1-7 是其界面,其中"编译后运行"按钮使用最多。

1.3.3 预处理命令

头文件包含预处理命令和宏定义等。所谓头文件是一组由编译系统提供的、已经被验证的、高效率的、成熟的函数组成的程序文件,又称为库文件。用户不必重新定义就可以直接使用它们,只需要通过文件包含预编译命令(♯include 命令),将要用到的函数和类对应的库文件包含到用户程序中即可。该类文件的扩展名取自单词 head 的第一个字母 h,head 也表示它往往要在程序的开头出现。

"♯include <iostream>"是一个文件包含预处理命令,它的作用是将一个标准库文件 iostream 的内容包含到程序的当前位置,代替该命令行。

编译预处理命令是在对源程序进行正式编译之前,先对源程序中的编译预处理命令进

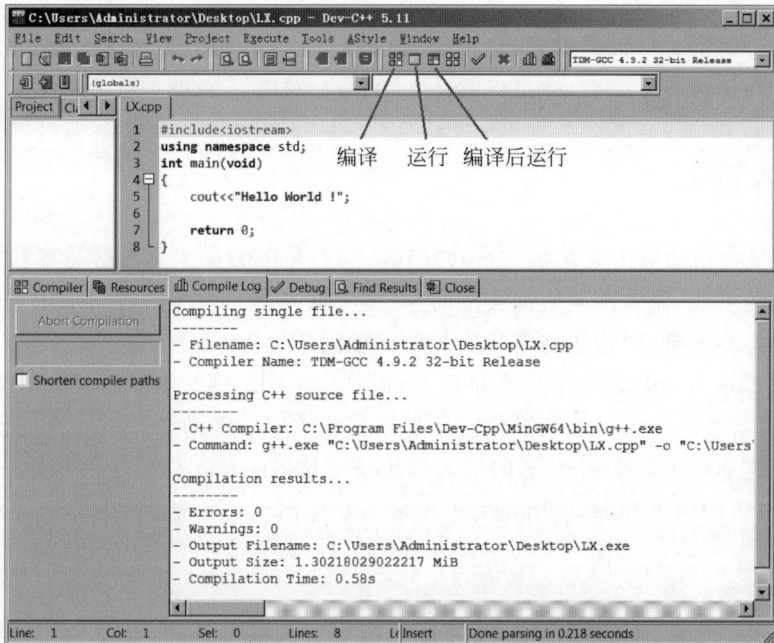

图 1-7 Dev-C++ 集成开发环境(IDE)的界面

行"预处理",再对预处理后的程序代码正式进行编译,以得到目标代码。

编译预处理命令以♯开头,它们可以出现在程序中的任何位置,但一般写在程序的首部。与 C 语言程序语句不同,预处理命令在行末不加分号";",每条命令均占用一行。

C++ 的标准库文件 iostream 中提供了 C++ 基本输入输出的有关功能,要通过标准流对象 cin 和 cout 进行输入/输出操作,需要把标准库文件 iostream 包含到程序中。

程序中的"using namespace std;"语句,其意思是"使用命名空间 std"。C++ 标准库中的类和函数是在命名空间 std 中声明的,因此程序中如果需要用到 C++ 标准库,首先需要用♯include 命令将相应的标准库文件包含到当前程序中,然后还需用"using namespace std;"语句作声明,表示要用到命名空间 std 中的内容。

在初学 C/C++ 时,对程序中的"♯include<iostream>"文件包含预处理命令和"using namespace std;"语句,先不必深究。只需要知道:如果程序有输入或输出时,必须使用它们。

另外,对于带参数的宏定义容易受到运算符优先级的影响,建议在宏定义时加上括号。

例 1.6 带参数的宏定义。

```
01    #include<stdio.h>
02    #define MF(x,y) x*y            //宏定义
03    main()
04    { int r;
05      r=MF(2+3,4);
06      printf("%d",r);             //将输出 14
07    }
```

运行后,将输出 14。

因为第 5 行宏定义带入参数后编译为"r＝2＋3＊4;",如果将第 2 行的宏定义修改为"＃define MF(x,y)(x)＊(y)",就可以避免上述误会,修改后的程序将输出 20。

1.3.4　输入输出

C 语言中最常用的输入方法是 scanf()函数,其括号中的参数由数据类型参数和数据地址参数两类参数组成,输入不同数据类型时,类型参数不同。两类参数间采用顺序关系来对应。初学者很容易出错,记住数据类型参数也比较困难。

输出则是 printf()函数,其参数也是两类,但有所不同。两类参数是:数据类型参数、数据。输入、输出参数和格式的复杂导致初学者编程非常容易出错。

开始学习之初也可以采用 C++ 的输入输出流对象 cin、cout 的方法进行输入输出,它没有数据类型差异,按顺序处理,使用要简单得多。对比例 1.4 和例 1.5 中的程序可以初步体会到这种简化。

这种命令行输入输出在实际程序开发中应用并不多,在图形用户界面(GUI)的软件开发中,输入输出都是通过图形用户界面的输入框和显示框进行的;在单片机等控制器开发中,输入输出一般就是输出到某个端口或读取某个端口,所以采用简化的方法可以避免在意义不大的地方浪费过多精力。

1.4　相关的硬件知识

计算机程序设计中往往需要考虑硬件结构,如端口、内存,特别是离不开存储器。本节将主要介绍计算机的硬件体系结构、内存结构原理的主要内容。

1.4.1　计算机的硬件体系结构

计算机硬件主要分为 5 部分:运算器、控制器、存储器、输入设备和输出设备。运算器也称为算术逻辑单元(ALU),它是计算机进行各种运算、判断、处理的基础和核心,它和控制器、寄存器一起集成在一块芯片中,称为中央处理器(CPU)。目前我们的计算机中使用比较多的 CPU 芯片是英特尔(Intel)公司的 i5 或 i7 CPU 芯片。

如图 1-8 是计算机的硬件体系结构图。

5 类硬件设备通过数据总线、地址总线和控制总线进行数据通信。数据总线是数据通道,地址总线的地址译码后选择控制哪个设备或存储单元与数据总线连通进行数据通信,控制总线传输的控制指令则控制数据的方向,是读写还是存储,或者是哪个设备传送给哪个设备。运算器是运算的核心,存储器则是计算机运算的"草稿纸",复杂的算法逻辑实现都离不开在存储器中保存数据。存储器有 CPU 中几字节(byte)容量的寄存器(register)、几十千字节(KB)容量的只读存储器(ROM)、几兆字节(MB)容量的静态高速缓存(SRAM)、几吉字节(GB)容量的动态存储器(DRAM)、几太字节(TB)容量的外部存储器(硬盘)。其中,

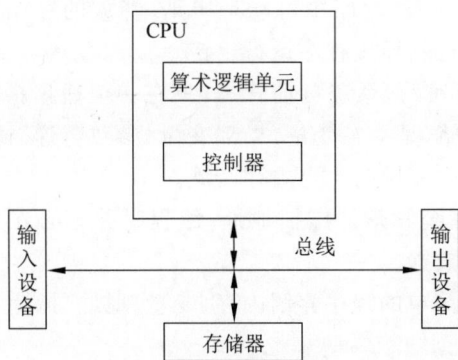

图 1-8　计算机的硬件体系结构图

DRAM 是程序运行时存储数据的主要存储器,也称为内存;硬盘是长期保存数据的存储器。内存按地址读写数据,硬盘按文件名读写文件中的数据。

1.4.2　内存的结构原理

内存是编程中必须打交道的存储器,它通过地址访问内存单元来读写数据。为便于处理地址,将程序中需要使用的内存单元用变量名表示,将地址用指针表示。而且不同类型的数据需要使用的内存单元数量、表示格式不同,因此变量、指针还同时有数据类型的属性。

如图 1-9 是内存的结构原理图。

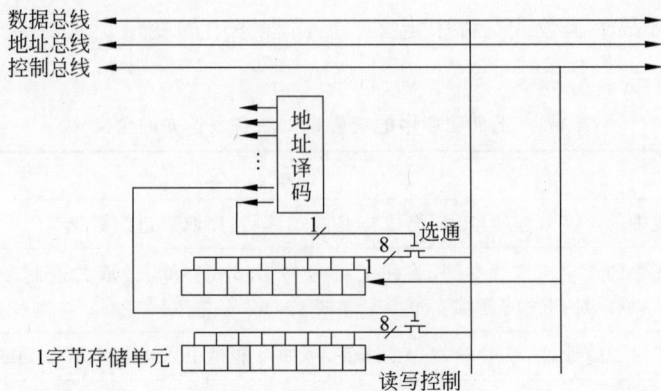

图 1-9　内存的结构原理图

计算机采用二进制存储、表示信息,每 1 位(bit)存储 1 个 0 或 1,每 1 位给 1 个地址是浪费的,最初每 8 位给 1 个地址,每 8 位称为 1 字节(byte),最初的总线(bus)宽度也是 8 位,这样每次传送 8 位数据,CPU 也可进行 8 位运算。现在,计算机已可以进行 64 位运算处理、数据传送,但仍然保留了每字节有独立地址,最小可读写 1 字节数据。

内存按地址采用分区管理和使用,如下所示。

(1) 代码区(code segment):只可读不可写,存放程序代码。

(2) 数据区(data segment):可读可写,用于存放全局变量、静态变量,容量较小。

（3）堆区（heap）：可读可写，程序中可动态申请、释放的存储区域，容量大、使用灵活，但容易出错，特别是溢出、泄漏，导致程序运行出错。

（4）栈区（stack）：可读可写，系统自动管理，只有一个栈顶指针表示地址，采用先进后出方式（FILO）控制数据存储，是动态变量、局部变量、参数传递、函数调用时临时保存调用前数据的存储区域，是程序中使用的主要内存区域。

内存地址是经过操作系统管理的虚拟地址，编程时并不必在意具体的地址值，通过变量、地址都可以方便地读写数据。

例 1.7 下面通过一个简单的程序介绍内存、变量、地址、指针的概念。

```
01    #include<stdio.h>
02    main()
03    { int a=3;              //定义了一个整型动态局部变量,并赋值 3
04     int *p;               //定义了一个整型指针变量,将存放整型数据的地址
05     p=&a;                 //将变量 a 的地址赋值给指针 p,这样 p 指向了 a 的地址
06     *p=5;                 //将指针指向的内存中赋值 5,此时 a 为 5
07    }
```

上面的程序运行中，将在栈区分配连续 4 字节存放整型数据，标记为变量 a，a 就表示这 4 字节的数据内容。然后在栈区分配连续 4 字节存放地址，该地址的内存空间将是连续 4 字节的整型数据，该分配的 4 字节标记为指针变量 p，p 就表示这 4 字节的数据内容，它将是一个地址。&a 表示变量 a 的地址；*p 表示变量 p 中数据作为地址，该地址中的整型数据。

C 语言要求所有的变量都先声明再使用，变量声明表示有这样一个类型和名称的变量，定义则是分配内存空间。声明和变量通常在一起，除了有些外部变量在某些地方只需要声明即可，它会在外部某个函数或文件中定义。上面程序中的变量定义后各表达式的含义如表 1-3 所示。

表 1-3 上面程序中的变量定义后各表达式的含义

表　达　式	含　义
a	栈中的 4 字节连续空间,将按整型格式存储、读取二进制数据
p	栈中的 4 字节连续空间,将按无符号整型格式存储、读取二进制数据。该数据是地址,该地址内存的连续 4 字节空间将是一个整型数据
&a	变量 a 的地址,一般不关心具体值,例如可能是十六进制表示 00F06500
a=3	将 3 赋值给变量 a,此时 a 表示其空间
b=a	将变量 a 的值赋值给变量 b,此时 a 表示其空间中存储数据的值
p=&a	将变量 a 的地址赋值给 p,并不关心具体地址数据,例如 p 可能为 00F06500
*p	指针变量 p 指向的内存空间,等价于 a
*p=5	将地址 00F06500 的 4 字节空间中存放 5,即赋值 5
b=*p	按整型格式读取地址 00F06500 的 4 字节空间的数据,赋值给变量 b
&p	指针变量 p 自己的内存地址,几乎没有意义,可能是 00F064FC（a 的地址减 4）

变量本质是内存空间，同时有类型的属性，它在编程中使用得极为广泛。对于变量、指

针、地址、内存分区的概念，这里只是简单介绍，后面在具体使用时会进一步介绍。

1.5 小 结

（1）计算机系统包括硬件系统和软件系统，程序设计属于软件系统中应用程序的开发。程序设计就是用计算机语言编写在计算机中运行的源程序。

（2）C语言是可以直接控制、访问计算机硬件、功能强大的高级语言，又是易于理解、易于表达的高级语言，非常适合作为学习计算机编程的入门语言。

（3）C语言是面向过程的结构化程序设计语言，其功能模块单位是函数，而函数也是面向对象语言的重要组成部分。

（4）作为编程要素的变量，其物理基础就是内存。要学习好C语言，了解二进制、计算机硬件结构是非常有必要的。

习 题 1

1. 将下面的二进制数分别转换为十进制数、八进制数和十六进制数。

（1）10　　　　　（2）1011　　　　　（3）01000111　　　　　（4）01110111

2. 将下面的十进制数分别转换为二进制数、八进制数和十六进制数。

（1）34　　　　　（2）97　　　　　（3）255　　　　　（4）256

3. 安装 Dev-C++ 开发软件，输入并运行本章例1.1和例1.2的2个程序。

4. 思考：如何将十进制数3.625转换为二进制数？3.2呢？

5. 思考：如何将二进制数10.11转换为十进制数？

第2章

数 据 类 型

思考题

1. 计算机中只有二值化的数字 0 和 1,如何用它们有效地表示信息?
2. 如何既能表示 100,又能表示 3.14、14 亿,以及姓名"Tom"和"五邑大学"?
3. 如何表示负数? 负数如何高效地做加法?

2.1 数据类型的概念

计算机程序的处理对象就是各种数据,数据可以粗略分为数和符两类,前者如 100、3.14,后者如姓名、数字图像等。计算机中只有二值化数字 0 和 1,为了用这两个数字表示各类数据,为了尽量提高数据的表示效率、存储效率,将数据分为不同的数据类型进行表示和存储。

数据类型描述了一个数据的以下 4 个特征:

(1) 该类型数据的表示方式,如字符型采用 ASCII 编码,无符号整型采用二进制;

(2) 该类型数据在计算机中所占内存的大小,如字符型为 1 字节,整型为 4 字节;

(3) 该类型数据的可表示值的范围;

(4) 对该类型数据的合法操作和运算集。

C 语言的全部数据类型及分类如图 2-1 所示。其中最常用的是字符型(char)、整型(int)、双精度型(double)、指针类型(*)和数组类型([])。

整型分为短整型(2 字节)、整型(4 字节),只是数据表示或保存使用的字节数不同,可表示的数据范围不同。此外,整型数据还有无符号整型与整型的区别。在 short 或 int 前加上 unsigned,就分别是无符号短整型和无符号整型,单独写 unsigned 也默认是无符号整型。无符号整型表示的全部是非负数,表示范围从 0 开始向自然数的大数方向移动,而整型的表示范围是正负各半,最高位的 0 和 1 分别表示正和负。例如,短整型(short)可表示的数据范围是 [−32 768,32 767],可以表示 65 536 个不同的整数;无符号短整型(unsigned short)可表示的数据范围是 [0,65 535],仍然可表示 65 536 个不同的整数。表 2-1 是常用的数据类型、1 个该类型数据需要的存储空间大小、可表示的数据范围。

```
                        ┌─ 字符型（char）
                        │
                        │        ┌─ 短整型（short）
                        │  整型 ─┤
                        │        └─ 整型（int）
                  基本类型┤
                        │                        ┌─ 单精度型（float）
                        │  实型（浮点型）─┤ 双精度型（double）
                        │                        └─ 长双精度型（long double）
                        │
数据类型 ┤               ├─ 枚举类型（enum）
                        │   指针类型（*）
                        │   空类型（void）
                        │
                  构造类型┤   数组类型（[]）
                            结构体类型（struct）
                            共用体类型（union）
```

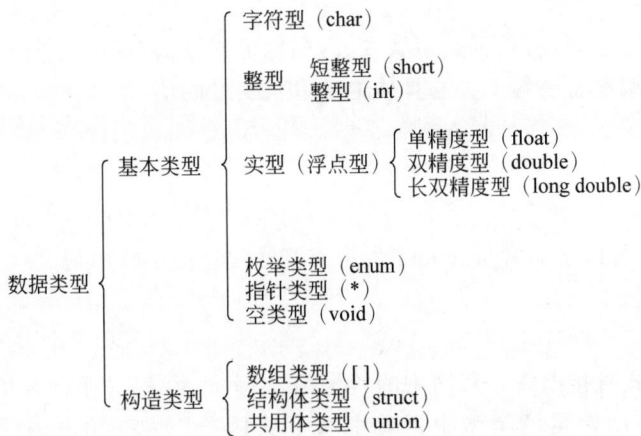

图 2-1　C 语言的全部数据类型分类(修改了长双精度型的名称)

表 2-1　常用的数据类型及属性

数 据 类 型	占空间大小（字节）	可表示的数据范围
char	1	$0\sim255$
unsigned short	2	$0\sim65\ 535$
short	2	$-32\ 768\sim32\ 767$
unsigned	4	$0\sim2^{32}-1$，即 $0\sim4\ 294\ 967\ 295$
int	4	$-2^{31}\sim2^{31}-1$，即$-2\ 147\ 483\ 648\sim2\ 147\ 483\ 647$
float	4	约$-3.4\times10^{38}\sim3.4\times10^{38}$，指数最小到$-38$，有效数字 6～7 位
double	8	约$-1.7\times10^{308}\sim1.7\times10^{308}$，指数最小到$-308$，有效数字 15～16 位
long double	12	约$-1.2\times10^{4932}\sim1.2\times10^{4932}$，指数最小到$-4932$，有效数字 18～19 位
int *	4	没有意义,不关心内存地址的具体值

2.2　常量与变量

　　计算机程序中的各种类型数据,多数保存在内存的栈区,还有一些直接在程序代码中保存在代码区,例如语句"a=3;"中的数据"3"。代码区的数据不需要被改变,一些即使保存在其他内存区域的数据也不希望被改变,这些数据被称为常量。

　　常量在程序中不能被改变,不能被赋值,不能作为赋值语句的左值(lvalue)。

　　大量在程序运行中获取的不断变化的数据、运行的中间值、运行结果等数据都保存在栈区,少数作为全局变量、静态变量保存在数据区,或保存在程序运行中新申请的空间堆区。这些空间中的数据都可以在程序运行中被改变,实际是保存它们的内存空间的内容可以被改变,它们需要通过内存空间地址去访问。为此,将这些空间特定区域称为变量,并用标识符表示,称为变量名。

变量本质是内存空间,有数据类型属性、内存地址属性、数据值属性,分别是变量的数据类型、变量的地址(编程者一般不关心具体地址值)、变量的值。

2.2.1 常量

C 语言的常量,可以字面常量、const 常量或符号常量的形式出现。

1. 字面常量

以字面值的形式直接出现在程序中的常量称为"字面常量","字面常量"又称为"直接常量"或"值常量"。字面常量的类型根据其书写形式区分,如 21,0,−6 为整型常量;8.9,−1.58 为实型常量;'a','x'为字符型常量;"C Program"为字符串常量。这些常量随代码一起保存在代码区。

2. const 常量与符号常量

如果在程序中经常用到某个常量,当需要对该常量的值进行修改时,如果它是一个字面常量,修改起来往往顾此失彼,引起不一致性。如果给这类常量取一个名字,通过名字使用常量,将可避免以上问题,保障数据的一致性,而且大大提高了程序的可读性。

常量名的使用,必须遵循标识符"先定义、后使用"的基本原则。习惯上,常量名全部用大写字母标识。例如:通常用 PI 代表圆周率 3.14159 这个常量。

可以通过 const 修饰符定义一个有名常量,也可以用宏定义命令(♯define)定义一个符号常量。

1) const 常量

const 常量是类似变量进行定义的,定义 const 常量的语句格式为:

const 类型标识符 常量名=表达式;

其中,"类型标识符"用以说明"常量名"所代表的量的数据类型,而 const 用以说明"常量名"所代表的量在程序运行期间不允许被改变。因此在定义 const 常量时必须同时对它初始化(即指定其值),此后它的值不能再改变。例如:

```
const float PI = 3.1416;
const int N = 100+80;
```

上面定义的 const 常量 PI,表示将 3.1416 这个实数存放在名字为 PI 所代表的 float 型的存储单元中;const 常量 N,表示将 100+80 的结果 180 存放在名字为 N 所代表的 int 型的存储单元中。它们在程序运行期间其值是不允许被改变的。

2) 符号常量

符号常量的定义——宏定义命令(♯define),即在编译预处理中通过宏定义命令(♯define)定义一个符号常量。例如:

```
#define PI 3.1416
#define N 100
```

这样，在程序代码中出现的所有标识符 PI 代表 3.1416，所有标识符 N 代表 100。

但必须注意用宏替换的方法定义符号常量与用 const 方法定义一个有名常量的实现机制是不同的。const 常量说明的是程序执行期间具有确定类型但不能改变值的、通过名字识别的一个数据存储单元。而上述宏定义命令表示在编译预处理时把程序代码中出现的所有标识符 PI 用 3.1416 替换，所有 N 用 100 替换。宏替换的方式中没有类型、值的概念，仅是两个字符串在字面上的简单替换，在内存中并没有一个符号常量名所代表的存储单元，因而在程序中容易产生问题。例如，若有宏定义：♯define N 100＋80，它表示在编译预处理时把程序代码中出现的所有标识符 N 简单地在字面上用"100＋80"替换，而"100＋80"的具体意义是由程序中所替换位置的其他代码决定的，并不能肯定表示 180 这个整数。如表达式"N＊2"将被宏替换为"100＋80＊2"，该表达式的运算结果将是 260，而不是 360。

因此，在大多数情况下建议使用 const 常量而不使用符号常量来定义一个有名常量。

2.2.2 变量

编程中离不开变量，程序中所有的变量都必须"先声明，后使用!"。除了外部变量，其他变量声明也同时是定义。变量定义的语句格式为：

类型标识符　变量名表；

其中，"变量名表"是用逗号","隔开的一组同一类型的变量。例如：

```
01    int a;
02    char c1,c2;
03    double x,y,z;
```

习惯上，常量名全部使用大写字母，而变量名则使用小写字母。

变量名是用户自己命名的标识符，其他标识符还有自定义函数名、结构体名、共用体名、枚举类型名、程序的标签等。

变量作左值（lvalue）和作非左值时含义不同：

（1）变量作左值时，表示其存储空间。如：

```
01    int a;              //定义整型变量 a
02    a=6;                //给 a 赋值 6,即将 6 存储到空间 a
```

（2）变量作非左值时，表示其空间中的数据值。如：

```
01    int a,b;            //定义整型变量 a 和 b
02    a=6;                //给 a 赋值 6,即将 6 存储到空间 a
03    b=a*2;              //a*2 得到 12,然后再赋值给 b
04    printf("%d",a+b);   //将 a 中的 6 加上 b 中的 12 得到 18,然后输出
```

2.2.3 标识符的命名规则

标识符的命名必须遵循以下 3 条规则：

（1）不与 C 语言有特定含义的保留字（关键字）重名，例如 if、int、main 等。C 语言的关

键字见附录 B,主要是与数据类型、存储方式、程序流程有关的词。

(2) 由字母、数字、下画线组成,且第 1 个字符只能是字母或下画线。

(3) 长度建议不超过 31 个字符。

下面就是符合规则的合法标识符:

name, sum, score, result2, _temp, myScore

下面是不符合规则的非法标识符:

my.score, a-5, #33, a * 2   (均有非法字符)

3a, 35C   (第 1 个字符必须是字母或下画线)

注意:C 语言标识符区分大小写,因此变量 sum、Sum 和 SUM 是 3 个不同的变量。

2.2.4 标识符命名的建议规范

(1) 尽量做到"见名知意",优先以有意义的英语单词命名。

(2) 变量名和函数名用小写单词,用下画线分隔单词,或第一个单词用小写字母,第二个以后的单词首字母大写。例如:

```
01    int my_age;                //或 myAge
02    void get_my_age();         //或 getMyAge()
```

(3) 常量名全部用大写,例如"const double PI=3.14;"。

(4) 结构体、共用体名首字母大写、每个单词首字母大写,其他小写。例如"struct StudentScore;"。

2.3 整型数据

整型数据主要用于计数、控制次数、音频和视频的数字化表示等。整型数据分为无符号整型数据和整型数据两类。

C 语言中默认整数常量是十进制数,加上前缀 0 后表示八进制数,加上 0x(或者 0X)前缀后表示十六进制数,加上 0b(或者 0B)前缀后表示二进制数。假设整型变量 a 已定义,下面 4 条语句是等价的。

```
01    a=26;
02    a=0b11010;
03    a=032;
04    a=0x1a;
```

2.3.1 无符号整型数据

当不可能出现负数时,可以采用无符号数据类型,它比整型能表示更多的正数。例如:

```
01    unsigned short a;          //定义了无符号短整型变量 a
02    unsigned b;                //定义了无符号整型变量 b
```

```
03      a=0;
04      a=65535;
05      b=160000;
```

无符号整型变量是将数据转换为二进制数后直接进行存储的，unsigned short 占 2 字节，unsigned 占 4 字节。还有长整型，在很多编译系统中与整型长度一样。

例如，上面程序语句中的变量 a 的存储形式按位表示如图 2-2 所示，占 2 字节 16 位。

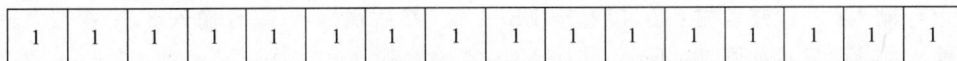

1	1	1	1	1	1	1	1	1	1	1	1	1	1	1	1

图 2-2　无符号短整型变量 a=65 535 的存储形式

整型常量默认是整型，加上后缀 u（或 U）表示无符号整型，加上后缀 l（或 L）表示长整型。不过对于正数没有意义，负数则按其负数存储、按无符号数读取理解。例如对于无符号短整型变量 a，赋值语句"a=65535;"和"a=−1u;"效果一样。原因将在下面整型数据中解释。

无符号整型数据可表示的数据范围见表 2-1。

2.3.2　有符号整型数据

没有关键字 unsigned 时，短整型、整型变量中就是有符号数据，可以表示负数。当涉及有负数的整数处理时必须使用整型或短整型。

```
01      short a=-32768;        //定义了短整型变量 a,同时初始化赋值
02      int b;                 //定义了整型变量 b
03      b=-160000;
```

整型数据仍然是将数据转换为二进制数据后进行存储的，短整型数据占 2 字节，整型数据占 4 字节。用最高位表示正负：0 表示正数、1 表示负数。这样存储的二进制整数称为原码。

为了使负数按二进制可以方便地进行加法运算，全部负数采用补码存储表示。正数的原码、补码相同；负数的补码与原码的转换方法是：符号位不变，其他位求反（0 变为 1、1 变为 0），然后加上 1。例如短整型数−1 的原码、补码如图 2-3 所示。

原码	1	0	0	0	0	0	0	0	0	0	0	0	0	0	0	1
补码	1	1	1	1	1	1	1	1	1	1	1	1	1	1	1	1

图 2-3　短整型数−1 的原码、补码

因此，C 语言中"−1u"保存为"1111111111111111"，按无符号短整型读取就是 65 535。

无符号整型与整型的存储区别就是二进制最高位表示值还是表示正负。同时注意，短整型、整型的负数按照补码存储。一般使用时并不涉及这些细节。

例 2.1　输入两个整数，求两数之和。

```
01      #include<stdio.h>
```

```
02    main()
03    { int a,b,c;
04      printf("Please input 2 integers: ");
05      scanf("%d%d",&a,&b);
06      c=a+b;
07      printf("%d +%d = %d",a,b,c);
08    }
```

运行输入：3 4(或者输入 3,接着按 Enter 键,然后输入 4;或者输入 3,接着按 Tab 键,然后输入 4)后,显示如图 2-4 所示。

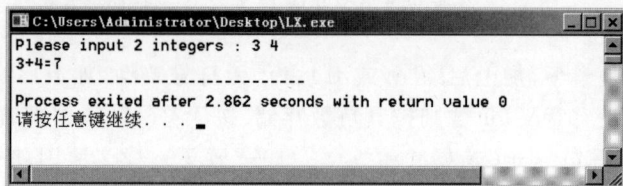

图 2-4   例 2.1 的运行结果

2.4　实　型　数　据

大量的数学计算、模拟量的数字化表示都需要用到实数,如重量、速度、高度、圆周率等。一般程序设计语言中都有表示实数的数据类型。C 语言中有实型数据,也称为浮点型数据。

2.4.1　实型常量

在 C 语言中,实型常量有小数和指数两种形式:

1) 小数形式的浮点数

小数形式的浮点数,它由正负号、数字和小数点组成。其中小数点不能缺少,正数符号可以省略。如：+3.14,-2.5,123.0,123.,0.123,.123。

2) 指数形式的浮点数

指数形式就是科学记数法的形式。它由尾数部分(数字部分)、指数符号 E(或 e)和指数部分共同构成。尾数部分和指数部分均不能省略,即：指数符号 E 的前、后都必须有数字,而且 E 后面的指数部分必须是一个十进制整数,而 E 前面的尾数部分在书写形式上可以是一个十进制整数或实数,但本质上是一个小数形式的实型常量。如 0.2E9 或 .2e9,都表示 0.2×10^9；1e-7 表示 1.0×10^7。

实型数据分为单精度(float)、双精度(double)和长双精度(long double)3 种类型,占用内存大小、表示数据的有效数字位数、可表示实数的范围如表 2-1 所示。从精度、存储和执行效率考虑,一般采用双精度类型。

程序中的实型常数默认是双精度类型(double),如 3.14、.5、2e6 等,可通过在数值后加上相应的后缀字母来表示不同的实数类型的数据。加后缀"f"或"F"表示 float 类型常数,例如 1.234f 或 1.234F、2e6f;加上后缀"l"或"L"表示 long double 类型,如 3.14L 或 2E6L;实数常量后无后缀的默认为 double 类型。

2.4.2 实型数据的存储格式

在程序中无论把实型常量写成小数形式还是指数形式,在内存中都是以规范化的指数形式(即浮点形式)存储的。数学形式为:

$$S_M(M) \cdot 2^{S_E(E)}$$

其中 S_M 为尾数的符号,S_E 为指数的符号,指数的底为 2。尾数部分的绝对值 M 必须小于 2、不小于 1。实型变量中保存的数据格式也是这样。

例如,无论在程序中写成 314.159 或 314.159e0、31.4159e1、3.14159e2、0.314159e3 等形式,它们在内存中的存储格式都是一样的,如图 2-5 所示。

S_M	S_E	7位指数E	23位尾数M

图 2-5 单精度实型数据的存储格式

存储时,M 减去 1 后再转换为 23 位二进制小数,正数时 S_M 为 0,负数时为 1。指数则是有符号指数减 1 后的补码,指数为正时 S_E 为 1,为负时 S_E 为 0。0.0 的表示比较特殊,尾数无法达到 1,此时全为 0。表 2-2 为几个单精度实数的存储形式。

表 2-2 几个单精度实数的存储形式

float 类型实数	存 储 形 式			
0.0	0	0	00 0000 0	000 0000 0000 0000 0000 0000
−0.0	1	0	00 0000 0	000 0000 0000 0000 0000 0000
1.	0	0	11 1111 1	000 0000 0000 0000 0000 0000
−1.	1	0	11 1111 1	000 0000 0000 0000 0000 0000
2.	0	1	00 0000 0	000 0000 0000 0000 0000 0000
3.	0	1	00 0000 0	100 0000 0000 0000 0000 0000
4.	0	1	00 0000 1	000 0000 0000 0000 0000 0000
4.5	0	1	00 0000 1	001 0000 0000 0000 0000 0000
.25	0	0	11 1110 1	000 0000 0000 0000 0000 0000
314.159	0	1	00 0011 1	001 1101 0001 0100 0101 1010

双精度、长双精度实数的存储形式与单精度类似,只是各部分位数不同。double 类型数据占 8 字节 64 位,其中尾数占 53 位,指数占 11 位。long double 类型占 12 字节 96 位,其中尾数 65 位,指数 15 位,最高 16 位保留未用。此外,也有系统的长双精度(或者称扩展双精度)数据占 16 字节 128 位,数据存储格式大致相似。

编程中对实型数据的准确存储形式并不关心,只了解其存储的大致格式即可。而且主要使用 double 类型实型数据。

实型虽然比整型表示数据范围大,好像表示精度更高,但是在表示整数时,反而由于小数位数多产生的误差导致要比较两数相等存在困难。因此,对于人数、次数等整数的处理,采用整型数据更合适。实数比较两数相等要通过判断两数的差是否小于某个范围来实现。

2.5 字符型数据

每个字符型数据占用 1 字节保存,它将字符按照 ASCII 码表转换为二值数据表示和存储。ASCII 码表见附录 A,常用字符的 ASCII 码值见表 A-1。

·字符常量是用单引号引起来的单个字符。例如,'a'、'4'、'@'等是字符(char 型)常量。注意引号必须是英文输入状态下的半角输入符号,且单引号中只能有一个符号。

另外,为了表示一些无法显示的特殊控制符号,C 语言提供了一种单引号中以反斜杠"\"开头的转义字符的字符常量表示方法。"转义字符",意思是将反斜杠"\"后面的字符转换成另外的意义,如:'\n'中的"n"不代表字母 n 而转义为一个控制操作:换行。

C 语言中常用的转义字符见表 2-3。

表 2-3 C 语言中的常用转义字符

字 符 形 式	功　　能	ASCII 码值(十进制形式)
\n	换行	10
\t	水平制表(横向跳格:跳到下一个 tab 位置)	9
\b	退格	8
\r	Enter 键(不换行,光标移到本行行首)	13
\\	反斜杠字符"\"	92
\'	单引号(撇号)字符	39
\"	双引号字符	34
\0	ASCII 码值 0 所代表的"空操作(Null)"字符	0
\ddd	1~3 位八进制数所表示的 ASCII 字符	如'\101'表示'A'
\xhh	1~2 位十六进制数所表示的 ASCII 字符	如'\x41'表示'A'

例 2.2 输入小写字母,转换为相应的大写字母输出。

```
01    #include<stdio.h>
02    main()
03    { char cl,cu;
04      printf("Please input a lowercase letter: ");
05      scanf("%c",&cl);
06      cu=cl-32;                //或者 cu=cl-('a'-'A');
07      printf("%c\t%c",cl,cu);  //小写字母的 ASCII 码值大 32
08    }
```

2.6 字符串常量

C 语言没有针对多个字符的数据类型,但由于经常会用到多个字符的显示或输入,如姓名、表述的文字等,因此 C 语言规定了字符串常量的表达格式:

(1) 双引号表示边界;

(2) 每字符占用 1 字节,按 ASCII 码存储;

(3) 在最后一个字符后加上 1 字节的 0 表示字符串结束,该 0 在程序中写为'\0'.

如例 2.2 程序中输出显示用于提示输入的文字:

```
printf("Please input a lowercase letter: ");
```

字符串中可以直接使用转义字符。

注意:没有字符串变量;字符串"Hello"存储占用 6 字节;字符串的双引号必须是英文输入状态下的半角输入字符。

2.7 不同类型数据的混合运算

数据可以在前面加上"(类型关键字)"进行强制类型转换。例如:

```
01   char c='A';
02   printf("%d",(int)c);          //输出变量 c 的 ASCII 码值 65
03   printf("%c",(char)97);        //输出 ASCII 码值 97 表示的字符
```

在不同类型的数据进行混合运算时,会自动进行类型转换。每一级运算时单独进行转换处理。

1. 赋值运算

编程时,建议赋值运算采用严格相同的类型间赋值,避免出错。

(1) 长字节数整型赋值给短字节数整型变量或字符型变量:将低字节数据复制给被赋值变量,此时有丢失有效数据的风险,如例 2.3 中的变量 b2 和 c3。

例 2.3 不同类型整型数据的赋值。

```
01   #include<stdio.h>
02   main()
03   { int a1=3,b1=-0xffff;
04     unsigned c1=0x1ffff;
05     short a2,b2,c2;
06     unsigned short a3,b3,c3;
07     a2=a1,b2=b1,c2=c1;
08     a3=a1,b3=b1,c3=c1;
09     printf("%d, %d, %u\n",a1,b1,c1);
10     printf("%d, %d, %d\n",a2,b2,c2);
```

```
11      printf("%u, %u, %u\n",a3,b3,c3);
12    }
```

运行后将输出 3,−65535,131071 和 3,1,−1 以及 3,1,65535。本例中的 9 个变量的数据类型和二进制存储形式如表 2-4 所示。

表 2-4　例 2.3 中的 9 个变量的详细数据

变　量	数 据 类 型	值	存 储 形 式
a1	int	3	0000 0000 0000 0000 0000 0000 0000 0011
a2	short	3	0000 0000 0000 0011
a3	unsigned short	3	0000 0000 0000 0011
b1	int	−65 535	1111 1111 1111 1111 0000 0000 0000 0001
b2	short	1	0000 0000 0000 0001
b3	unsigned short	1	0000 0000 0000 0001
c1	unsigned	131071	0000 0000 0000 0001 1111 1111 1111 1111
c2	short	−1	1111 1111 1111 1111
c3	unsigned short	65 535	1111 1111 1111 1111

（2）相同字节数整型间赋值：简单复制,但有无符号读取出的结果不同。

例如,例 2.3 中的变量 c2 和 c3 间相互赋值后,都是 2 字节,存储形式 16 位都是 1,但有符号短整型 c2 被计算机认为是−1,而无符号短整型 c3 被计算机认为是 65 535。

（3）短字节数整型或字符型赋值给长字节数整型变量：如果是无符号数或字符型数据,则将高位填充 0 后复制给长整型变量（称为 0 扩展）;如果是有符号数,则将高位做符号位扩展（高位全部复制原符号位）后复制给长整型变量。这种赋值没有风险。例如将例 2.3 的赋值顺序反过来。

例 2.4　不同类型整型数据的赋值。

```
01    #include<stdio.h>
02    main()
03    { int a1,b1,a2,b2;
04      unsigned au1,bu1,au2,bu2;
05      short as=−32768,bs=32767;
06      unsigned short aus=0x8000,bus=65535;
07      a1=as,b1=bs,a2=aus,b2=bus;
08      au1=as,bu1=bs,au2=aus,bu2=bus;
09      printf("%d, %d, %u, %u\n",as,bs,aus,bus);
10      printf("%d, %d, %d, %d\n",a1,b1,a2,b2);
11      printf("%u, %u, %u, %u\n",au1,bu1,au2,bu2);
12    }
```

运行后将输出−32768,32767,32768,65535 和−32768,32767,32768,65535 以及 4294934528,32767,32768,65535。本例中的 12 个变量的数据类型和二进制存储形式如表 2-5 所示。

表 2-5　例 2.4 中 12 个变量的详细数据

变　量	数 据 类 型	值	存 储 形 式
as	short	−32 768	1000 0000 0000 0000
a1	int	−32 768	1111 1111 1111 1111 1000 0000 0000 0000
au1	unsigned	4 294 934 528	1111 1111 1111 1111 1000 0000 0000 0000
bs	short	32 767	0111 1111 1111 1111
b1	int	32 767	0000 0000 0000 0000 0111 1111 1111 1111
bu1	unsigned	32 767	0000 0000 0000 0000 0111 1111 1111 1111
aus	unsigned short	32 768	1000 0000 0000 0000
a2	int	32 768	0000 0000 0000 0000 1000 0000 0000 0000
au2	unsigned	32 768	0000 0000 0000 0000 1000 0000 0000 0000
bus	unsigned short	65 535	1111 1111 1111 1111
b2	int	65 535	0000 0000 0000 0000 1111 1111 1111 1111
bu2	unsigned	65 535	0000 0000 0000 0000 1111 1111 1111 1111

只有将短整型负数赋值给无符号整型时会产生对二进制数不同的正负理解,其他都不会出错。

(4) 整型或字符型赋值给实型:将其数据值转换为实数形式后赋值给实型变量。一般不会出错。

(5) 实型数据赋值给整型或字符型:直接将实型数据的整数部分低位赋值给整型或字符型变量。一般有误差或出错。

2. 字符型、短整型、无符号短整型间或有不同类型整型数据的算术运算

先将长度短的整型或字符型数据分别按无符号数进行 0 扩展、有符号数进行符号位扩展为整型后,将两个二进制数据按整型二进制整数进行运算。长度相同的整型数据则直接按照无符号二进制整数进行运算。

3. 单精度实型数据与整型或字符型数据的算术运算

先将整型或字符型转换为单精度实型后,再进行运算,结果是单精度实型。

4. 有双精度实型数据参与的算术运算

先将其他类型转换为双精度实型后,再进行运算,结果是双精度实型。

不同类型的数据混合运算时自动转换顺序如图 2-6 所示,字符型、短整型、无符号短整型先转换为整型再参与算术运算。当有其他不同类型的数据进行运算时,先自动转换为顺序高一级的数据类型,再进行运算,结果也为高一级的数据类型。

注意:表达式 7/8 和 1/2 的结果均为整型数 0,7.8 和 1./2 的结果分别为双精度实数 0.875 和 0.5,所以编程时注意对表达式中整数的处理,根据需要进行合适的类型转换。

$$\left.\begin{array}{l}\text{char}\\ \text{short}\\ \text{unsigned short}\end{array}\right\} \text{int} \rightarrow \text{unsigned} \rightarrow \text{float} \rightarrow \text{double}$$

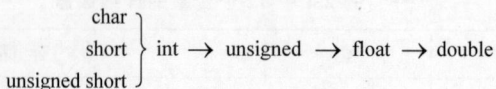

图 2-6　不同类型的数据混合运算时的类型自动转换顺序

2.8　各种类型数据的输入输出

输入输出是程序设计中一个很重要的环节,通过输入可以得到不同的输入数据,通过输出可以显示程序运行结果,或控制外部设备。C++ 的输入输出不必考虑数据类型,而 C 语言的输入输出函数对不同类型数据的参数不一样。

2.8.1　C 语言的格式输入输出函数

1. scanf()输入函数

scanf()函数称为格式输入函数,其功能是将用户输入缓冲区的数据送到内存中。

scanf()函数是一个标准库函数,它的函数原型在头文件"stdio.h"中,也可以在 C++ 的 .cpp 文件中直接包含"iostream"。

scanf()函数调用的一般形式为:

scanf("格式化字符串", 地址列表);

scanf()函数返回成功赋值的数据项数,出错时则返回 EOF(也就是 0)。

scanf()函数格式化字符串由格式化说明符、空白字符和非空白字符 3 类字符构成。下面分别介绍。

(1) 格式化说明符:scanf()函数格式化说明符及其含义如表 2-6 所示。

表 2-6　scanf()函数格式化说明符及其含义

格式化说明符	含　义
%c	读入一个字符
%d	读入十进制整数
%i	读入十进制、八进制、十六进制整数
%o	读入八进制整数
%x 或 %X	读入十六进制整数
%c	读入一个字符
%s	读入一个字符串
%f 或 %F、%e、%E、%g、%G	读入一个浮点数
%p	读入一个指针

格式化说明符	含　义
%u	读入一个无符号十进制整数
%n	至此已读入值的等价字符数
%[]	扫描字符集合
%%	读%符号

附加格式说明字符(修饰符)如表 2-7 所示。

表 2-7　附加格式说明字符(修饰符)及其含义

修　饰　符	含　义
L 或 l	长度修饰符,输入"长"数据
h	长度修饰符,输入"短"数据
W	W 为整型常数,指定输入数据所占宽度
*	星号,空读一个数据

(2) 空白字符:空白字符会使 scanf()函数在读操作中略去输入中的一个或多个空白字符,空白字符可以是 space、Tab、newline 等,直到第一个非空白字符出现为止。

(3) 非空白字符:一个非空白字符会使 scanf()函数在读入时剔除掉与这个非空白字符相同的字符。

例 2.5　输入函数应用举例一。

```
01    #include<stdio.h>
02    main()
03    { int a,b,c;
04      scanf("%d%d%d",&a,&b,&c);
05      printf("%d,%d,%d\n",a,b,c);
06    }
```

运行时输入 3 个数值 3 4 5,用空格分隔数值,得到结果如图 2-7 所示。

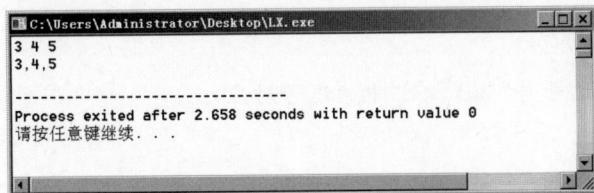

图 2-7　例 2.5 程序的运行结果

说明:

(1) 代码中 &a、&b、&c 中的"&"是地址运算符,分别获得这 3 个变量的内存地址。

(2) "%d%d%d"是按十进制格式输入 3 个数值。输入时,在两个数值之间可以用一个或多个空格、Tab 键、Enter 键分隔。

以下是合法输入方式：

① 3□□4□□□5↙

② 3↙

    4□5↙

③ 3(Tab 键)4↙

    5↙

例 2.6 输入函数应用举例二。

```
01    #include<stdio.h>
02    main()
03    { int a,b,c;
04      scanf("%d,%d,%d",&a,&b,&c);        //注意区别本句与例 2.5 的不同
05      printf("%d,%d,%d\n",a,b,c);
06    }
```

运行时按如下方式输入 3 个值：

3,4,5 ↙(输入 a,b,c 的值)

或者

3,□4,□5 ↙(输入 a,b,c 的值)

3,□□□4,□5 ↙(输入 a,b,c 的值)

……

都是合法的，但是","一定要跟在数字后面，如：

3□,4,□5 ↙就非法了，程序出错(解决方法与原因后面讲)。

说明：

(1) scanf()中的第二个参数必须是地址。下面的程序段是最常见的错误：

```
01    int a,b;
02    scanf("%d%d",a,b);              //错误,第二个参数不是地址!
03    scanf("%d%d",&a,&b);           //正确!
```

(2) scanf()中第一个参数的格式控制字符串可以使用其他非空白字符,但在输入时必须照样输入这些字符。

例如：对于输入语句

scanf("%d,%d",&a,&b);

必须输入：3,4 ↙(逗号与"%d,%d"中的逗号对应)。

对于语句：

scanf("a=%d,b=%d",&a,&b);

必须输入：a=3,b=4 ↙。

(3) 在用"%c"输入时,空格和控制键均作为有效字符。

例 2.7 输入函数应用举例三。

```
01    #include<stdio.h>
02    main()
03    { char c1,c2,c3;
```

```
04        scanf("%c%c%c",&c1,&c2,&c3);
05        printf("%c,%c,%c\n",c1,c2,c3);
06      }
```

运行时输入 3 个字符数据 a b c,用空格分隔数据,得到的结果如图 2-8 所示。

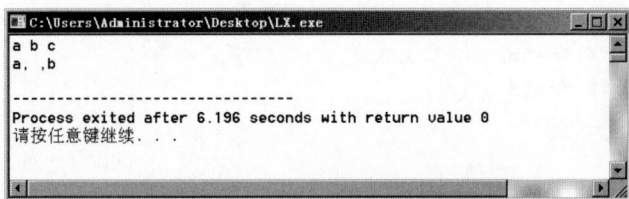

图 2-8 例 2.7 程序的运行结果

(4) scanf()函数不能正确接收有空格的字符串,遇到空格即结束字符串的输入。

例 2.8 输入函数应用举例四。

```
01      #include<stdio.h>
02      main()
03      { char str[80];
04        scanf("%s",str);
05        printf("%s",str);
06      }
```

运行程序,输入:I love you!。

输出:I。

scanf()函数接收输入数据时,遇到以下情况即结束一个数据的输入(不是结束该 scanf()函数,因为 scanf()函数在每一个数据域均有数据)。

① 遇到空格、Enter 键、Tab(跳格)键。

② 遇到宽度控制结束。

③ 遇到非法输入。

因此,上述程序并不能达到预期目的,scanf()函数扫描到"I"后面的空格就认为对 str 的赋值结束,并忽略后面的"love you!"。

通过字符串函数中的 gets 可以接收包括空格的整个字符串。

```
01      #include<stdio.h>
02      #include<string.h>
03      main()
04      { char str[80];
05        gets(str);
06        printf("%s",str);
07      }
```

运行程序,输入:I love you!。

输出:I love you!。

(5) 输入缓冲区残余信息问题。

例 2.9 输入函数应用举例五。

```
01      #include<stdio.h>
```

```
02    main()
03    { int a;
04      char c;
05      do
06      { scanf("%d",&a);
07        scanf("%c",&c);
08        printf("a=%d,\tc=%c\n",a,c);
09        printf("c=%d\n",c);
10      }while(c!='N');
11    }
```

运行程序,输入 34 B↙后,运行结果如图 2-9 所示。

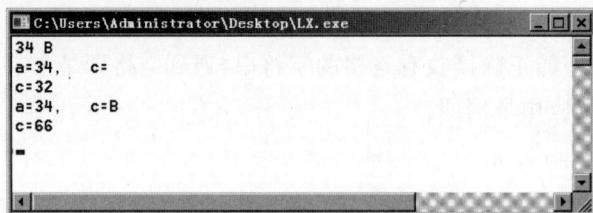

图 2-9　例 2.9 程序的运行结果

　　显然,语句"scanf("%c",&c);"没有正常接收字符,scanf()函数赋给变量 c 的值是 32,即空格键。如果输入"34"后按 Enter 键,后一句输入将接收 Enter 键。这是因为 scanf()函数没有取走空格键或 Enter 键。

　　解决方法:程序中多次使用 scanf()输入函数时,可以在每个 scanf()函数之前加语句"fflush(stdin);"清除输入缓冲区。对于 gets()函数输入字符串也可以用此方法清除缓冲区的残余空格或 Enter 键。C++ 的 cin 可以自动剔除残余的空格或 Enter 键。

2. printf()输出函数

　　printf()函数称为格式输出函数,其关键字的最末一个字母 f 即为"格式"(format)之意。其功能是按用户指定的格式,把指定的数据显示到显示器屏幕上。

　　printf()函数是一个标准库函数,它的函数原型在头文件"stdio.h"中,也可以在 C++ 的 .cpp 文件中直接包含"iostream"即可。

　　printf()函数调用的一般形式为:

printf("格式控制字符串",输出数据列表);

其中格式控制字符串用于指定输出格式。

　　格式控制字符串可由格式字符串和非格式字符串组成。格式字符串是以%开头的字符串,在%后面跟有各种格式字符,以说明输出数据的类型、形式、长度、小数位数等。如:

　　"%d"表示按十进制整型输出;

　　"%ld"表示按十进制长整型输出;

　　"%c"表示按字符型输出。

　　非格式字符串原样输出,在显示中起提示作用。

输出数据列表中给出了各个输出数据项,这里要求格式字符串和各输出数据项在数量和类型上一一对应。

例 2.10　printf()函数应用举例。

```
01    #include<stdio.h>
02    main()
03    { int a=88,b=89;
04      printf("%d %d\n",a,b);
05      printf("%d,%d\n",a,b);
06      printf("%c,%c\n",a,b);
07      printf("a=%d,b=%d",a,b);
08    }
```

程序运行结果如图 2-10 所示。

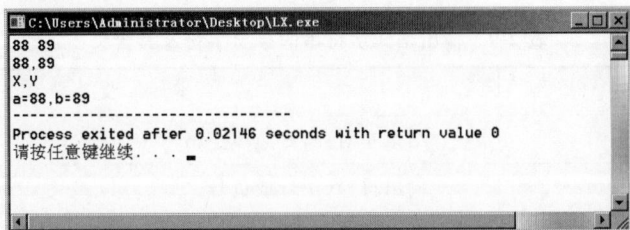

```
C:\Users\Administrator\Desktop\LX.exe
88 89
88,89
X,Y
a=88,b=89
--------------------------------
Process exited after 0.02146 seconds with return value 0
请按任意键继续. . . _
```

图 2-10　例 2.10 程序的运行结果

本例中 4 次输出了 a、b 的值,但由于格式控制字符串不同,输出的结果也不相同。第 4 行的输出语句格式控制字符串中,两格式控制字符串的%d 之间加了一个空格(非格式字符),所以输出的 a、b 值之间有一个空格。第 5 行的 printf 语句格式控制字符串中加入的是非格式字符逗号,因此输出的 a、b 值之间加了一个逗号。第 6 行的格式控制字符串要求按字符型输出 a、b 值。第 7 行中为了提示输出结果又增加了非格式字符串。

格式字符串的一般形式为:

[标志][输出最小宽度][.精度][长度]类型

其中方括号[]中的项为可选项。

各项的意义介绍如下:

1) 类型

类型字符用以表示输出数据的类型,类型字符及其含义如表 2-8 所示。

表 2-8　输出格式字符串的类型字符及其含义

类 型 字 符	含　义
d	以十进制形式输出带符号整数(正数不输出符号)
o	以八进制形式输出无符号整数(不输出前缀 0)
x 或 X	以十六进制形式输出无符号整数(不输出前缀 0x)
U	以十进制形式输出无符号整数

类型字符	含　义
F	以小数形式输出单、双精度实数
e 或 E	以指数形式输出单、双精度实数
g 或 G	自动选择%f 或%e 输出,指数−5 以下或 6 以上采用%e 格式
c	输出单个字符
s	输出字符串
p	以十六进制形式输出地址

2) 标志

标志字符为＋、－、♯和空格 4 种,其含义如表 2-9 所示。

表 2-9　输出格式字符串的标志字符及其含义

标　志	含　义
−	结果左对齐,右边填空格
＋	输出符号(正号或负号)
空格	输出值为正时冠以空格,为负时冠以负号
♯	对 c、s、d、u 类无影响; 对 o 类,在输出时加前缀 o; 对 x 类,在输出时加前缀 0x; 对 e、g、f 类,当结果有小数时才给出小数点

3) 输出最小宽度

用十进制整数表示输出的最少位数。若实际位数多于定义的最小宽度,则按实际位数输出;若实际位数少于定义的最小宽度,则补以空格或 0。

4) 精度

精度格式符以“.”开头,后跟十进制整数。本项的意义是:如果输出数字,则表示小数的位数;如果输出的是字符,则表示输出字符的个数;若实际位数大于所定义的精度数,则截去超过的部分。

5) 长度

长度格式符为 h、l 两种,h 表示按短整型量输出,l 表示按长整型量输出。

例 2.11　输出格式举例。

```
01    #include<stdio.h>
02    main()
03    { int a=15;
04      float b=123.1234567;
05      double c=12345678.1234567;
06      char d='p';
07      printf("a=%d\n",a);
08      printf("a(%%d)=%d,a(%%5d)=%5d,a(%%o)=%o,a(%%x)=%x\n\n", \
```

```
09          a,a,a,a); //%%可以输出%
10      printf("a=%f\n",b);
11      printf("b(%%f)=%f,b(%%lf)=%lf,b(%%5.4lf)=%5.4lf,\
12          b(%%e)=%e\n\n",b,b,b,b);
13      printf("c=%f\n",c);
14      printf("c(%%lf)=%lf,c(%%f)=%f,c(%%8.4lf)=%8.4lf\n\n",c,c,c);
15      printf("d=%c\n",d);
16      printf("d(%%c)=%c,d(%%8c)=%8c\n",d,d);
17  }
```

程序运行结果如图 2-11 所示。

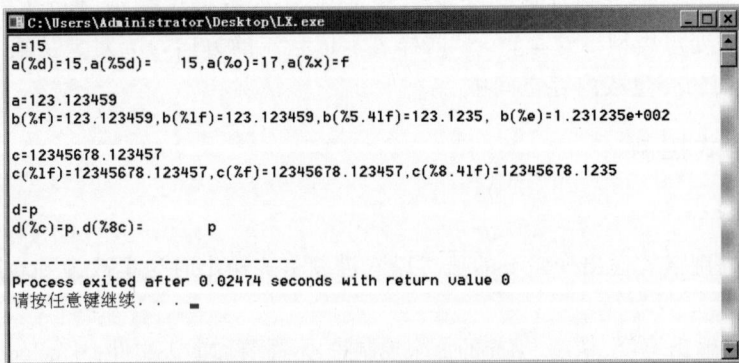

图 2-11 例 2.11 程序的运行结果

本例中,第 8 行以 4 种格式输出整型变量 a 的值,其中"％5d"要求输出宽度为 5,而 a 值为 15 只有两位,故补 3 个空格。

第 11 行以 4 种格式输出实型量 b 的值。其中"％f"和"％lf"格式的输出相同,说明"l"字符对"f"类型无影响。"％5.4lf"指定输出宽度为 5,精度为 4。由于实际长度超过 5,因此应该按实际位数输出,小数位数超过 4 位部分被截去。

第 14 行输出双精度实数,"％8.4lf"由于指定精度为 4 位,因此截去了超过 4 位的部分。

第 16 行输出字符量 d,其中"％8c"指定输出宽度为 8,因此在输出字符 p 之前补加 7 个空格。

使用 printf()函数时还要注意一个问题,那就是输出表列中的求值顺序。不同的编译系统不一定相同,可以从左到右,也可从右到左。编程中应尽量避免这种歧义。

2.8.2 C++ 的输入输出流

需要在程序最前面加上头文件,使用命名空间语句:

```
#include<iostream>
using namespace std;
```

1. cout<< 输出流

例如:

```
cout<<a;
cout<<a<<"输出内容"<<b;
```

将输出变量 a、b 的值、双引号内字符串的内容，不用考虑变量类型。这里，"<<"是插入运算符，cout 对象将"<<"后面表达式的值或字符串插入输出流。

2. cin>>输入流

例如：

```
cin>>a>>b>>c;
```

将输入的 3 个数据分别存放到变量 a、b、c 中，输入数据用空格、Enter 键或 Tab 键间隔。也不用考虑变量类型。这里，">>"同样表示信息流的方向，cin 对象从输入流抽取数据存储到">>"后面的变量或内存空间中。

3. 输出格式控制

```
cout<<hex<<a;
```

将以十六进制格式输出变量 a 的值。以八进制格式输出时这里改为 oct，默认为十进制格式输出，即 dec。

另外有控制输出宽度、精度、填充的 3 个控制符号，需要加上头文件：#include <iomanip>。

```
01    cout<<setw(6)<<a;                    //输出 a 的值,占 6 个字符宽度
02    cout<<setw(6)<<setfill('0')<<a;      //多余位置填充 0
03    cout<<setprecision(6)<<a;            //输出 6 位数字精度
```

4. 字符和字符串输入输出

```
01    c=getchar();         //输入一个字符给字符变量 c,回车表示输入结束
02    putchar(c);          //输出字符变量 c 的内容
03    gets(ch);            //输入字符串,存储到字符数组 ch[]中
04    puts(ch);            //输出字符串,ch 是字符指针
05    c=getch();           //输入一个字符,不回显,需要头文件 conin.h
06    putch(c);            //输出一个字符,需要头文件 conin.h
```

这 6 个函数也是 C 语言的字符和字符串输入输出函数。

输入输出不是编程的核心和重点，C 语言和 C++ 的输入、输出方法，最初掌握一种即可。C++ 的相对简单一些。

2.9 小 结

（1）为了有效地表示信息，编程语言都有数据类型的概念。
（2）最常用的数据类型是 int、double、char 数据类型。
（3）常量、变量都有数据类型的属性。
（4）字符型按 ASCII 编码表示字符，其常量用一对单引号及引号内的数据表示一个字

符。单引号内只能且必须有一个字符,双引号内可以有零到多个字符,且自动在尾部加上'\0'表示字符串结束,表示字符串常量。

(5) 字符常量中反斜杠表示转义,它和后面的一个字符一起表示特殊含义,或者和后面的数字表示 ASCII 码值对应的字符。

习　题　2

1. 下面哪些是 C 语言的合法变量名?

(1) int 　　　　(2) name 　　　　(3) 3a 　　　　(4) a3.2

(5) if 　　　　(6) _4 　　　　(7) 4_a 　　　　(8) a-4

2. C 语言中规定不同的数据类型有什么作用?

3. C 语言编程中可否完全用实型变量代替整型变量?整型数据有哪些实型数据不具备的特点?

4. 写出下面各题程序语句的输出结果:

```
01    #include<stdio.h>
02    main()
03    { int a=3.9;
04      char c=48;
05      double d1,d2;
06      d1=1/2,d2=1/2.;
07      printf("a=%d, c=%c, d1=%f, d2=%f",a,c,d1,d2);
08      printf("%d,%d,%d,%c",0b101,0101,0x101,'a'+1,'a'+1);
09    }
```

5. 指出下面程序语句中的错误:

```
01    #include<stdio.h>
02    main()
03    { int a,b,c;
04      double d1,d2,d3,d4,d5;
05      char ch1,ch2;
06      a=0192, b=31a5, c=0b121;
07      d1=., d2=3.2e, d3=2e0.5, d4=.e2, d5=e2;
08      ch1='ab', ch2='\181';
09    }
```

第3章

运算符及表达式

思考题

1. C 语言的算术表达式与数学中的算式一样吗?
2. 如何判断一个数是不是偶数?
3. 如何表示一个数比其他两个数都大?
4. 如何判断一个二进制数的次低位是 1?

3.1 基 本 概 念

计算机的基本功能就是计算,其他判断、智能都是基于计算的。在程序中,表示各种计算都离不开运算符或操作符(operator)和操作数(operand)。运算符表示进行何种运算,操作数是参与运算的数据。

例如,在下面计算圆周长的程序语句中:

```
c=2*PI*r;
```

其中"="" * "是运算符,"c""2""PI""r"是操作数。

C 语言的运算符如表 3-1 所示。

表 3-1　C 语言的运算符

序号	运算符功能类别	运　算　符
1	算术运算符	+、−、*、/、%
2	关系运算符	>、<、==、>=、<=、!=
3	逻辑运算符	!、&&、||
4	位运算符	<<、>>、~、|、^、&
5	赋值运算符	=、+=、−=、*=、/=、%=、++、−−、<<=等
6	条件运算符	?、:
7	逗号运算符	,
8	指针运算符	*、&

序号	运算符功能类别	运　算　符
9	求字节数运算符	sizeof
10	强制类型转换运算符	(int)、(double)、(char)等
11	分量运算符	.、－>
12	下标运算符	[]
13	其他	函数调用运算符()等

运算符、操作数、函数和圆括号按一定的规则顺序构成了表达式,表达式最终会计算得到一个数据结果。往往将这个结果赋值给一个变量,或者输出。

当程序中有多个运算符相连出现时,C语言总是从左至右尽量多地将若干字符组成一个运算符。例如计算机会将 a=b+++c 理解为 a=(b++)+c 而不是 a=b+(++c)。建议我们编程时加上括号以避免歧义,使程序更易读。

3.1.1　运算符分类

运算符分为单目、双目和三目运算符,表示参与进行该运算的操作数数量。绝大多数是双目运算符,有少数几个单目运算符和一个三目运算符。

三目运算符有 d1?d2:d3。由"?"和":"共同构成,它们间隔开3个操作数。该运算符被称为条件运算符,根据第一个操作数 d1 的值,该运算得到不同的运算结果:如果 d1 是非0,则运算结果是操作数 d2;如果 d1 是0,则运算结果为操作数 d3。

单目运算符有:－(求反)、!(逻辑非)、~(位逻辑非)、++(自加1)、－－(自减1)、sizeof(求长度)、指针运算符、强制类型转换运算符等。

运算符根据功能分为赋值运算符、算术运算符、关系运算符、逻辑运算符、位运算符等,下面将按此分类详细介绍主要的运算符。

3.1.2　运算符与数据类型

运算符对参与运算的操作数数量有要求,少数运算符对操作数的数据类型也有要求。如求余运算符(%)和位运算符,要求两个操作数都必须是整型;间接寻址单目运算符 * 要求操作数是指针类型。

多数运算符对操作数无类型要求,当一个运算符的几个操作数类型不同时,不同运算符有不同的处理:

(1) 赋值运算符会将右边表达式的结果自动转换为赋值运算符左边的变量类型。

(2) 双目算术运算符会将操作数自动转换为整型或实型(大致是将精度低的类型转换为精度高的类型),参见 2.7 节及图 2-6;三目运算符对操作数 2 和操作数 3 也进行这种转换。

(3) 其他运算符不作转换。

运算符的运算结果根据运算符的不同也具有特定的数据类型：

（1）赋值运算结果为赋值运算符左边的变量类型；

（2）双目算术运算结果为整型或实型（大致是二操作数中精度高的类型），单目算术运算的结果类型是操作数的类型；

（3）逻辑运算、关系运算和求长度运算结果的数据类型都是整型；

（4）逗号运算的结果数据类型是最右边操作数的类型；

（5）强制类型转换结果为要求强制转换到的类型；

（6）取地址运算符 & 的运算结果为指针，取值运算符 * 的运算结果为指针所指类型。

3.1.3　运算符的优先级与结合性

在一个表达式中有多个不同的运算符出现时，先进行哪个运算取决于各运算符的优先级。传统算术中有"先乘除后加减"的运算优先级规则。括号的优先级最高，它也是一种强制改变优先级的符号。

在一个表达式中有两个相同优先级的运算符相邻出现时，先进行左边的还是右边的运算符的运算取决于各运算符的结合性。如加法、减法运算符"＋""－"是左结合，赋值运算符"＝"是右结合。因此表达式"3－2＋1"的结果是 2 而不是 0（假如是右结合，就先运行 2＋1）。例如运行下面两个语句后

```
int a,b=1;
a=b=2;
```

变量 a 的值将是 2，而不是 1（假如是左结合，就先运行 a＝b）。

所有运算符的优先级、结合性见附录 C。准确记住运算符的优先级、结合性对于分析程序是必修的，但对于编程又不是必修的。记住主要的运算符优先级可以使程序简洁，编程时记不清了可以通过括号准确规定优先级。

3.2　算术运算符

算术运算符有：＋（加）、－（减）、*（乘）、/（除）、％（求余），它们在 C 语言中表示最基本的算术运算。乘、除、求余的优先级比加、减高，都是左结合。求余运算要求两个操作数都是整型数据。

由算术运算符连接起来组成的表达式是算术表达式。

注意：

（1）C 语言中没有幂运算符（乘方运算符），幂运算可通过函数 power 实现。

（2）C 语言编程中处理除法运算容易出错。

当两个整数进行除法运算时，若不能整除，其结果也一定为整数而舍去小数部分，采取"向零取整"的方式舍去小数部分。例如：1/2 的结果为 0 而不是 1 或 0.5，－2/3 的结果为 0 而不是－1。

当两个数相除，若除数和被除数中有一个是实型，则进行实型数除法。因此建议编程时

遇到整型常量除法，一定将一个操作数加上小数点写为实型常量，如"1./2"而不是"1/2"。

比较：1/3 * 3.的结果为 0，而 1./3 * 3 的结果近似为 1。请自己分析原因。

(3) 求余运算"％"结果的正负，规定与被除数符号相同。

例如：5％3 和 5％－3 的结果都是 2，－5％3 和 －5％－3 的结果都是－2。

3.3　赋值运算符

赋值运算符就是等号"＝"，它是 C 语言程序中使用最多的运算符。它表示将其右边的表达式的结果赋值给其左边的变量，是一种数据传递。

赋值运算符优先级很低，仅高于简单列举的逗号运算符"，"。

注意：赋值运算符"＝"不是比较是否相等，比较是否相等是关系运算符"＝＝"。

赋值运算符的左边必须是变量或指针表示的内存空间（统称为左值操作数）。

注意理解语句

```
a=a+2;
```

它表示将变量 a 的值取出送到 CPU，加上 2 后再赋值给变量 a。即保存回原空间。

C 语言中为这一类运算专门设计了运算符，称为复合赋值运算符，就是将算术运算符或位运算符与赋值运算符结合起来，表示将左值操作数的值取出进行算术或位运算后再赋值回原变量。复合赋值运算符有：＋＝、－＝、＊＝、/＝、％＝、＞＞＝、＜＜＝、＆＝、^＝、|＝。

复合赋值运算符仍然是赋值运算符，优先级与赋值运算符一样。

例如下面语句执行后

```
01     int a=2,b=3;
02     a *=b+4;
```

变量 a 的值是 14，而不是 6，因为复合赋值运算"＊＝"的优先级比算术运算"＋"要低。

更进一步设计了"＋＋"和"－－"表示自加 1 和自减 1 运算，但它们是单目运算符，优先级要高得多。如语句

```
01     i++;
02     ++a;
03     b--;
04     --c;
```

a＋＋与＋＋a 在单独的语句中没有区别，但混合其他运算符时有区别：＋＋a 执行"a＝a＋1"，表达式的结果是执行"a＝a＋1"后的结果；a＋＋是先将 a 的值取出暂存，最后将作为表达式的结果，然后执行"a＝a＋1"，最后将暂存值作为表达式的结果。例如，运行下面程序段

```
01     int a=1,b=1,c,d;
02     c=a++;          //表达式(a++)的值与变量 a 的值不同
03     d=++b;          //表达式(++b)的值与变量 b 的值相同
```

程序运行后,变量 a、b、c、d 的值分别为 2、2、1、2。

例 3.1　在下面的程序执行中,分析各变量中数据的变化。

```
01    #include<stdio.h>
02    main()
03    { shorta=-1;                  //a 为-1,内存中是 11111111 11111111
04      unsigned short b;
05      int c=1,d=5,m=3,n;
06      unsigned k;
07      double x;
08      n=3.7;                      //n 为 3
09      x=1/2 * 100.;               //x 为 0.0
10      x=1./2 * 100;               //x 为 500.0
11      n=4/3. * 100;               //n 为 133
12      n=(int)a;                   //e 为-1,占 4 字节
13      b=(unsigned short)a;        //b 为 65535,内存中是 11111111 11111111
14      k=(unsigned)a;              //k 为 4294967295,内存中是 ffff ffff
15      m=c++,n=++d;                //m 为 1,c 为 2,n 为 6,d 为 6
16      m=5%-3,n=-5%-3;             //m 为 2,n 为-2
17      a=b;                        //a 为-1,b 为 65535,内存都是 ffff
18      m=b;                        //m 为 65535,4 字节;b 为 65535,2 字节
19    }
```

例 3.1 中表达式"k＝(unsigned)a;"是先将短整型 a 的 2 字节 16 位有符号整型数据进行符号位扩展到 4 字节,再按无符号数读出后赋值给无符号整型变量 k。"m＝b;"是先将无符号整型 b 的 2 字节 16 位无符号整型数据进行 0 扩展到 4 字节,再赋值给有符号整型变量 a。具体转换方法规定见 2.7 节。

变量和 const 常量可以在定义时赋值,称为初始化。const 常量不能在此之外再被赋值。

可以连续赋值,但此时必须是所有变量已被定义。

例 3.2　指出下面程序中的语法错误。

```
01    #include<stdio.h>
02    main()
03    { int a=b=c=1;               //错误,变量 b、c 未定义
04      int m,n;
05      int k=m=n=8;               //正确,但不规范,不如全部定义后,再连续赋值
06      double x,y,z;
07      x=y=z=0.;                  //正确且规范
08      m=x%3;                     //错误,求余运算%的操作数必须是整型,x 不是
09      x/2++;                     //错误,x/2 不是左值操作数,是一个实型数据
10      2=m;                       //错误,2 不是左值操作数,是一个整型常量
11      y/2=z;                     //错误,y/2 不是左值操作数,是一个实型数据
12    }
```

3.4　关系运算符

计算机程序能够进行判断是因为可以进行比较,这种比较运算就是关系运算符。C 语言设计了 6 种关系运算符,都是双目运算符,都是左结合。

C 语言的 6 种关系运算符,按优先级可分为两组:

(1) 优先级较高的 4 种:＞(大于)、＞＝(大于或等于)、＜(小于)、＜＝(小于或等于);

(2) 优先级相对低的 2 种:＝＝(等于)、!＝(不等于)。

由关系运算符连接起来的表达式即关系表达式,关系表达式的结果都是整型,只有两种结果:0 或 1,分别代表比较的逻辑结果假或真。

例 3.3 分析下面程序中各关系表达式的结果。

```
01    #include<stdio.h>
02    main()
03    { int a=1,b=5,c=-8,m=0;
04      double x=0.01;
05      a>=0;                //关系表达式的结果为 1
06      m==0;                //关系表达式的结果为 1
07      b==0;                //关系表达式的结果为 0
08      b>=c;                //关系表达式的结果为 1
09      x>m;                 //关系表达式的结果为 1
10      a>b+c;               //关系表达式的结果为 1,算术优先
11    }
```

使用关系运算符要注意以下几点:

(1) 无论参与关系运算的操作数的类型如何,关系运算的结果只能是两个整型值之一:0(假,false)或 1(真,true)。C 语言没有逻辑类型,用整型表示。

(2) 关系运算符的"＝＝"运算符(相等的比较)由两个等号"＝"组成,注意与赋值运算符"＝"区别开。

(3) 字符型数据按其 ASCII 码值的大小进行比较,但字符串常量不能直接用关系运算符比较。比如:"ABCD"与"AAA"不能直接比较大小,应使用相关的字符串函数进行比较。

(4) 不要对实型数据作是否相等或不相等的比较,因为两个实型数据的有效数字位数不一定相同,难以作精确比较。否则可能出现无法预知误差而影响比较结果或出现与预期值背离的结果。应根据两个实型数据的差的绝对值是否小于某个比较小的数来近似判断其是否相等。

(5) 在 C 语言中,实现数学中的 $3 \leqslant x \leqslant 5$,需要分解为 $3<=x$ 和 $x<=5$ 两个关系运算,然后进行逻辑与运算。表达式"$3<=x<=5$"是合法的,但不是与期望的数学逻辑一致,而是先判断"$3<=$",结果可能是 0 或 1,然后再与 5 进行比较,0 或 1 都小于 5,结果永远是 1(真)。反映数学逻辑 $3 \leqslant x \leqslant 5$ 正确的 C 语言表达式应该是"$3<=x\&\&x<=5$"。

3.5 逻辑运算符

仅靠关系运算无法表达复杂的逻辑关系,如大于 3 且小于 5、小于 3 或大于 5 等。C 语言为此设计了逻辑运算符。C 语言有 3 种逻辑运算符,优先级、结合性均有差别。由逻辑运算符连接起来组成的表达式是逻辑表达式,逻辑表达式的结果与关系表达式一样只能是两个整型值之一:0(假)或 1(真)。

（1）逻辑与运算符：&&。例如 a&&b，若 a、b 均为非 0（真），则 a&&b 结果为 1（真）；若 a、b 之一为 0（假），则 a&&b 结果为 0（假）。优先级在 3 种逻辑运算中居中，左结合。

（2）逻辑或运算符：||。例如 a||b，若 a、b 之一为非 0（真），则 a||b 的结果为 1（真）；若 a、b 均为 0（假），则 a||b 的结果为 0（假）。优先级在 3 种逻辑运算中最低，左结合。

（3）逻辑非运算符：!。例如!a，若 a 为非 0（真），则!a 的结果为 0（假）；若 a 为 0（假），则!a 的结果为 1（真）。优先级在 3 种逻辑运算中最高，右结合。

在 C 语言中，逻辑运算的操作数并不要求是逻辑值，允许各种类型的数据参与逻辑运算。对各种数据的逻辑判断规则是：数据值为 0 判断为"假"，非 0 都判断为"真"。逻辑运算的结果"真"则保存为 1。

例如"3||2"合法，其结果为 1（true）。"8&&0"也合法，其结果为 0（false）。

若 a＝4，b＝5，则 a&&b 的值为 1（true），因为 a 和 b 均为非 0，被当作"真"。

若 a＝4，则!a 的结果为 0（false），因为 a 的值为非 0 被当作"真"，对"真"进行非运算结果为"假"。

注意：在逻辑运算中，C 语言规定了两种快速处理：

（1）对于逻辑表达式"（表达式 1）&&（表达式 2）"，如果表达式 1 的值已经是 0，则直接得到逻辑表达式的结果为 0，而不运行计算表达式 2。

（2）对于逻辑表达式"（表达式 1）||（表达式 2）"，如果表达式 1 的值已经是 1，则直接得到逻辑表达式的结果为 1，而不运行计算表达式 2。

以上两种快速处理对于表达式 2 中有赋值运算时会影响运行结果，分析程序时需要注意，编程则建议避免在表达式 2 中赋值。

例 3.4 将下列逻辑条件用 C 语言的表达式表示：

（1）3 个边长数据 a、b、c 若能够构成三角形，表达式为真值，否则为假值。

解：能构成三角形的充要条件是三角形三条边中的任意两条边的边长之和大于第三条边。即

```
a+b>c && a+c>b && b+c>a
```

更清晰的写法：

```
(a+b)>c && (a+c)>b && (b+c)>a
```

（2）判别一个字符（ch）是否是一个字母。

解：语句如下。

```
ch>='A' && ch<='Z'||ch>='a' && ch<='z'
```

（3）判别某一年（year）是否为闰年。闰年的条件是符合下面两者之一：①能被 4 整除，但不能被 100 整除；②能被 400 整除。例如 2008、2000 年是闰年，2005、2100 年不是闰年。

解：语句如下。

```
(year % 4==0 && year % 100!=0) ||year % 400==0
```

当给定 year 为某一整数值时，如果上述表达式值为 1，则 year 是闰年，否则 year 不是闰年。

还可以用"!"运算作用于上述表达式，直接判别不是闰年：

```
!((year % 4==0 && year % 100!=0) ||year % 400==0)
```

这时,若表达式值为 1,则 year 不是闰年,否则 year 是闰年。

3.6 位 运 算 符

前面介绍的运算符都是针对 1 字节以上长度的数据处理的,但在对开关量的控制中,二值数据的 1 位即可采集一个开关量的状况进行输出控制,这样需要对某 1 位或几位数据进行判断或处理,为此,C 语言设计了位运算符。位运算符又分为位逻辑运算符和移位运算符,其操作数要求必须是整型,结果也是整型。

3.6.1 位逻辑运算符

位逻辑运算符有按位求反(～)、按位与(&)、按位异或(^)和按位或(|)4 个。其中按位求反(～)是单目运算符,其余 3 个是双目运算符。

双目位逻辑运算是将两个整型操作数的每个对应二进制位分别进行逻辑运算,得到结果。单目位逻辑运算是对整型操作数的每个二进制位分别求反得到结果。

注意区别逻辑运算:逻辑运算对操作数类型没有要求,将操作数当作一个整体进行逻辑运算处理,根据操作数的值是 0 或非 0 得到结果。

例 3.5 分析下面程序的输出结果:

```
01      #include<stdio.h>
02      main()
03      { short a=-1,b=5;
04        unsigned short m=65535,n=0;
05        int k=3;
06        printf("%d,%d\n",(a&b),(a&&b));      //5,1
07        printf("%d,%d\n",(a|b),(a||b));      //-1,1
08        printf("%d,%d\n",(m&n),(m&&n));      //0,0
09        printf("%d,%d\n",(a&m),(a&&m));      //65535,1
10        printf("%d,%d\n",(a&k),(a&&k));      //3,1
11        printf("%d,%d\n",~a,!a);            //0,0
12        printf("%d,%d\n",~b,!b);            //-6,0
13        printf("%d,%d\n",~m,!m);            //-65536,0
14        printf("%d,%d\n",~n,!n);            //-1,1
15        printf("%d,%d\n",~k,!k);            //-4,0
16      }
```

解:分析 5 个变量的二进制值,位逻辑运算时,对短整型、无符号短整型先分别进行符号位扩展、0 扩展到 4 字节 32 位,然后按位进行逻辑运算,最后的结果按整型读出即得到结果。如图 3-1 所示是 5 个变量存储的二进制数据。

图 3-1 只画出了将整型变量 k 的低 16 位数、高 16 位数都设为 0。

用十六进制数表示,短整型变量 a 的数据-1 进行符号位扩展为 ffffffff,m0 扩展为 0000ffff,则 a&m 的结果为 0000ffff,按整型十进制读出为 65 535。

a	1	1	1	1	1	1	1	1	1	1	1	1	1	1	1	1
b	0	0	0	0	0	0	0	0	0	0	0	0	0	1	0	1
n	1	1	1	1	1	1	1	1	1	1	1	1	1	1	1	1
n	0	0	0	0	0	0	0	0	0	0	0	0	0	0	0	0
k	0	0	0	0	0	0	0	0	0	0	0	0	0	0	1	1

图 3-1 例 3.5 中 5 个变量存储的二进制数据

~m 的结果为 ffff0000,按整型读取这是补码,原码(对负数补码符号位不变,其余位求反,然后加 1)为 80010000,十进制结果为 -65 536。

3.6.2 移位运算符

移位运算符有左移位运算符($<<$)和右移位运算符($>>$)两种,是双目运算符,要求两个操作数都是整型或无符号整型,结果也是整型或无符号整型。

$a<<n$,表示将整型数据 a 的二进制数各位依次左移 n 位,左边移出后舍弃,右边移入 0。如果 $n<0$,相当于左移 $32+n$ 位。效果大致相当于 a 乘以 2^n。

$a>>n$,表示将整型数据 a 的二进制数各位依次右移 n 位,右边移出后舍弃,整型数左边移入符号位,无符号数左边移入 0。如果 $n<0$,相当于右移 $32+n$ 位。效果大致相当于 a 除以 2^n,但小数部分向下取整。

3.6.3 位运算的应用

在自动控制中,经常需要根据某 1 位或几位的状态判断是否需要进行某种处理,而 C 语言的控制语句只能根据总体逻辑值(0 或 1)进行处理,因此需要将位状态转换为总体逻辑值。

例 3.6 设输入的值在整型变量 a 中,设 a 的最低位称为 a_0,向上各位依次称为 a_1,a_2,$\cdots$,a_{31},用 C 语言表达如下:

(1) 判断其 a_3 位是否为 1。

解:(a&0b1000)或(a&8)。当 a 的 a_3 位为 1 时,表达式的值为非 0;否则表达式的值为 0。

(2) 判断其 a_3 位是否为 0。

解:($\sim$a&0b1000)或($\sim$a&8)。当 a 的 a_3 位为 0 时,表达式的值为非 0;否则表达式的值为 0。

(3) 判断其 a_3 位和 a_5 是否均为 1。

解:((a&0b1000)&&(a&0b100000))或((a&8)&&(a&32))或(a&40==40)。当 a 的 a_3 位和 a_5 位均为 1 时,表达式的值为 1;否则表达式的值为 0。

(4) 判断其 a_3 位是否为 1 且 a_5 为 0、a_7 位为 1、a_8 位为 1。

解:((a&0b110101000)==0b110001000)或(a&424==392)。当 a 的 a_3 位为 1 且 a_5

位为 0、a_7 位为 1、a_8 位为 1 时,表达式的值为 1;否则表达式的值为 0。

通过位逻辑运算,屏蔽了不需要的位,将某 1 位或几位的状态转换为逻辑值,以便于后续的选择控制。

3.7 运算符的优先级

3.1.3 节已经介绍了运算符的优先级和结合性的概念,附录 C 详细列出了所有运算符的优先级和结合性。

为便于记忆,可将运算符的优先级大致归纳,如图 3-2 所示。

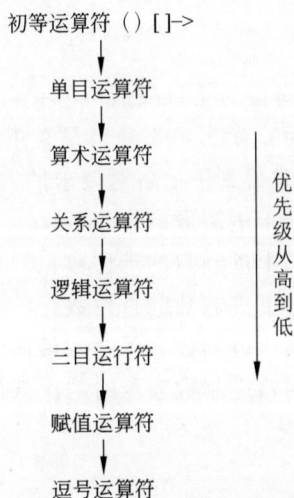

初等运算符()[]->

单目运算符

算术运算符

关系运算符   优
                         先
逻辑运算符   级
                         从
三目运行符   高
                         到
赋值运算符   低

逗号运算符

图 3-2　C 语言运算符优先级的粗略顺序

其中,逻辑非(!)、位求反(~)被认为是单目运算符的优先级,算术运算符中又细分先乘除后加减,算术运算符之后有一个移位运算符(<<或>>),关系运算符中又细分先比较大小再比较相等,逻辑运算符前还有位逻辑运算符(先位与 &、再位异或^、最后位或|),逻辑运算又细分为先与运算(&&)后或运算(||)。

运算符的结合性大多数是左结合,只有 3 类是右结合:单目运算符、三目运算符和赋值运算符。

3.8 小 结

(1) 运算符是构成表达式、控制计算机进行何种运算或处理的核心。

(2) C 语言常用的运算符有:赋值、算术、关系、逻辑、位运算、条件、逗号运算符等。

(3) 运算符有优先级和结合性。

(4) 根据运算符构成表达式需要操作数的数目,分为单目、双目和三目运算符,多数是双目运算符。

(5) 运算符和操作数构成表达式,表达式完成运算后的结果是一个数据。

习 题 3

1. 分析下面 C 语言表达式的结果:

(1) 1/2 * 4.   (2) 4./8 * 100   (3) −5%−3   (4) 2&&1   (5) 2&1

(6) 2&6   (7) 2||1   (8) 2|1   (9) 2|6

2. 将下面各题的条件用 C 语言的关系或逻辑表达式表达:

(1) 整型变量 m 为偶数;

(2) 整型变量 n 为奇数;

(3) 变量 x 满足 3<x<5;

(4) 无符号整型变量 m 的最高位为 1 且最低位为 0;

(5) 三角形的三条边长分别为 a、b、c,该三角形是直角三角形。

3. 分别用一个 C 语言的表达式得到下面各题要求的数据:

(1) 无符号整型变量 d 的值的十进制数的个位数;

(2) 无符号整型变量 d 的值的十进制数的十位数;

(3) 无符号整型变量 d 的值的十进制数的百位数;

(4) 无符号整型变量 d 的值用八进制数表示时的最低位数字;

(5) 无符号整型变量 d 的值用八进制数表示时的次低位数字。

4. 指出下面程序语句中的错误:

```
01    main()
02    { int a,b,c;
03      double d1,d2,d3,d4,d5;
04      d1=4ac;
05      3+=a;
06      d2+d3=d4;
07      d2+d3==d4;
08      d5=d1%2;
09      a=d1&4;
10      d2=d3>>3;
11    }
```

第 4 章

程序的选择结构

思考题

1. 在程序流程中经常需要根据逻辑判断选择不同的处理方式,如何实现?

2. 编程求 x 的绝对值:当 x 小于 0 时, $x=-x$。

3. 编程实现深度网络中的激发函数——ReLU 函数:

$$y=\begin{cases}0, & x<0\\ x, & x\geqslant 0\end{cases}$$

4. 编程实现转换:根据下面的规则将百分制分数 score($0\leqslant$score$\leqslant$100) 转换为相应的等级 rank 描述:

$$\text{rank}=\begin{cases}\text{优}, & 90\leqslant\text{score}\\ \text{良}, & 80\leqslant\text{score}<90\\ \text{中}, & 70\leqslant\text{score}<80\\ \text{及格}, & 60\leqslant\text{score}<70\\ \text{不及格}, & \text{score}<60\end{cases}$$

以上问题的共同特征:虽然有多种可能的情形发生,但在某一时刻,只可能发生其中一种情形,即各种可能发生的情形之间是一种非此即彼的逻辑关系。从程序的执行逻辑来说,也就是:在两条或多条执行线索(操作块)中,只可能依据条件选择其中一条线索来执行,或者某个执行线索只可能依据条件决定其是否执行。这就构成了程序的选择结构,也称为分支结构,其对应的程序执行流程如图 4-1 所示。

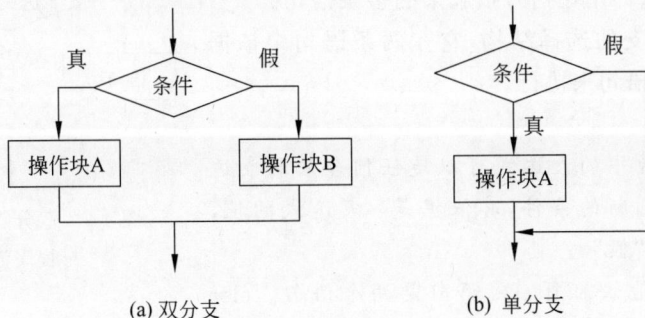

(a) 双分支   (b) 单分支

图 4-1 程序选择结构的执行流程示意图

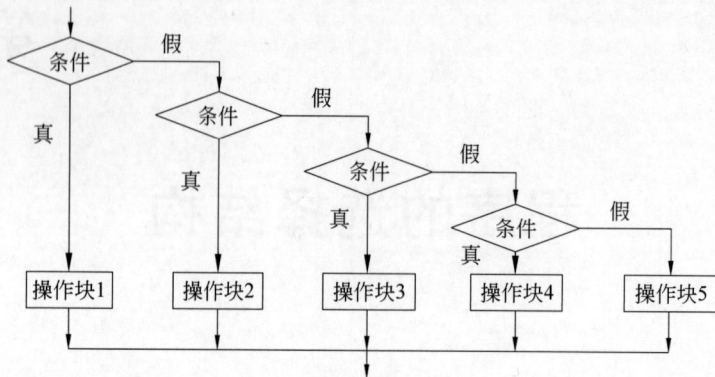

(c) 多分支

图 4-1 （续）

显而易见，从程序执行的流程来看，双分支结构是选择结构的基本形式，单分支结构和多分支结构则是由双分支结构演变而来。

在 C/C++ 语言中可通过条件表达式、if 语句和 switch 语句建立选择结构的程序。

4.1　双分支选择结构

在两条执行线索中，只可能依据条件选择其中一条线索来执行，这就构成了双分支选择结构的程序。通过 if 语句的基本形式：if-else 语句，可实现双分支选择结构的程序。

if-else 语句的形式为：

```
if(表达式)
    语句 1;
else
    语句 2;
```

if-else 语句的程序流程图如图 4-2 所示。

双分支语句的执行流程是：当表达式的值为"真"（非 0 值）时，执行语句 1，否则执行语句 2。语句 1 或语句 2 也可以是复合语句，即用花括号括起来的多条语句。

这是一个双分支的选择结构，它在两条语句中依据条件选择其中一条语句来执行。

说明：

（1）if 后面括号中的表达式可以是任何合法的表达式，它作为 if 语句判断的条件，其依据是：表达式的值，非 0 为"真"；0 值为"假"。

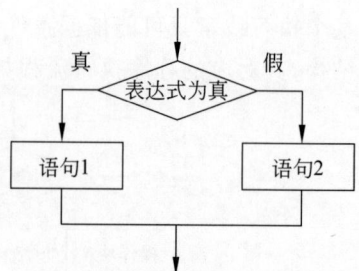

图 4-2　双分支选择结构的
　　　　程序流程图

（2）不要错误地认为 if-else 语句是两个语句。else 是 if 语句中的子句，它不能作为独立的语句单独使用，而必须与 if 配对使用。

例 4.1 编程实现深度网络中的激发函数——ReLU 函数：

$$y = \begin{cases} 0, & x < 0 \\ x, & x \geqslant 0 \end{cases}$$

```
01    #include<stdio.h>
02    main()
03    { double x,y;
04      printf("Please input a data: ");
05      scanf("%lf",&x);
06      if(x<0)
07          y=0;
08      else
09          y=x;
10      printf("%f",y);
11    }
```

运行程序,输入 −2.5,得到输出为 0。再次运行程序,输入 3.14,得到输出为 3.14。

说明:

(1) 作为条件使用的表达式,按照其"真、假"判断的依据: 非 0 为"真";0 值为"假"。代码 if(x!=0) 的表达式可以简化,写为 if(x),功能一样,但程序的可读性变差了。

(2) 例 4.1 程序中的 if-else 语句还可以改为用条件表达式语句完成同样的功能:

```
y=(x<0)?0:x;
```

在 if-else 语句中,if-else 两个分支分别代表的执行线索往往不只是一条语句,而是包含一组语句的复合语句。因此,if-else 中的"语句 1"和"语句 2"往往是以复合语句的形式出现,也就是说,if 语句更常用的形式是:

```
01    if(表达式)
02    {
03        语句系列 1;
04    }
05    else
06    {
07        语句系列 2;
08    }
```

例 4.2 编程将 x、y 这两个数中较大的数赋给 max,较小的数赋给 min。

```
01    #include<stdio.h>
02    main()
03    { double x,y,max,min;
04      scanf("%lf%lf",&x,&y);
05      if(x>y)
06          max=x;
07          min=y;
08      else
09          max=y;
10          min=x;
```

```
11        printf("max=%f\n",max);
12        printf("min=%f\n",min);
13    }
```

程序编译将出现如图 4-3 所示的错误提示信息,提示的错误是其中的 else 子句前面没有配对的 if。为什么会这样呢?

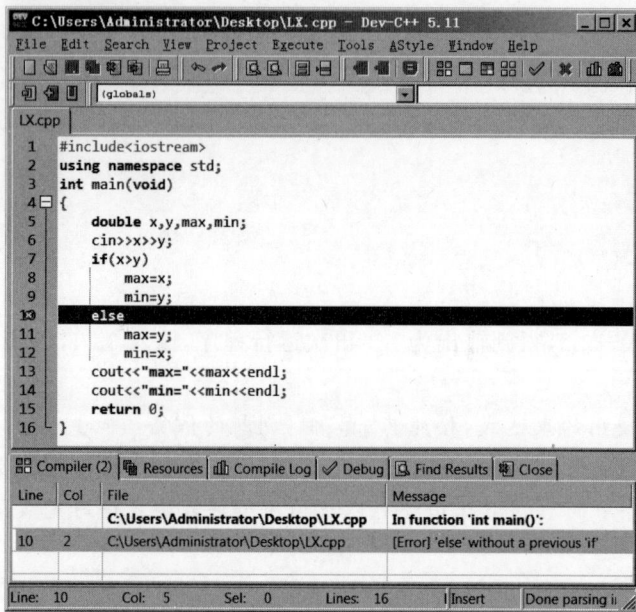

图 4-3　例 4.2 程序编译出错的提示信息

原因是:if-else 语句的两个分支分别只能是一条语句。而上述代码中,if(x>y)后面紧跟着两条语句"max=x;"和"min=y;"。这样一来,"max=x;"已经是 if(x>y)的分支所要求的语句,而"min=y;"不属于 if(x>y)语句的分支范畴,于是后续的 else 子句就找不到前面配对的 if 了。

为了使"max=x;"和"min=y;"语句都成为 if(x>y)语句的分支,应该用一对{}把它们复合为一条语句;同理,else 后续的两条语句也应该用一对{}把它们复合为一条语句。

```
01    #include<stdio.h>
02    main()
03    { double x,y,max,min;
04      scanf("%lf%lf",&x,&y);
05      if(x>y)
06      {  max=x;
07         min=y;
08      }
09      else
10      {  max=y;
11         min=x;
12      }
13      printf("max=%f\n",max);
```

```
14        printf("min=%f\n",min);
15    }
```

上述程序也可以用以下方法实现。为什么？请读者思考。

```
01    #include<stdio.h>
02    main()
03    { double x,y,max,min;
04      scanf("%lf%lf",&x,&y);
05      if(x>y)
06          max=x, min=y;          //与上面的程序仔细比较
07      else
08        max=y, min=x;            //仔细比较区别
09      printf("max=%f\n",max);
10      printf("min=%f\n",min);
11    }
```

另外还可以使用条件表达式实现本例题的功能,代码如下:

```
01    #include<stdio.h>
02    main()
03    { double x,y,max,min;
04      scanf("%lf%lf",&x,&y);
05      max=x>y? x:y;
06      min=x<y? x:y;
07      printf("max=%f\n",max);
08      printf("min=%f\n",min);
09    }
```

例 4.3 编写程序,判别某一年(year)是否为闰年。闰年的条件是符合下面两者之一：①能被 4 整除,但不能被 100 整除;②能被 400 整除。例如 2008 年、2000 年是闰年,2005 年、2100 年不是闰年。

分析：依据题目给出的闰年条件,可以得出判别闰年的逻辑表达式为：

(year%4==0 && year%100!=0) || year%400==0

程序为：

```
01    #include<stdio.h>
02    main()
03    { int year,leap;          //leap用于存储是否闰年的信息：1为是,0为否
04      printf("Please input year: ");
05      scanf("%d",&year);
06      leap=(year%4==0 && year%100!=0)||(year%400==0);
07      if(leap)
08          printf("%d is a leap year.\n",year);
09      else
10          printf("%d is not a leap year.\n",year);
11    }
```

4.2 单分支选择结构

若某个执行线索只可能依据条件决定其是否执行,这就构成了单分支选择结构的程序。单分支选择结构其实是双分支选择结构在某一分支没有具体操作时的简化结构。

将 if 语句基本形式中的 else 部分省略,就变成了单分支选择结构,即

```
if(表达式)
    语句;
```

分支中的语句也可以为复合语句,形如:

```
if(表达式)
{
    语句系列;
}
```

单分支选择结构的程序流程图如图 4-4 所示,单分支选择结构 if 语句的执行流程是:当表达式的值为"真"(非 0 值)时,执行语句,否则不执行。然后继续执行 if 语句后面的语句。

例 4.4 编程:输入一个字符,判别它是否为大写字母,如果是,将它转换为小写字母,然后输出。

分析:

(1) 根据条件(是否为大写字母),决定是否进行大小写转换,这是一个单分支选择结构。

(2) 从 ASCII 码表中可知,大写字母排列在小写字母之前,即:大写字母的 ASCII 码值小于小写字母的 ASCII 码值,且对应的大、小写字母的 ASCII 码值相差 32。这个 32 的差值不必死记,利用整型与字符型数据通用的特征,用对应大、小写字母的字符数据进行相减即可得到。

图 4-4 单分支选择结构
的程序流程图

程序为:

```
01    #include<stdio.h>
02    main()
03    { char ch;
04      scanf("%c",&ch);
05      if(ch>='A'&&ch<='Z')        //判断是否为大写字母
06          ch=ch+32;               //将大写字母转换为小写字母,也可写为
07      printf("%c\n",ch);          //ch=ch+('a'-'A');('a'-'A')就是 32
08    }
```

运行程序,输入大写字母,将输出显示对应的小写字母;输入其他字符,则输出不变。

单分支选择结构其实是双分支选择结构在某一分支没有具体操作时的简化结构。例如本例题的问题描述,可以换成与双分支结构对应的描述:"输入一个字符,判别它是否为大写字母。如果是,将它转换为小写字母;如果不是,不转换。然后输出最后得到的字符。"

其对应的双分支选择结构的程序为:

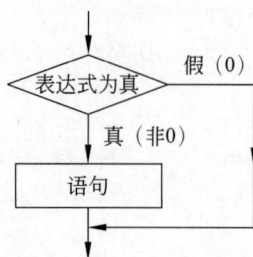

```
01    #include<stdio.h>
02    main()
03    { charch;
04      printf("%c",&ch);
05      if(ch>='A'&&ch<='Z')
06          ch=ch+32;
07      else
08          ;                    //放置一句空语句
09      printf("%c\n",ch);
10    }
```

单分支结构相当于一个分支是空语句的双分支结构。

说明：

（1）如何在 if-else 语句中表示"双分支选择结构中的没有具体操作的分支"是上述代码的关键。即通过只有一个";"的空语句来实现双分支选择结构中的一个分支（但它没有具体的操作），从而实现双分支结构的完整。

（2）上面程序中的 if 语句还可以换成条件表达式语句来完成同样的功能。程序如下：

```
01    #include<stdio.h>
02    main()
03    {
04      char ch;
05      printf("%c",&ch);
06      ch=(ch>='A'&&ch<='Z')?(ch+32):ch;
07      printf("%c\n",ch);
08    }
```

例 4.5 不恰当使用单分支选择结构的示例。

在例 4.1 中，通过双分支选择结构的程序，清晰直观地反映了 ReLU 函数所体现的非此即彼的逻辑关系：

$$y = \begin{cases} 0, & x < 0 \\ x, & x \geqslant 0 \end{cases}$$

若改用以下的单分支结构的程序，也能实现该函数的功能。

```
01    #include<stdio.h>
02    main()
03    { double x,y;
04      scanf("%lf",&x);
05      y=0;
06      if(x>=0)
07          y=x;
08      printf("%f\n",y);
09    }
```

这样的单分支程序将一个本来逻辑清晰、直观的双分支选择结构，变成了一个顺序结构与一个单分支选择结构的组合。虽然也实现了该函数的功能，但程序的可读性变差，程序逻辑有所欠缺。

4.3　选择结构语句的嵌套

如果选择结构的分支语句本身又是一个 if 语句或是包含选择结构的复合语句,就形成了选择结构语句的嵌套,这样可以实现比较复杂的分支选择功能。

在包含多个 if 语句的嵌套语句中要特别注意 else 与 if 配对使用的特点:每个 else 必须且只能与它前面最近的、未配对的、可见的 if 语句配对。可见是指 if 语句没有被花括号包括在另一个复合语句中。

对于嵌套结构,要注意算法的结构化设计。为了避免非结构化的算法、避免误用 if 语句的嵌套导致出现 if 语句之间的交叉和重叠,最好使每一层内嵌的 if 语句都包含 else 子句。这样 if 的数目和 else 的数目相同,从内层到外层——对应,不致出错。也可以合理使用{},将无 else 子句的内嵌 if 语句变成复合语句,改变自动配对的逻辑关系,保障程序逻辑的正确性。而且注意使用锯齿形书写格式正确反映嵌套结构的层次性,提高程序的可读性。

例 4.6　求 3 个整数的最大值。

算法设计(伪代码):

```
01    BEGIN(算法开始)
02      输入 3 个整数 a,b,c;
03      if(a<b)
04          最大值 max 在 b 和 c 之中,进一步比较 b 和 c(内嵌 if 结构);
05      else
06          最大值 max 在 a 和 c 之中,进一步比较 a 和 c(内嵌 if 结构);
07      输出最大值 max;
08    END(算法结束)
```

上面伪代码的算法开始、结束也可以用 C 语言的花括号表示。可见伪代码是为了表示算法思想,与具体语言无关,与人类语言更近似,更容易理解。

C 语言程序为:

```
01    #include<stdio.h>
02    main()
03    { int a,b,c,max;
04      printf("请输入三个整数 a,b,c 的值: ");
05      scanf("%d%d%d", &a, &b, &c); /* 输入时可以用空格、Tab 键或
06                  Enter 键分隔 3 个输入的数,最后以 Enter 键结束输入 */
07      if(a<b)
08          if(c<b) max=b;
09          else max=c;
10      else
11          if(c<a) max=a;
12          else max=c;
13      printf("a=%d, b=%d,c=%d, max=%d\n",a,b,c,max);
14    }
```

运行程序,输入 13　28　20,得到结果如图 4-5 所示。

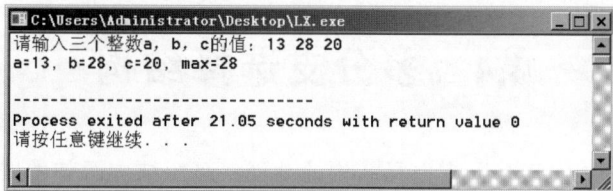

图 4-5　例 4.6 程序的运行结果

例 4.7　对方程 $ax^2+bx+c=0$，依据系数 a 和 b 的值，定性给出方程的类型。

(1) 当 $a=0$ 时，若 $b\neq0$，则它是一个一次方程。

(2) 当 $a\neq0$ 时，它是一个二次方程。

有错误的程序：

```
01    #include<stdio.h>
02    main()
03    { double a,b,c;
04     printf("Please input a,b,c: ");
05     scanf("%lf%lf%lf",&a, &b, &c);
06     if(a==0)
07         if(b!=0)
08             printf("这是一个一次方程\n");
09     else
10         printf("这是一个二次方程\n");
11    }
```

运行程序，输入 0　2　1，显示：一次方程；重新运行程序，输入 1　2　1，却没有显示。
程序第一次运行结果正确，但第二次运行没有输出正确的结果。为什么？程序错在哪里？

我们可以按以下两种方法，将上述程序中嵌套的 if 语句修改为正确的程序结构。

方法一：

```
01    if(a==0)
02     if(b!=0)
03         printf("这是一个一次方程\n");
04     else
05         ;              //加上空语句分支
06     else
07      printf("这是一个二次方程\n");
```

方法二：

```
01    if(a==0)
02    { if(b!=0)
03         printf("这是一个一次方程\n");
04    }              //通过花括号使花括号中的 if 对后面的 else 不可见
05    else
06      printf("这是一个二次方程\n");
```

请结合前面的错误程序，分析比较上述正确的程序代码，理解错误的原因，掌握正确的
方法。

4.4　多分支选择结构

可以通过两种方法实现多分支选择结构的功能：选择结构语句的嵌套和 switch 语句。选择结构语句的嵌套方式中有一种常用的级联式 else if 语句比较方便。

双分支选择结构只能处理"二选一"的情况，而实际问题中常常需要处理"多选一"的情况，此时需要多分支的选择结构。

4.4.1　级联式 else if 语句

级联式 else if 语句的形式为：

```
01    if(表达式 1) 语句 1;                    //分支 1
02    else if(表达式 2) 语句 2;               //分支 2
03        …
04    else if(表达式 n-1) 语句 n-1;           //分支 n-1
05    else 语句 n;                           //分支 n
```

级联式 else if 语句的程序流程图如图 4-6 所示。

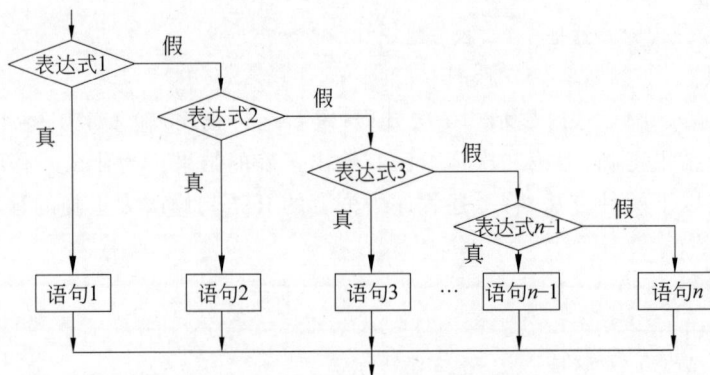

图 4-6　级联式 else if 语句的程序流程图

级联式 else if 语句的执行流程是：当表达式 1 的值为真（非 0）时，执行语句 1；否则当表达式 2 的值为真时，执行语句 2。以此类推，若表达式 $n-1$ 的值为假，则执行语句 n。这是一个多分支的选择结构，其中无论有多少个分支，都只能执行其中一个分支，最后都要跳归到一个共同的出口。

说明：

（1）else if 不能写成 elseif，是两个词，两者之间要有空格。

（2）当多分支中有多个表达式同时满足时，只执行第一个与之匹配的语句。因此要注意程序的逻辑结构是否合理，注意多分支中表达式的书写次序，防止某些值被屏蔽掉了。

（3）用级联式 else if 语句组成多分支选择结构，若仅从语法角度看，它只不过是一种特殊的 if-else 语句的嵌套结构。但从算法的角度看，这种特殊的 if-else 语句的嵌套结构直观有效地实现了多分支的选择结构。

例 **4.8** 编程：输入某课程的百分制成绩 score，按下面的等级评定规则输出对应的五级制的等级 rank，等级评定规则如下：

$$rank = \begin{cases} 优， & 90 \leqslant score \\ 良， & 80 \leqslant score < 90 \\ 中， & 70 \leqslant score < 80 \\ 及格， & 60 \leqslant score < 70 \\ 不及格， & score < 60 \end{cases}$$

根据评定规则，我们用如下 4 种不同的方法实现多分支转换。请读者思考：4 种方法都正确吗？哪个方法最佳。

方法一：

```
01    if(score>=90)              printf("优");
02    else if(80<=score<90)      printf("良");
03    else if(70<=score<80)      printf("中");
04    else if(60<=score<70)      printf("及格");
05    else                       printf("不及格");
```

方法二：

```
01    if(score>=90)                    printf("优");
02    else if(80<=score&&score<90)     printf("良");
03    else if(70<=score&&score<80)     printf("中");
04    else if(60<=score&&score<70)     printf("及格");
05    else                             printf("不及格");
```

方法三：

```
01    if(score>=90)              printf("优");
02    else if(score>=80)         printf("良");
03    else if(score>=70)         printf("中");
04    else if(score>=60)         printf("及格");
05    else                       printf("不及格");
```

方法四：

```
01    if(score>=60)              printf("及格");
02    else if(score>=70)         printf("中");
03    else if(score>=80)         printf("良");
04    else if(score>=90)         printf("优");
05    else                       printf("不及格");
```

4.4.2 switch 语句

switch 语句也称为开关语句，因为 switch 英文意思是"开关"，可以理解为多掷开关。switch 语句的形式为：

```
01    switch(表达式)
```

```
02      {  case 整型常量表达式 1: 语句组 1; [break;]
03         case 整型常量表达式 2: 语句组 2; [break;]
04            …
05         case 整型常量表达式 n-1: 语句组 n-1; [break;]
06         [default: 语句组 n;]
07      }
```

其中,方括号"[ ]"中的语句为可选项。

switch 语句的执行流程是:首先计算 switch 表达式的值,然后依次与各 case 后的整型常量表达式的值比较。如果与某个值相等,就进入此分支入口继续执行,遇到结束分支的 break 语句,则跳到分支语句后;如果没有找到值相等的 case 常量表达式并有 default 子句,则从 default 后继续执行。break 的作用是提前结束 switch 语句,是可选项,根据需要放置。default 也是可选项,表示 switch 后的表达式都不相等时的分支入口,编程时根据需要放置。图 4-7 是没有 break 的 switch 多分支语句的执行流程图。

假设其中语句组 1 和语句组 n−1 的后面 1 句都是 break 语句,则该分支程序执行流程图如图 4-8 所示。

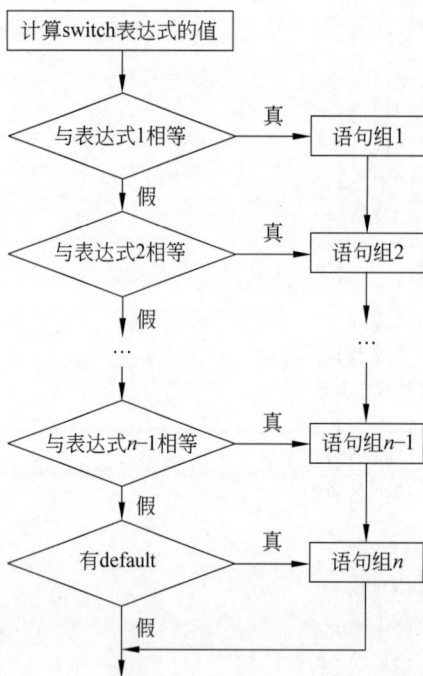

图 4-7 switch 语句没有 break 的执行流程图

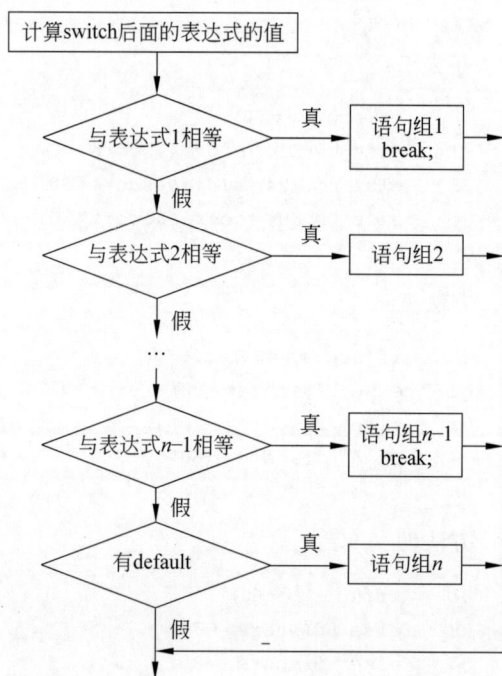

图 4-8 switch 语句中有 break 的执行流程图

说明:

(1) switch 后面的表达式要与 case 常量表达式的类型匹配,要求是整型、字符型及其派生类型和枚举型。

(2) case 常量表达式只是起语句标号的作用,不是在该处进行条件判断,也不是仅仅执行本 case 后面的语句。因此,若要利用 switch 语句实现多分支选择结构,通常要与 break 语句配合起来使用,以保证多路分支的正确实现。

（3）default 同样也是起语句标号的作用,从算法的逻辑来看,它的位置应该放在最后;从语法上说,它一般放在最后,但也可以放在其他地方。default 若不是放在最后,它也需要break 语句配合,以保证多路分支的正确实现。

（4）各个 case 常量表达式的值要互不相同。

（5）case 后面的语句组包含多条语句时,可以不用{}括起来组成复合语句,而多个 case 常量表达式也可以共用一个语句组(为什么?请读者思考)。

（6）switch 语句简洁直观、可读性强,但有其局限性。一是它的每个分支都是与同一个值(switch 后面的表达式)进行比较,二是 switch 后面的表达式的类型有限制。而用级联式else if 语句组成多分支选择结构,则没有这些限制,所以级联式 else if 语句功能更强大。

例 4.9 编程:根据输入的年 year 和月 month,显示该年该月有多少天。

```
01    #include<stdio.h>
02    main()
03    { int year,month;
04     printf("Please input year, month: ");
05     scanf("%d%d",&year,&month);
06     switch(month)
07     {  case 1:                           //大月从该相应的标签进来,向下执行
08        case 3:
09        case 5:
10        case 7:
11        case 8:
12        case 10:
13        case 12: printf("31"); break;     //遇到 break,跳转到分支语句后
14        case 4:                           //小月从该相应的标签进来,向下执行
15        case 6:
16        case 9:
17        case 11: printf("30"); break;     //遇到 break,跳转到分支语句后
18        case 2:                           //平月的入口,需要判断是否是闰年
19           if(year%4==0 && year%100!=0 || year%400==0)    //闰年
20                   printf("29");
21           else
22                   printf("28"); break;   //遇到 break,跳转到分支语句后
23        default: printf("month data error.");
24     }
25    }
```

注意:本例中多个 case 分支共用了几条语句,所以有些分支中有 break 语句,有些没有。

例 4.10 编程:输入一个 1～7 的整数,输出其对应星期几的英文表示。

```
01    #include<stdio.h>
02    main()
03    { int day;
04     printf("Please input 1-7 for a day of a week: ");
05     scanf("%d",&day);
```

```
06      switch(day)
07    {   case 1: printf("Monday\n"); break;
08        case 2: printf("Tuesday\n"); break;
09        case 3: printf("Wednesday\n"); break;
10        case 4: printf("Thursday\n"); break;
11        case 5: printf("Friday\n"); break;
12        case 6: printf("Saturday\n"); break;
13        case 7: printf("Sunday\n"); break;
14        default: printf("Data out of range.\n");
15    }
16    }
```

例 4.11 编程：利用 switch 语句实现例 4.8 的成绩分数到等级转换问题。

分析：由于 switch 语句中 case 后的表达式必须是整型或字符型常量，因此要利用 switch 语句解本题，必须将百分制区域成绩与五级制等级的关系转换为某些整数与等级的关系。根据等级评定规则可知，对应五级制等级的百分制成绩转换点都是 10 的整数倍（60、70、80、90）。依据 C 语言整数相除还是整数的特点，如果将百分制成绩(score)整除 10，这样得到的整数与百分制区域成绩则有如下对应关系：

score$\geqslant$90   (score/10) 对应 9、10

80$\leqslant$score$<$90   (score/10) 对应 8

70$\leqslant$score$<$80   (score/10) 对应 7

60$\leqslant$score$<$70   (score/10) 对应 6

score$<$60   (score /10) 对应 0、1、2、3、4、5

程序为：

```
01    #include<stdio.h>
02    main()
03    { int score;
04      printf("请输入百分制成绩：");
05      scanf("%d",&score);
06      if(score<0||score>100)
07      printf("输入的成绩超出范围！");
08      else
09      {   switch(score/10)
10        {   case 10:
11            case 9: printf("优\n"); break;
12            case 8: printf("良\n"); break;
13            case 7: printf("中\n"); break;
14            case 6: printf("及格\n"); break;
15            default: printf("不及格\n");
16        }
17      }
18    }
```

4.5 小 结

(1) 选择结构是面向过程程序设计的一种重要程序结构。

(2) C语言的选择结构有3种：单分支结构、双分支结构和多分支结构。

(3) "if(表达式)"分支根据表达式的结果(0表示假,非0表示真)来选择不同的程序分支。表达式一般是关系表达式或逻辑表达式。

(4) 选择结构可以嵌套,从而实现复杂的选择分支逻辑。

(5) "switch(表达式)"多分支中表达式一般是算术表达式。break语句在switch语句中有独特作用。

习 题 4

1. 编程：输入一个整数,判断它是奇数还是偶数。

2. 编程：输入3条边长 a、b、c,判断它们是否可以构成三角形。(提示：充要条件是：任意两条边长之和大于第三条边长。)

3. 编程实现下面分段函数的求值,输入为 x,输出 y：

$$y = \begin{cases} |x|, & x < 5 \\ 3x^2 - 2x + 1, & 5 \leqslant x \leqslant 20 \\ x/5, & 20 \leqslant x \end{cases}$$

4. 编程：求一元二次方程 $ax^2 + bx + c = 0$ 的根,其中系数 a、b、c 由键盘输入。它有如下几种情况：

(1) 当 $a = 0$ 时,若 $b \neq 0$,则 $x = -c/b$；

(2) 当 $a \neq 0$ 时,则依据 $delta(delta = b^2 - 4ac)$ 的值可确定其有一个或两个实根,或者没有实根。

5. 假设所得税按收入 s 的高低有不同的分段税率,收入各段的税率 p 与收入 s 的关系如下：

$$p = \begin{cases} 0, & s \leqslant 5000 \\ 5\%, & 5000 < s \leqslant 8000 \\ 10\%, & 8000 < s \leqslant 10\,000 \\ 20\%, & 10\,000 < s \leqslant 15\,000 \\ 30\%, & 15\,000 < s \end{cases}$$

编写程序,输入收入 s,使用switch语句,求纳税款和缴税后剩下的收入。

第5章

程序的循环结构

思考题

1. 计算 $1+2+3+\cdots+$ 的值。

对于这个问题,读者可能首先想到的是如下的数学方法:

$$1+2+3+\cdots+100=(1+100)+(2+99)+\cdots+(50+51)=101\times50=5050$$

但与之类似地,对于以下倒数的求和,却不易直接用该数学方法计算:

$$1+\frac{1}{2}+\frac{1}{3}+\cdots+\frac{1}{100}$$

其实,无论是计算 $1+2+3+\cdots+100$,还是计算 $1+1/2+1/3+\cdots+1/100$,二者都有一个共性:重复进行了若干次有规律的加法运算的操作。

又比如,计算 n 的阶乘 $n!$,即计算 $1\times2\times3\times\cdots\times(n-1)\times n$,它只不过是把上述重复进行的若干次加法运算改成重复进行若干次乘法运算,求解过程的差异仅此而已。

2. 输入一个正整数 n,输出它的所有因子。

求一个正整数 n 的所有因子,也就是在 $[1,n]$ 区间上逐一用每一个整数去除 n。若能够整除,则该数就是 n 的因子之一。它是一个重复进行整除测试的过程。

3. 利用下面的极限公式计算圆周率 π 的近似值:

$$\frac{\pi}{4}=1-\frac{1}{3}+\frac{1}{5}-\frac{1}{7}+\cdots$$

计算机的运算速度快,最善于进行重复性的工作。在利用计算机解题时,往往可以把复杂的不容易理解的求解过程转换为易于理解的操作的多次重复,这就是循环。就像上面的计算 $n!$ 和计算 $1+1/2+1/3+\cdots+1/100$,虽然我们不能像 $1+2+3\cdots+100$ 那样找出一个简单的数学公式就能得出结果,但我们可以通过构造循环结构的程序,交给计算机快速实现重复操作而得出结果。上面的"思考题 2"和"思考题 3",同样也是可以通过循环结构的计算机程序来求解问题。

5.1　程序的循环控制

在程序设计中,如果需要重复执行某些操作,就要用到循环结构。循环结构有两种形式:当型循环和直到型循环,其对应的程序执行流程如图 5-1 所示。它们都是按照给定的条件重复地执行某一个语句或语句组(复合语句),区别在于:当型循环是先判断循环条件是否满足,才确定是否开始循环操作;直到型循环则是先执行第一次循环操作,再按照循环条件确定是否执行后续的循环操作。

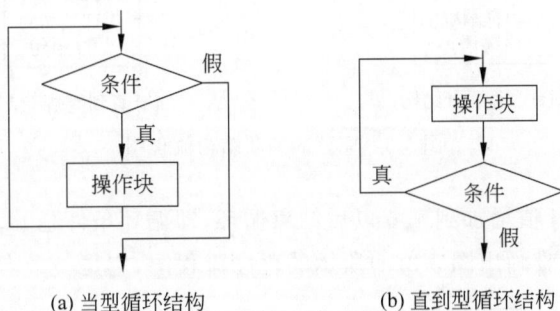

(a) 当型循环结构　　　　　(b) 直到型循环结构

图 5-1　两种循环结构的执行流程图

循环结构是程序的 3 种基本控制结构中最复杂的一种。

对于循环结构的设计,首先要明确两个问题:

(1) 哪些操作需要重复执行?

(2) 这些操作在什么情况下重复执行?

这两个问题的解决分别对应循环体的设计和循环过程的设计。循环过程由 3 个要素组成:循环过程控制量的初值、循环条件、使循环趋于结束的循环过程控制量的"增值"。只有明确了这些问题,才能完整地设计出一个程序的循环结构,与此对应的程序执行流程如图 5-2 所示。

图 5-2 中标示的"循环变量"以及后续的同样表述,指的就是"循环过程控制量"。"循环初始化"则包括循环变量的初始化和循环体相关量的初始化。

例如,计算 $1+2+3+\cdots+99+100$ 的值,可以这样设计求解过程:

首先设置一个累加结果变量 sum,其初值为 0,利用 sum＝sum＋i 这个赋值操作,让计算机重复进行加法运算和赋值操作。第一次加法运算时 i 的初值为 1,之后的每次加法运算的 i 值都比前一个 i 值多 1,即:每次加法运算和赋值操作后使 i＝i＋1,从而使 i 值依次取 $1,2,3,\cdots,99,100$。通过重复 100 次这样的加法运算和赋值操作,即可得到最后的结果。

显然,在这个求解过程中,循环(重复操作)的主体就是 sum＝sum＋i 和 i＝i＋1。那么如何控制循环的进程,确保正确地进行了 100 次的重复操作呢? 也就是说,如何设计循环变量的初值、循环条件和循环变量的"增值"?

可以增加一个循环变量 j,j 的初值为 1;每一次循环后使 j 值增 1,即循环变量 j 的"增

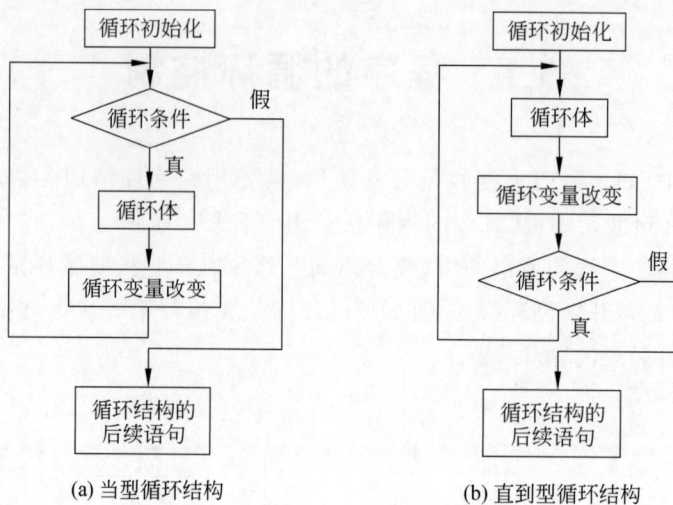

(a) 当型循环结构　　　　　　　(b) 直到型循环结构

图 5-2　完整的循环结构流程图

值"方式是 j＝j＋1；当 j 值增加到 100 以后结束循环，即循环条件是 j＜＝100。

根据以上分析，不难画出图 5-3(a)所示的程序流程图，它是一个当型循环结构。

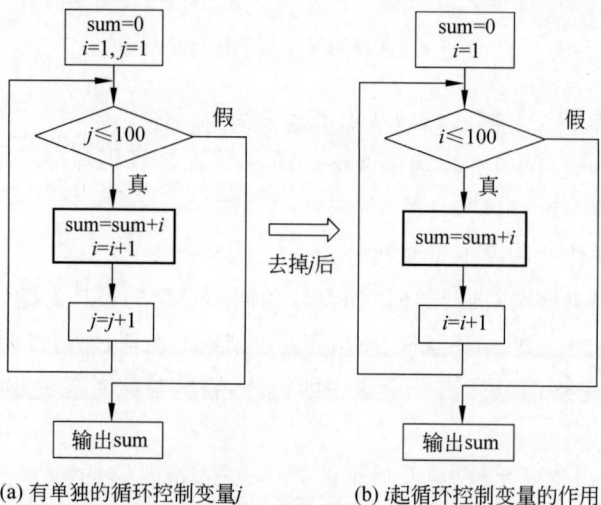

(a) 有单独的循环控制变量 i　　　　(b) i 起循环控制变量的作用

图 5-3　计算 1＋2＋3＋…＋99＋100 的循环流程图

对图 5-3(a)所示的流程图进一步分析，可以发现：其中所设置的循环变量 j 与循环体中的 i，在循环过程中其实是完全同步一致的，因而可以将 i 和 j 合二为一，简化程序代码。简化后的程序流程如图 5-3(b)所示。

依照上述"计算 1＋2＋3＋…＋99＋100"的算法逻辑，我们可以轻松地画出计算 1＋1/2＋1/3＋…＋1/100 和计算 n! 的程序流程图，分别如图 5-4 和图 5-5 所示。图 5-5 中的 f 是用于存放 n! 计算结果的变量。

C 语言提供了 while 语句、do-while 语句和 for 语句这 3 种循环语句来构造程序的循环结构。

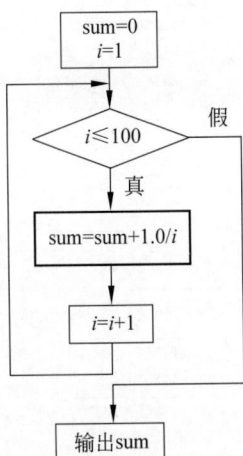

图 5-4　计算 $1+1/2+1/3+\cdots+1/99+1/100$ 的流程图

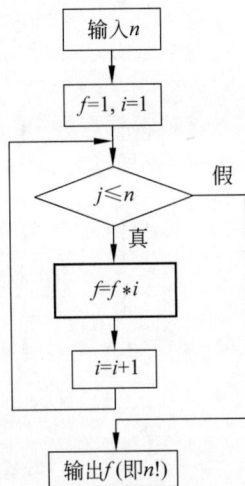

图 5-5　计算 n! 的流程图

5.2　while 语句

while 语句的基本形式为：

while(表达式**)**
　　循环体语句；

或

while(表达式**)**
{
　　多条循环体语句；
}

while 语句的常用形式：

循环初始化；
while(循环条件**)**
{
　　循环体；
　　循环变量改变；
}

while 语句的流程如图 5-6 所示。

说明：

(1) while 语句构造的循环是一个当型循环，一般用于根据某个条件控制循环的情形。

(2) 在 while 语句的基本形式中，while 后面的表达式是作为循环条件用的。当表达式的值为真(非 0)时，就反复执行循环体语句；一旦表达式的值为假(0 值)，即结束循环，它的执行流程如图 5-6(a)所示。为了使循环能够结束，循环体语句中一般应含有使循环趋于结束的循环变量"增值"的语句。

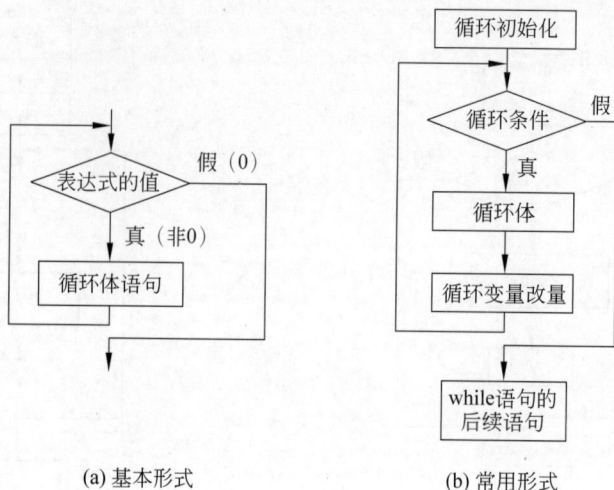

(a) 基本形式　　　　　(b) 常用形式

图 5-6　while 语句的流程图

（3）如前所述，一个完整的循环结构包括两大部分：循环主体和循环过程控制。同样地，使用 while 语句构造一个完整的循环结构，也需要将这两个方面都构造完整。这正是图 5-6(b)所示的 while 语句常用形式所体现出来的循环结构的算法逻辑和程序流程。

（4）为了明确标识循环体的范围，注意正确使用锯齿形书写格式，使循环体语句向右缩进对齐。

（5）当循环体中的语句不止一条时，必须用{}将循环体语句组合成一条复合语句。即使循环体中的语句只有一条，也可以用{}将其括起来，以明确标识其循环体的性质，提高程序的可读性。

（6）还需要注意的是：正常情况下，while(表达式)后面紧跟的是一个非空操作的循环体语句，而不能紧跟一个分号";"。如果 while(表达式)后面紧跟的是一个分号，则表示循环体为空，同时该分号还表示 while 语句已结束，其后的语句已不是循环体语句，从而造成了空循环操作，并极有可能造成死循环。一旦程序运行出现死循环，一般可按 Ctrl＋Break 组合键以终止程序的运行。

例 5.1　使用 while 语句建立循环结构的程序，计算 $1＋2＋3＋\cdots＋99＋100$ 的值。

在本章开头，已经就本问题的求解过程做了详细分析和描述，它可以用迭代与递推的循环结构来求解，迭代关系式是 $sum＝sum＋i$，i 值依次取 $1,2,3,\cdots,99,100$。按照 while 语句的语法格式，对比图 5-6(b)和图 5-3(b)所示的流程图，不难写出求解本问题的程序代码。

```
01    #include<stdio.h>
02    main()
03    { int i=1,sum=0;
04      while(i<=100)
05      { sum=sum+i;
06        i++;
07      }
08      printf("sum=%d\n",sum);
09    }
```

程序运行结果：

sum=5050

说明：

（1）当循环体中的语句不止一条时，必须用{}将循环体语句组合成一条复合语句。如果将本例中 while 语句循环体的{}去掉：

```
while(i<=100)                          while(i<=100)
{                                          sum=sum+i;
    sum=sum+i;           变成               i++;
    i++;
}
```

则 while 语句将变成死循环。因为此时的循环体语句只有"sum＝sum＋i;"，而"i＋＋;"已不属于循环体的语句，从而导致循环变量 i 不会出现任何变化，i 总是保持初值 1 不变，循环条件永远满足，这就造成了死循环（此时可按 Ctrl＋Break 组合键以中断程序）。

（2）初学者还会常犯另一个错误：在 while(表达式)后面紧跟一个分号。例如：

```
while(i<=100)                          while(i<=100);
{                                      {
    sum=sum+i;           变成               sum=sum+i;
    i++;                                   i++;
}                                      }
```

此时，while(表达式)后面紧跟的分号";"代表的就是循环体，只不过"它什么也没做"。之后的{}部分已不属于循环体。这样也导致了循环变量 i 不会出现任何变化，循环条件永远满足而造成死循环。

（3）如果将本题循环迭代的 i 值取值方向反过来，即 i 值依次取 100、99、…、3、2、1，那么，作为循环变量的 i，其"增值"则是一个逐渐减值方向的"减值"，即 i＝i－1，同时循环条件要调整为 while(i>0)。循环部分的代码如下：

```
01    int i=100,sum=0;
02    while(i>0)
03    { sum=sum+i;
04      i--;
05    }
```

例 5.2　使用 while 语句建立循环结构的程序，计算以下公式的值。

$$1+\frac{1}{2}+\frac{1}{3}+\cdots+\frac{1}{99}+\frac{1}{100}$$

本问题的求解方法与例 5.1 相同，它可以用迭代与递推的循环结构来求解，迭代关系式是 sum＝sum＋1.0/i，i 值依次取 1、2、3、…、99、100，程序流程如图 5-4 所示。

但需要注意的是：

（1）存储累加和的变量 sum，必须定义成浮点数类型（double 型或 float 型）。

（2）每次循环迭代进来的是一个分数项 1.0/i，要特别注意分数项的计算特点：分子和分母要以浮点数方式进行运算。因为分子和分母不能是两个整数相除，否则依据 C 语言整数除法的语法规则，分子和分母两个整数相除的结果只能保留整数部分。

要使分子和分母以浮点数方式进行运算，有两种解决办法：一是优先保障分子和分母整型数据的性质不变,但在进行分数运算时,将分子和分母的任一方临时转换为浮点型数据来参与分数的运算;二是将分子和分母的任一方直接定义为浮点型变量,但这改变了分子和分母整型数据的性质。本例按第一种办法进行处理。

```
01    #include<stdio.h>
02    main()
03    { double sum=0;
04      int i=1;
05      while(i<=100)
06      {  sum=sum+1.0/i;            //或 sum=sum+1/(double)i;
07         i++;
08      }
09      printf("sum=%f\n",sum);
10    }
```

程序运行结果:

sum=5.187378

例 5.3   输入一个正整数 n,输出它的所有因子。

分析:求一个正整数 n 的所有因子可以采用穷举法,对 1~n 的全部整数进行测试判断,凡是能够整除 n 的均为 n 的因子。

程序:

```
01    #include<stdio.h>
02    main()
03    { int n,i=1;
04      printf("请输入一个正整数: ");
05      scanf("%d",&n);
06      printf("它的因子是: ");
07      while(i<=n)
08      {  if(n%i==0) printf("%d, ",i);
09         i++;
10      }
11    }
```

例如,输入 18 得到的程序运行结果为:

请输入一个正整数: 18
它的因子是: 1, 2, 3, 6, 9, 18,

5.3   do-while 语句

do-while 语句的基本形式:

do
    循环体语句;
while(表达式);

或

```
do
{
    多条循环体语句；
}while(表达式);
```

do-while 语句的常用形式：

```
循环初始化；
do
{
    循环体；
    修改循环变量；
}while(循环条件);
```

do-while 循环语句的流程如图 5-7 所示。

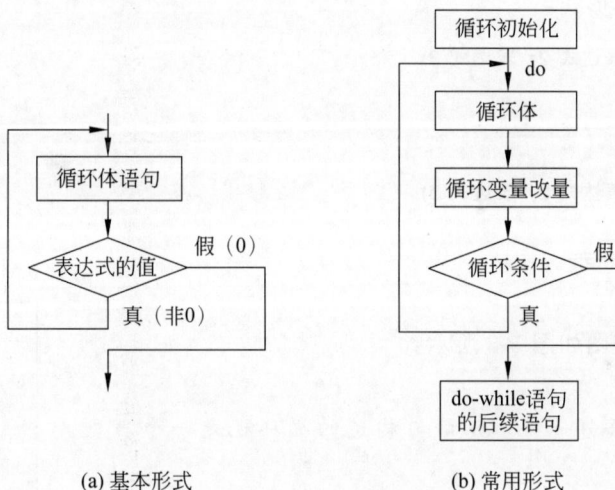

(a) 基本形式 (b) 常用形式

图 5-7 do-while 语句的流程图

说明：

（1）do-while 语句构造的循环是一个直到型循环，一般用于根据某个条件控制循环。

（2）do-while 语句与 while 语句的区别：do-while 语句先执行一次循环体语句，然后再对循环条件进行判断，循环体语句至少被执行一次；while 语句则先判断后循环，有可能一次也不执行循环体语句。当 while 后面表达式的值第一次循环就为真（非 0）时，while 语句与 do-while 语句完全等价。

（3）还需要注意的是：在 do-while 语句中，while(表达式)后面有分号";"，它是 do-while 语句结束的标志。如果漏掉了该分号，将造成语法错误，程序不能编译通过。而在 while 语句中，正常情况下 while(表达式)后面不能紧跟一个分号";"，否则将造成空循环，并极有可能导致死循环。前面已对此做了详细说明，在此不再赘述。

例 5.4 将例 5.1 中计算 $1+2+3+\cdots+99+100$ 的程序，改用 do-while 语句实现。

对比图 5-6(b)所示的 while 语句流程图和图 5-7(b)所示的 do-while 语句流程图，再参照例 5.1 的处理方法,按照 do-while 语句的语法格式,不难写出如下的程序代码。

```
01      #include<stdio.h>
02      main()
03      { int i=1,sum=0;
04        do
05        { sum=sum+i;
06          i++;
07        }while(i<=100);
08        printf("sum=%d\n",sum);
09      }
```

5.4   for 语句

for 语句的基本形式:

for(表达式 1;表达式 2;表达式 3)
   循环体语句;

或

for(表达式 1;表达式 2;表达式 3)
{
   多条循环体语句;
}

for 语句的流程图如图 5-8 所示。

说明:

(1) 与 while 语句一样,for 语句构造的循环也是一个当型循环。

如图 5-8 所示,for 语句的执行流程是:首先计算表达式 1 的值(只计算一次),再计算表达式 2(循环条件)的值,并根据表达式 2 的值判断是否执行内嵌的循环体语句;如果表达式 2 的值为真(非 0)时,则执行循环体语句,并紧接着计算表达式 3 的值,再回头计算表达式 2 的值,并根据表达式 2 的值判断是否执行循环体,……,如此循环往复。一旦表达式 2 的值为假(0 值),即结束循环。

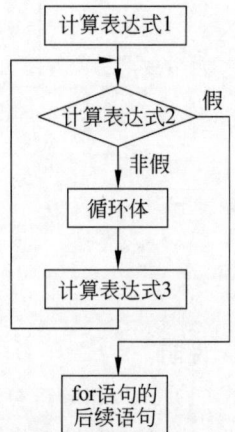

图 5-8   for 语句的流程图

(2) 对比图 5-8"for 语句的流程图"和图 5-2(a)"完整的循环结构流程图-当型循环结构",显而易见,两者可以完全对应。for 语句括号中的 3 个表达式"表达式 1、表达式 2、表达式 3",分别对应"循环初始化、循环条件、循环变量改变"。即与循环结构基本逻辑完全对应的 for 语句的应用形式:

```
for(循环初始化;循环条件;循环变量改变)
{
    循环体语句;
}
```

（3）注意在"for(表达式1；表达式2；表达式3)"中,分隔3个表达式的是两个分号"；"而不是逗号。

（4）与 while 语句和 do-while 语句一样,当循环体中的语句不止一条时,必须用{}将循环体语句组合成一条复合语句。同样还要注意正确使用锯齿形书写格式,使循环语句向右缩进对齐,以明确标识循环体的范围,提高程序的可读性。

（5）还需要注意的是：正常情况下,"for(表达式1；表达式2；表达式3)"后面紧跟的是一个非空操作的循环体语句,而不能紧跟一个分号"；",否则将造成空循环。这样的空循环,虽然不会像 while 语句那样导致死循环,但循环的结果却是"什么都没做"。

（6）表达式2是空语句时,认为是非0,即真。如"for(i＝0；；i＋＋)；"就是死循环。

例 5.5 将例 5.1 中计算 $1+2+3+\cdots+99+100$ 的程序,改用 for 语句实现。

分析：for 语句与 while 语句一样属于当型循环,它们求解问题的算法逻辑是一致的。因而可以依照图 5-3(b)所示的程序流程图和 for 语句的语法格式,写出下面的程序代码。

```
01    #include<stdio.h>
02    main()
03    { int i,sum;
04      for(sum=0,i=1;i<=100;i++)
05      {   sum=sum+i;
06      }
07      printf("sum=%d\n",sum);
08    }
```

例 5.6 按照格雷戈里公式：$\frac{\pi}{4}=1-\frac{1}{3}+\frac{1}{5}-\frac{1}{7}+\cdots$,求 π 的近似值,直到最后一项的绝对值小于 10^{-6}。

分析：图 5-4 中已经给出了计算 $1+1/2+1/3+\cdots+1/100$ 的程序流程图,而本题所使用的格雷戈里公式与其非常相似,同样可以把它看成一个不断累加求和的过程,所不同的是：每一次累加进来的分数项,正负符号位要改变,分母取值的变化率不同,累加的次数是未知的,但累加结束的时机是确定的,即循环条件仍然是明确的。

若累加和用 sum 表示,每次被加的分数项用 t 表示,分数项的分母用 n 表示,分数项的符号位(正负号)用 sign 表示。参照前面类似问题求解过程的分析和循环流程的设计,可以发现求解本问题的循环结构,其循环体包括 sum＝sum＋sign＊t,以及 t 的取值(t＝1/n)和符号位 sign 的转换。sign 的初值取1,则每一次循环,通过 sign＝－sign 的运算,即可使符号位正负转换。显然,这也是通过迭代算法构造的循环,迭代关系式有两个：sum＝sum＋sign＊t 和 sign＝－sign。

那么循环的进程又该如何设计呢?可以将分数项的分母 n 直接作为循环变量,n 的初值取1,每一次循环后使 n＝n＋2,从而使 n 值依次取 1、3、5、7……直到 1/n 小于 0.25×10^{-6},即循环条件是 $t\geq10^{-6}$。

通过以上分析,不难写出下面的程序代码。

```
01    #include<stdio.h>
02    main()
03    { int sign=1,n=1;            //sign 用于设置正负号,n 代表分母
```

```
04        double t=1,sum=0,pi;
05        for(n=1;t>=1e-6;n+=2)
06        {   t=1.0/n;                //或 t=1/(double)n;
07            sum=sum+sign*t;
08            sign=-sign;             //每次循环正负号转换
09        }
10        pi=sum*4;
11        printf("pi=%.7f\n",pi);
12    }
```

另外需要特别注意上述程序中分数项 t 的计算特点：分子和分母要以浮点数方式进行运算（请参见例 5.2 中的相关说明）。

说明：

（1）一般情况下，for、while 和 do-while 这 3 种循环语句可以互相代替，但 for 语句使用最广泛、最灵活。其中一个重要原因是：用 while 和 do-while 语句构造循环，循环变量初始化的操作需要在 while 和 do-while 语句之前完成，而在循环体中又要包含循环变量"增值"的语句，这样容易造成循环控制部分与循环主体关系的混乱。for 语句则不同，for 语句可以将循环控制部分与循环主体有效分开，使程序的逻辑结构非常清晰，从而降低循环设计的难度。而且 for 循环更方便用于计数控制循环特定次数的循环结构；while 和 do-while 则用于循环次数不定但需要满足某个条件的循环，例如迭代计算到误差小于多少，类似例 5.6。

（2）构造循环结构，要特别注意循环"边界值"问题，即注意判断循环的起始点和结束点，正确设置循环变量初值、循环条件和循环变量的"增值"方向，使循环次数既不多一次也不少一次，更不出现死循环。

（3）for 语句括号中的三个表达式可以部分或全部省略，但两个分号不能省略。这时，需要准确理解它们的含义。

根据 for 语句的 3 个表达式最基本的意义：①若表达式 1 省略或者它是与循环条件无关的表达式，则缺少了循环变量赋初值的操作。这时应该在 for 语句之前给控制循环的变量赋初值。②若表达式 2 省略或者它是与循环条件无关的表达式，则缺少了循环条件，等价于循环条件永远为真，循环将无休止地进行下去，这时应该在循环体中有终止循环的语句。③若表达式 3 省略或者它是与循环控制无关的表达式，则缺少了使循环趋于结束的控制量，同样，这时应该在循环体中有改变循环进程的相应语句。

依据以上所述，显然可以得出以下几个完全等价的语句结构：

"for(；表达式；)语句；"等价于"while(表达式)语句；"。

"for(；；)语句；"等价于"while(1)语句；"。

例 5.7 分别用 C 语言的 3 种循环语句求 $n!$。

分析： 我们知道 $n!=1\times2\times3\times\cdots\times(n-1)\times n$，可以把它理解为重复进行了 n 次乘法操作，每一次乘法操作都是将已有的乘积再乘以一个数 i，i 依次取 1、2、$\cdots$、n。假如每一次乘法操作的乘积存放在变量 f 中，f 的初值设为 1（不能设为 0），则求 $n!$ 的循环操作的迭代关系式为 $f=f\times i$。在本章开头，已经就本问题做过分析和设计，其求解过程的算法流程如图 5-5 所示。

另外需要特别注意的是：由于阶乘的增长非常快，若简单照搬数学的概念将 f 定义为

int 型变量,则在实际应用中很容易造成数据溢出的错误,因此一般将其定义为浮点型(float 型或 double 型)变量。

下面是用 3 种循环语句求 $n!$ 的程序段。假设 n 已定义并赋值。

用 while 语句:

```
01    int i=1;
02    double f=1.;
03    while(i<=n)
04    {   f=f * i;
05        i++;
06    }
07    printf("%d!=%g\n",n,f);
```

用 do-while 语句:

```
01    int i=1;
02    double f=1.;
03    do
04    { f=f * i;
05      i++;
06    }while(i<=n);
07    printf("%d!=%g\n",n,f);
```

用 for 语句:

```
01    int i;
02    double f=1.;
03    for(i=1;i<=n;i++)
04        f=f * i;
05    printf("%d!=%g\n",n,f);
```

说明:

(1) 在 for、while 和 do-while 循环语句中,for 语句的代码最简洁、算法逻辑更清晰、可读性更好。for 语句适合做明确循环次数的循环语句;while 和 do-while 适合做不知循环次数但要符合某种条件的循环控制语句。

(2) 注意循环的"边界值"问题:存放阶乘值的变量 f,其初值要设为 1;循环变量 i 的初值可以是 1 或 2。但 f 和 i 的初值都不能设为 0,否则每一次迭代计算的结果就总是 0。

为了监测调试程序的循环过程,可在循环过程中增加中间结果的输出,以检验程序逻辑是否正确。例如,为了验证阶乘结果的正确,可如下面的代码加上输出显示。

```
01    int n,i;
02    double f=1;                    //阶乘结果必须初始化为 1
03    printf("Please input n(n>=0): ");
04    scanf("%d",&n);
05    for(i=1;i<=n;i++)
06    {   f=f * i;
07        printf("%d!=%g\n",i,f);    //增加中间结果的输出
08    }
09    printf("%d!=%g\n",n,f);
```

运行程序,输入 10 后的结果如图 5-9 所示。

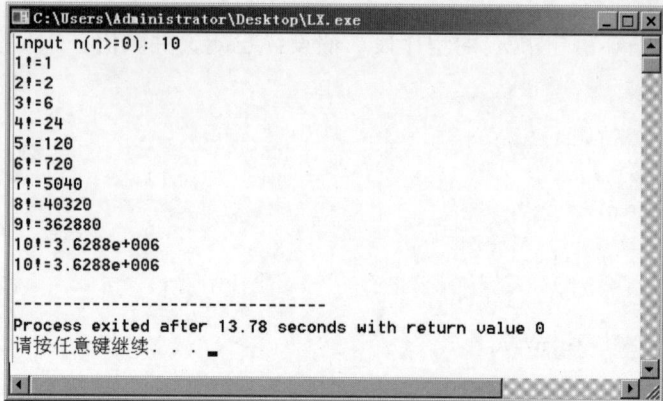

```
C:\Users\Administrator\Desktop\LX.exe
Input n(n>=0): 10
1!=1
2!=2
3!=6
4!=24
5!=120
6!=720
7!=5040
8!=40320
9!=362880
10!=3.6288e+006
10!=3.6288e+006
------------------------------
Process exited after 13.78 seconds with return value 0
请按任意键继续. . .
```

图 5-9　例 5.7 的 for 语句循环体中加上输出的运行结果

（3）若将存放阶乘值的变量 f 定义为 int 型,当计算的阶乘值超过 int 型的可表示范围时,就会发生数据溢出的错误。例如下面的程序,当计算 20!时出现了数据溢出,结果显示是一个负数。

```
01    int n,i;
02    int f=1;                  //用整型变量存放阶乘结果
03    printf("Please input n(n>=0): ");
04    scanf("%d",&n);
05    for(i=1;i<=n;i++)
06        f=f * i;
07    printf("%d!=%d\n",n,f);
```

运行程序,输入 20 时,显示 20 的阶乘结果:

```
20!=-2102132736
```

阶乘结果不可能为负数,这里出错就是因为发生了数据溢出。20 的阶乘结果太大,超出了整型变量的表示范围。

例 5.8　甲、乙、丙三人同时开始放第一个鞭炮,以后甲每隔 5 秒放一个,乙每隔 6 秒放一个,丙每隔 7 秒放一个。每人各放 21 个鞭炮。问一共能听到多少次鞭炮声?

分析:求解该问题,可以采取每秒监测鞭炮声的处理方法,即在甲、乙、丙三人可能放鞭炮的时间段内,每秒重复地监测其中任何一人是否放了鞭炮。这是一个穷举算法的问题。

用 t 记时,用 n 记录鞭炮声的次数,用 num 存放每人放鞭炮前拥有的鞭炮数。再分别用 a_n、b_n、c_n 记录某时刻甲、乙、丙各自剩余的鞭炮数,用 a_flag、b_flag、c_flag 记录某时刻甲、乙、丙各自放鞭炮的状态(1 为放了鞭炮,0 为没有放鞭炮)。

n 的初值为 1,因为甲、乙、丙三人最开始已同时放了第一个鞭炮。num 的值则先不直接给出 21,而由键盘输入得到,否则难以判断程序运行结果是否正确。若由键盘输入 num 的值,则便于判断程序运行结果是否正确。例如,若输入 num 的值为 2(即每人放鞭炮前拥有的鞭炮数是 2),那么能够听到的鞭炮声就应该是 4,这就非常容易判断出当前程序运行结果是否正确。

用于记时的 t 变量,也就是控制循环进程的循环变量。可以从第 1 秒开始监测鞭炮声,直到丙放完所有的鞭炮。即 t 的初值为 1,"增值"方向和变化率是 t＝t＋1,循环条件是 $c\_n > 0$。

算法用伪代码描述如下:

```
01    BEGIN(算法开始)
02      t=1, n=1;
03      输入鞭炮数 num;
04      a_n=num-1, b_n=num-1, c_n=num-1;
05      a_flag=0, b_flag=0, c_flag=0;
06      for(t=1; c_n>0; t++)
07      {
08          分别监测甲、乙、丙是否放鞭炮;
09          if(有人放鞭炮) n++;
10      }
11      输出 n;
12    END(算法结束)
```

其中,循环体部分判断放鞭炮及计数程序写为 C 语言代码,如下:

```
01    if(a_n>0&&t%5==0) a_flag=1, a_n--;
02    else a_flag=0;
03    if(b_n>0&&t%6==0) b_flag=1, b_n--;
04    else b_flag=0;
05    if(c_n>0&&t%7==0) c_flag=1, c_n--;
06    else c_flag=0;
07    if(a_flag==1||b_flag==1||c_flag==1) n++;
```

某人是否放鞭炮,取决于两点:一是要有鞭炮,二是到了他放鞭炮的时刻。同时放了鞭炮,剩余鞭炮数要减 1。以甲为例,也就是:

```
01    if(a_n>0&&t%5==0) a_flag=1, a_n--;
02    else a_flag=0;
```

判断是否有人放鞭炮,则是第 7 行语句:

```
07    if(a_flag==1||b_flag==1||c_flag==1) n++;
```

通过上述分析,可以写出如下完整的程序代码:

```
01    #include<stdio.h>
02    main()
03    {          //用 n 记录鞭炮声的次数,用 t 记时(秒),每秒监测鞭炮声
04      int n=1,t,num;
05      int a_n, b_n, c_n;
06      int a_flag,b_flag,c_flag;
07      printf("请输入每人的鞭炮数: ");
08      scanf("%d",&num);
09      a_n=num-1, b_n=num-1, c_n=num-1;
10      a_flag=0, b_flag=0, c_flag=0;
11      for(t=1; c_n>0; t++)
```

```
12      { if(a_n>0&&t%5==0) a_flag=1, a_n--;
13        else a_flag=0;
14        if(b_n>0&&t%6==0) b_flag=1, b_n--;
15        else b_flag=0;
16        if(c_n>0&&t%7==0) c_flag=1, c_n--;
17        else c_flag=0;
18        if(a_flag==1||b_flag==1||c_flag==1) n++;
19      }
20      printf("听到鞭炮声的次数: %d\n",n);
21    }
```

两次运行程序,分别输入 2 和 21 后,得到的结果是分别听到鞭炮声数为 4 和 54。

5.5 循环结构的嵌套(多重循环)

在一个循环体内又包含了一个完整的循环结构,称为循环结构的嵌套(或多重循环)。

对于嵌套结构,要注意算法的结构化设计:外层结构必须完整地包含内层结构,不能出现交叉和重叠。只要符合这个原则,循环结构与循环结构、选择结构与选择结构、循环结构与选择结构,它们之间都可以嵌套。为了正确反映嵌套结构的层次性,提高程序的可读性,要注意在编写程序时使用锯齿形书写格式。

例 5.9 计算 $1!+2!+3!+\cdots+n!$。

分析:首先把它看作一个不断累加的过程。若累加和用 sum 表示,每次被加的数据项(n!)用 t 表示,则其迭代关系式是 sum=sum+t,而 t 是某个数的阶乘。由例 5.7 可知,一个数的阶乘也需要通过一个循环操作得到,其迭代关系式是 t=t*i。这就构成了一个二重循环结构。外层循环是一个不断累加的过程,在每一次累加之前,先要通过内层循环计算出当前 t 的值。

程序:

```
01    #include<stdio.h>
02    main()
03    { int n,i,j;
04      double sum=0,t;
05      printf("Enter a number: ");
06      scanf("%d",&n);
07      for(i=1;i<=n;i++)
08      { t=1;
09        for(j=1;j<=i;j++)              //求 i 的阶乘并存放在 t 中
10          t=t*j;
11        sum=sum+t;
12      }
13      printf("sum=%g\n",sum);
14    }
```

程序的两次运行结果:

从上面例题的分析和代码实现中，可以看到多重循环进程控制的一个重要特点：外层循环进程调整一次，内层循环则要循环一遍。由此可以得出循环控制变量的设置特点：外层循环变量相对稳定，内层循环变量逐一变化。简单地说：外层变一次，内层变一遍。

对于多重循环的每一层循环控制变量变化规律的理解，读者可以用时钟上时、分、秒三根针构成的三重循环的变化进行模拟，即当最内层循环秒针走一圈，分针加一，秒针又从头开始走；当分针走满一圈，时针加一，分针又从头开始走；以此类推，时针走满一圈，即 12 小时，循环结束。

多重循环的循环次数等于每一重循环次数的乘积。例如时钟：12 小时中秒针所走的圈数为 $12 \times 60 \times 60$。为了优化算法效率，减少循环次数，在设计多重循环结构时，应尽量减少循环嵌套的层数。

请读者思考：如何构造单循环结构实现 $1!+2!+3!+\cdots+n!$ 的求解？进一步，如何构造单循环结构实现 $1!-3!+5!-7!+\cdots+n!$ 的求解？并比较单循环结构与二重循环结构在求解该问题，各自的特点和优劣。

例 5.10　中国古代数学史上著名的"百鸡问题"：鸡翁一，值钱五；鸡母一，值钱三；鸡雏三，值钱一。百钱买百鸡，问鸡翁、鸡母、鸡雏各几何？

分析：设鸡翁、鸡母、鸡雏数量分别为 cocks、hens、chicks。依题意可得数学方程：

$$\begin{cases} cocks + hens + chicks = 100 \\ 5 \times cocks + 3 \times hens + 1/3 \times chicks = 100 \end{cases}$$

3 个未知数、2 个方程，但未知数应都是整数。因此这是一个求不定方程的整数解问题。可能为无解、一组解或多组解。只能将各种可能的整数取值代入方程进行尝试，其中能同时满足两个方程的就是所求的解。这是一个穷举算法的应用。进一步分析可知，百钱最多可买鸡翁 20、鸡母 33、鸡雏 300。但"百钱买百鸡"，鸡雏也不能超过 100，而且鸡雏是一钱买三，鸡雏的数量必须是 3 的倍数。即鸡翁、鸡母、鸡雏的取值范围分别是：

cocks：0～20

hens：0～33

chicks：0～99

可以通过三重循环，测试所有可能的解。代码如下：

```
01    for(cocks=0;cocks<=20;cocks++)
02       for(hens=0;hens<=33;hens++)
03          for(chicks=0;chicks<=99;chicks+=3)
04             if((cocks+hens+chicks==100) && \
05                      (5 * cocks+3 * hens+chicks/3==100))
06                printf("%d cocks, %d hens, %d chicks\n", \
07                      cocks,hens,chicks);
```

该算法使用三重循环，循环体的执行次数是 $21 \times 34 \times (99/3+1) = 24\ 276$ 次。实际上，我们可以改进一下：依题意可知，当 cocks 和 hens 确定时，chicks 只能是 100-cocks-hens。

因此只要用 cocks 和 hens 去测试，chicks 由 100-cocks-hens 确定，然后只需代入钱数验证的方程进行检测即可。这样去掉了次数最多的最内层的循环，减少了一重循环，循环体的执行次数减少为 21×34＝714 次。

具体程序代码如下：

```
01    #include<stdio.h>
02    main()
03    { int cocks,hens,chicks;
04     for(cocks=0; cocks<=20; cocks++)
05         for(hens=0; hens<=33; hens++)
06        {  chicks=100-cocks-hens;
07            if((5*cocks+3*hens+chicks/3==100)&&(chicks%3==0))
08                printf("%d cocks, %d hens, %d chicks\n",\
09                        cocks,hens,chicks);
10        }
11    }
```

程序运行结果如图 5-10 所示。

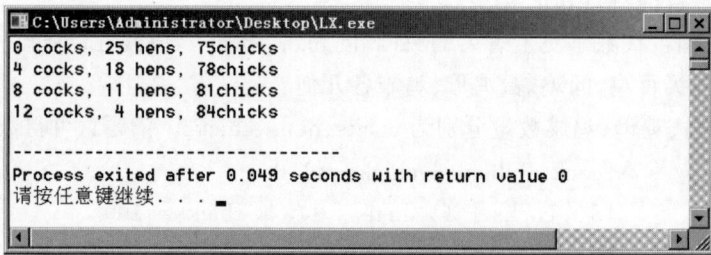

```
C:\Users\Administrator\Desktop\LX.exe
0 cocks, 25 hens, 75chicks
4 cocks, 18 hens, 78chicks
8 cocks, 11 hens, 81chicks
12 cocks, 4 hens, 84chicks

--------------------------------
Process exited after 0.049 seconds with return value 0
请按任意键继续. . .
```

图 5-10　例 5.10 程序的运行结果

注意：上面的程序代码中，if 语句条件式中为什么要有 chicks%3==0？而在前述三重循环结构中为什么没有？请读者思考。

例 5.11　按以下格式打印输出九九乘法表。

1 * 1＝1

1 * 2＝2　　2 * 2＝4

1 * 3＝3　　2 * 3＝6　　3 * 3＝9

……………………………………

1 * 9＝9　　2 * 9＝18　　3 * 9＝27　…　9 * 9＝81

分析：打印九九乘法表，也就是重复若干次 i*j＝k 的输出操作。由于是按行按列的二维输出方式，一共要输出 9 行，每一行输出的项数与当前的行数有关，因此需要通过二重循环结构来控制行、列输出的问题。若内、外循环变量分别使用 i、j，则按照多重循环中外层循环变量相对稳定的进程控制特点，外循环变量 j 用于控制行的输出，内循环变量 i 用于控制每行输出的项数；而且 i、j 与输出内容密切相关，它们正好对应乘法表中的被乘数和乘数。显然，i 和 j 的取值范围分别是：外循环变量 j 为 1～9，内循环变量 i 为 1～j。

程序代码如下：

```
01    #include<stdio.h>
02    main()
03    { int i,j;
04      for(j=1;j<=9;j++)
05      {  for(i=1;i<=j;i++)
06            printf("%d * %d=%d\t",i,j,i * j);      //制表位控制格式
07         printf("\n");                            //内循环一遍后换行
08      }
09    }
```

程序运行结果如图 5-11 所示。

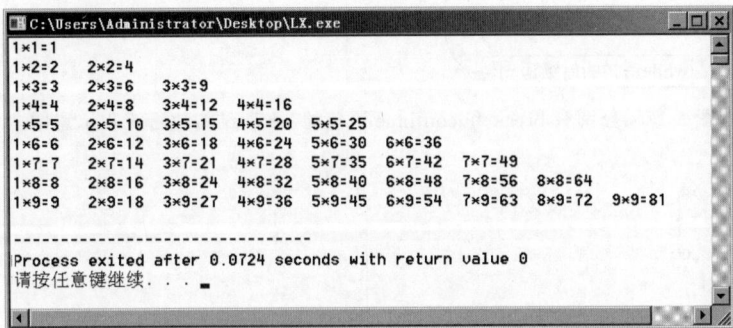

图 5-11 例 5.11 程序的运行结果

5.6 特殊的流程控制语句

C 语言在循环、选择结构中为了更方便地控制程序流程，设计了几个特殊的流程控制语句：break、continue 和 goto。

5.6.1 break 语句

break 语句不能单独使用，它只能用于 switch 语句和循环语句中。

在 switch 语句中，break 语句的作用是提前终止执行 switch 语句。类似地，在循环语句中，break 语句的作用是提前终止执行循环语句。当在循环体中遇到 break 语句时，程序将跳出循环，从循环语句的下一条语句开始继续执行。

5.6.2 continue 语句

continue 语句同样不能单独使用，它只能用于循环语句中。当在循环体中遇到 continue 语句时，程序将跳过 continue 语句后面尚未执行的语句，并开始尝试下一次循环。即只提前结束本次循环的执行，并不终止整个循环的执行。

说明：

（1）无论提前终止整个循环，还只提前结束某一次循环，都应该是有条件的。因此 break 语句和 continue 语句也总与一个条件语句结合，从而改变原有循环的执行流程。

注意比较 break 语句和 continue 语句对 while、do-while 和 for 三种循环语句的原有循环流程的影响，分别如图 5-12～图 5-14 所示。

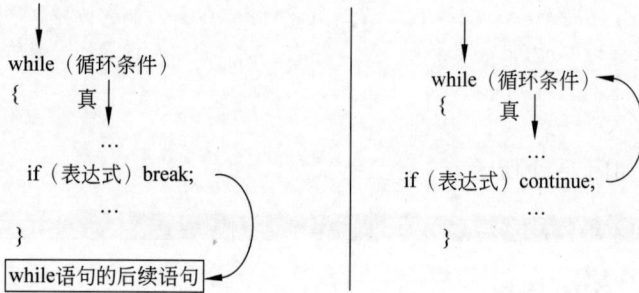

图 5-12　分别有 break 和 continue 语句的 while 结构执行流程示意图

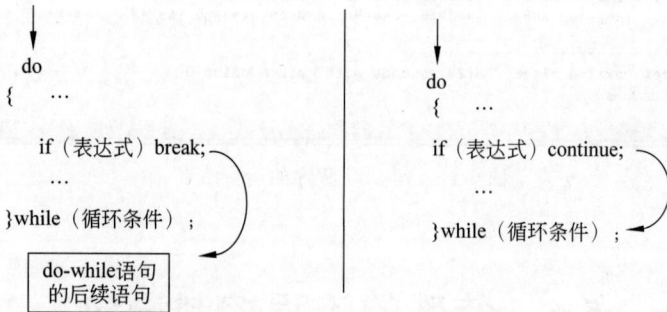

图 5-13　分别有 break 和 continue 语句的 do-while 语句执行流程示意图

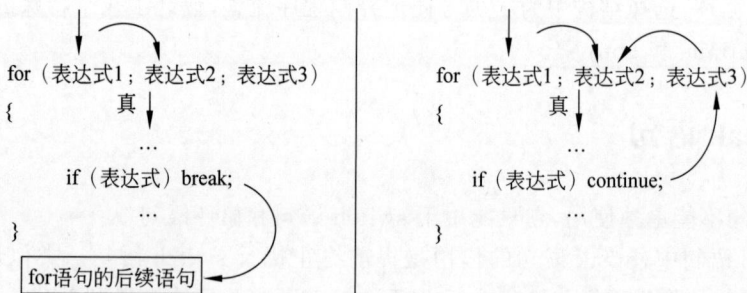

图 5-14　分别有 break 和 continue 语句的 for 语句执行流程示意图

（2）在一个嵌套结构中，break 语句只能跳出它所在的那一层回到其上一层，而不能跳出多层。

例 5.12　输入一个正整数 n，判断它是否为素数。

分析：所谓素数，是指除了 1 和该数本身之外，不能被其他任何整数整除的数。显然，判断一个正整数 n 是否为素数，可以采用穷举法：把 n 作为被除数，i 作为除数，使 i 在 [2,n−1]

区间上的各个整数中轮流取值,进行整除测试(即测试 n%i 求余运算的结果是否为 0)。如果都不能被整除,则 n 为素数。一旦出现 n 被其中某个整数整除的情况,则 n 肯定不是素数,整除测试提前结束。

由于 n 不可能被大于 n/2 的数整除,因此上述 i 的取值区间可缩小为 $[2, n/2]$。数学上能证明,该区间还可以进一步缩小为 $[2, \sqrt{n}]$。

用伪代码描述算法:

```
01    BEGIN(算法开始)
02      输入 n;
03      i=2;
04      while (i≤n/2)
05      {  求 n 除以 i 的余数 r;
06        if(余数 r 不为 0)
07           i+1->i,并继续下一次循环(continue)
08        else
09           可以确定 n 不是素数,终止整个循环(break)
10      }
11      if(i>=n/2+1,即 n 没有被整除过)
12         输出打印"n 是素数";
13      else
14         输出打印"n 不是素数";
15    END(算法结束)
```

程序代码为:

```
01    #include<stdio.h>
02    main()
03    { int n,r,i;
04      printf("请输入一个正整数: ");
05      scanf("%d",&n);
06      i=2;
07      while(i<n)
08      {   r=n%i;
09          if(r!=0) { i++; continue; }
10          else break;
11      }
12      if(i>=n)           //若条件满足,则说明 n 没有被整除过
13         printf("%d 是素数\n",n);
14      else
15         printf("%d 不是素数\n",n);
16    }
```

5.6.3 goto 语句

goto 语句的使用形式为:

goto 标号;

标号是程序中本函数内在某条语句前的标识符,形如:

标号:语句;

其中,"标号"的命名规则同"标识符","标号:"后的语句是任意语句,表示 goto 语句的转向入口。goto 语句的作用是将程序的执行流程跳转到指定的某标号语句处。

goto 语句与 if 语句配合,也可以构造出循环结构。例 5.13 给出了一个应用示例。

例 5.13 用 if 与 goto 语句构成的循环,计算 1+2+3+…+99+100 的值。

程序:(注意与例 5.1 的 while 语句实现的循环结构进行比较)

```
01    #include<stdio.h>
02    main()
03    {    int sum=0,i;
04         i=1;
05    loop: if(i<=100)
06         {    sum=sum+i;
07              i++;
08              goto loop;
09         }
10         printf("sum=%d\n",sum);
11    }
```

在特定情况下,运用 goto 语句可以快速调整程序的执行流向,提高程序的执行效率。例如,goto 语句不受循环层次的限制,可以从一个多重循环结构中跳出循环。但也正因为 goto 语句跳转到标号语句这种方式所具有的随意性,使用 goto 语句很容易造成程序段之间形成"交叉"关系,破坏程序的结构,不利于程序的维护和调试。因此,应该限制性地使用或不用 goto 语句。

5.6.4 exit()函数

除 goto、break、continue 等流程控制语句以外,C 语言的标准库函数 exit()也可用于控制程序的流程。为了在程序中能够使用该函数,需要在程序开头包含头文件<stdlib.h>。

exit()函数的一般调用形式为:

exit([程序状态值]);

exit()函数的功能是终止整个程序的执行,强制返回操作系统,并将"程序状态值"返回给操作系统。当"程序状态值"为 0 时,表示程序正常退出;当"程序状态值"为非 0 值时,表示程序出现某种错误后退出。

5.7　穷举算法与迭代算法

在程序设计中使用穷举算法、迭代(递推)算法时,必须用到循环结构。穷举算法与迭代(递推)算法是两类具有代表性的基本算法,是反映计算机特色的智能体现。

5.7.1 穷举算法

穷举算法的基本思想是,对问题的所有可能状态——测试,直到找到解或将全部可能状态都测试过为止。例5.10的求不定方程的整数解就是用穷举算法求解问题的实例。穷举算法是计算机经典算法之一。

例5.14 编程求两个无符号整数的最大公约数。

分析:传统人工求最大公约数的方法是先将两个数分别分解质因数,然后各公共的质因数之积就是最大公约数。但是计算机有计算速度快、存储量大、擅长做有规律的处理的特点,因此在处理很多问题时有不同的技巧和方法。本例可以采用从两数中的较小的数开始试除两数,如都能除尽就是结果;如果不行,则测试更小的一个数,如此循环直至找到结果(互质的两数也有1可以除尽)。另外,如果较小的数除不尽时,可以从其一半开始向下尝试,以减少无谓的计算。程序如下:

```
01    #include<stdio.h>
02    main()
03    { unsigned m, n, y;
04      printf("请输入两个正整数: ");
05      scanf("%u%u", &m, &n);
06      if(m==0||n==0)
07         printf("0");                    //排除异常数据 0
08      else if(m==1||n==1)
09         printf("1");                    //排除异常数据 1
10      else
11      {  y=m<n? m:n;                      //判断较小的数
12         if(m%y==0&&n%y==0)
13           printf("它们的最大公约数是: %u", y);
14         else
15         {  y=y/2;                        //从较小数的一半开始向下搜索
16            do
17            {  if(m%y==0&&n%y==0)
18               {  printf("它们的最大公约数是: %u", y);
19                                          //都能整除 y,就是最大公约数
20                  break;                  //找到了,则终止循环
21               }
22               y--;
23            }while(1);
24         }
25      }
26    }
```

该程序如果写为函数,会简洁很多:

```
01    unsigned f(unsigned m, unsigned n)
02    { unsigned y;
03      if(m==0||n==0)
```

```
04          return 0;                    //排除异常数据 0
05      if(m==1||n==1)
06          return 1;                    //排除异常数据 1
07      y=m<n?m:n;                        //判断较小的数
08      if(m%y==0&&n%y==0)
09          return y;
10      y=y/2;                           //从较小数的一半开始向下搜索
11      do
12      {   if(m%y==0&&n%y==0)
13              return y;                //都能整除 y,y 就是最大公约数
14          y--;
15      }while(1);
16  }
```

5.7.2　迭代算法

在例 5.6 按照公式：π/4＝1－1/3＋1/5－1/7＋…，求 π 的近似值时，第一次计算是基于初值,后面每次计算都是基于前一次计算的结果,最后直到满足某个条件为止。即后一次计算是从前一次计算结果迭代得来,所以称为迭代算法,也称为递推算法。

简单如计算 1＋2＋3＋…＋99＋100 的求解过程,也是设计了一个特殊的累加器变量 sum,通过让计算机重复进行 sum＝sum＋i 的操作(i 值依次取 1、2、3、…、99、100),最后得出结果。求阶乘也是如此。

这种循环过程的特点,是先设计一个存储结果的变量,然后经过一个不断由该变量的旧值递推出该变量的新值(或用变量的新值取代变量的旧值)的过程,最终得出结果。这样的循环过程,我们称之为迭代算法或递推算法。其中的 sum＝sum＋i,称为迭代关系式。迭代或递推指的是同一种算法,只是从不同角度的不同表述而已。迭代与递推算法的核心是要写出迭代关系式——用同一个变量存储新值,并不断由旧值递推出变量的新值。

从一般意义说,递推法的特点是从一个已知事实出发,按一定规律推出下一个事实,再从这个新的已知事实出发,再向下推出一个新的事实。这样重复下去,直到得出结果。

例 5.15　编写函数：根据下面的迭代公式编写求平方根函数：$f(x)$,要求误差小于 10^{-6}。

$$y_0 = 1, y_{i+1} = (y_i + x/y_i)/2, \sqrt{x}\ \lim_{1 \to \infty} y_i$$

程序为：

```
01  double f(double x)
02  {  double y1=1.,y2,e;                //迭代初值,e 是误差
03      if(x<0)
04          return -1.;
05      do
06      {   y2=(y1+x/y1)/2;              //迭代
07          e=fabs(y1-y2);              //迭代误差,注意绝对值函数不能掉
08          y1=y2;
```

```
09        }while(e>=1e-6);
10        return y1;
11    }
```

5.8 小　　结

面向过程的结构化程序的程序块都是由顺序、选择和循环三种基本结构组成,本章介绍的循环结构是其中最复杂的结构。

在设计循环结构时,首先要明确两个问题:

(1) 哪些操作需要重复执行? ——放入循环体;

(2) 这些操作在什么情况下重复执行? ——设置循环控制条件。

同时要注意循环进程设计的 3 个要素:循环变量初值、循环条件、使循环趋于结束的循环变量改变,并确保循环边界值不出问题,避免死循环。

在循环结构中,穷举与迭代(递推)是两类具有代表性的基本算法。

C 语言提供了 while、do-while 和 for 循环语句来构造程序的循环结构。其中 for 语句使用最为广泛,因为它可以将循环过程控制与循环体有效分开,使程序的逻辑结构更加清晰。

注意区分循环结构和选择结构,虽然这两种结构中都用到了条件判断,但条件判断后的动作完全不同,选择结构中的语句只可能执行一次,而循环结构中的语句可能重复执行多次,每次执行完循环体语句后要再次进行条件判断。

习　题　5

一、问答题

1. C 语言实现循环结构的语句有哪几个? 它们有何异同?

2. for 语句有什么优点?

3. 嵌套循环需要注意什么问题?

4. 谈谈你对穷举算法和迭代(递推)算法的理解。

5. C 语言有哪几个流程转移控制语句? 各有什么作用?

二、选择题

1. 下面叙述正确的是(　　　)。

    A. for 循环只能用于循环次数已经确定的情况

    B. for 循环和 do while 语句一样,先执行循环体再判断

    C. 不管哪种形式的循环语句,都可以从循环体内转到循环体外

    D. for 循环体内不可以出现 while 语句

2. 下面程序段运行后,a、b、c 的值是(　　　)。

```
01    int a=1, b=2, c=2;
02    while(a<b<c) { t=a; a=b; b=t; c--; }
03    printf("%d, %d, %d",a,b,c);
```

A. 1,2,0　　　　　B. 2,1,0　　　　　　C. 1,2,1　　　　　　D. 2,1,1

3. 以下程序段的输出结果为(　　　)。

```
01    int i=0, s=0;
02    do{ if(i%2){i++;continue;}
03        i++;
04        s+=i; }while(i<7);
05    printf("%d",s);
```

A. 16　　　　　　B.12　　　　　　C. 28　　　　　　D. 21

4. 以下 for 循环体执行的次数是(　　　)。

```
for(x=0,y=0; (y=123)&&(x<4); x++);
```

A. 无限次循环　　　B. 循环次数不定　　C. 4 次　　　　　D. 3 次

5. 以下程序段的输出结果为(　　　)。

```
01    for(i=4;i<=10;i++)
02    {   if(i%3==0) continue;
03        cout<<i;
04    }
```

A. 45　　　　　　B. 457810　　　　C. 69　　　　　　D. 678910

6. 下列不是死循环的是(　　　)。

A. int i＝100；while(1) {i=i％100＋1；

　　　　　　　　　　if(i＞100) break;}

B. for(；；)；

C. int k＝0；do { ＋＋k；}while(k＞＝0)；

D. int s＝36；

　　while(s)；－－s；

三、填空题

1. 执行下面程序段后,k 值是＿＿＿＿＿＿＿。

```
int k=1, n=263; do{ k * =n%10; n/=10; }while(n);
```

2. 鸡兔共有 30 只,脚共有 90 个,补充程序使之计算鸡兔各有多少只。

```
01    for( x=1;x<=29;x++)
02    {   y=30-x;
03        if(＿＿＿＿＿＿＿) printf("%d, %d\n",x,y);
04    }
```

3. 下面程序段的运行结果是_____。

```
01    int i,j=4;
02    for(i=j;i<=2*j;i++)
03    switch(i/j)
04    {  case 0:
05        case 1: printf(" * * "); break;
06        case 2: printf("#");
07    }
```

4. 以下程序段的功能：统计从键盘输入的字符中数字字符的个数 n,用'♯'结束输入。

```
01    int n=0; char c;
02    while(_____)
03        if(_____) n++;
```

5. 填空完成下面程序,其功能是打印 100 以内个位数为 6 且能被 3 整除的所有数。

```
01    int i,j;
02    for(i=0; ;i++)
03    {  j=i*10+6;
04        if(_____) continue;
05        printf("%d\n",j);
06    }
```

6. 填空完成下面程序,其功能是从 3 个红球,5 个白球,6 个黑球中任意取出 8 个球,且其中必须有白球,输出所有可能的方案。

```
01    int i,j,k;
02    printf("red\twhite\tblack\n");
03    for(i=0;i<=3;i++)
04        for(_____; j<=5; j++)
05    {  k=8-i-j;
06        if(_____)
07            printf("%d\t%d\t%d\n",i,j,k);
08    }
```

四、编程题

1. 编程计算 $1\times2\times3+3\times4\times5+\cdots+99\times100\times101$ 的值。

2. 用下面的公式求自然数 e 的近似值,要求误差小于 10^{-6}。

$$e=1+\frac{1}{1!}+\frac{1}{2!}+\frac{1}{3!}+\cdots$$

3. 有一数列：

$$\frac{1}{2},-\frac{3}{2},\frac{5}{3},-\frac{8}{5},\frac{13}{8},\cdots$$

求出这个数列的前 20 项之和。

4. 输出所有的"水仙花数"。所谓"水仙花数"是指一个三位数,其各位数字的立方和等于该数本身。例如,153 就是一个水仙花数,因为 $153=1^3+5^3+3^3$。

5. 编写一个程序,求100～1000有多少个这样的整数:其各个数位的数字之和等于11。

6. 用100元人民币兑换10元、5元和1元的纸币共50张,要求3种纸币都要有。编程计算共有几种兑换方案以及每种兑换方案各种纸币的数量。

7. 一个数如果恰好等于它的因子之和,这个数就称为"完数"。例如,6的因子为1、2、3,而6=1+2+3,因此6是一个"完数"。编写程序找出1000以内的所有完数。

8. 输出显示100～200的全部素数。

第 **6** 章

函　　数

思考题

1. 如果要经常计算平面直角坐标系中两点之间的距离,该怎么办?

2. 如果要输出 0～100、200～300、500～790、2300～5000 中的全部质数,如何处理比较高效?

3. 对于复杂的程序,有没有办法使其结构清晰、易于开发和维护? 如输入年份,要求打印该年的日历问题。

　　人的智力是有限的,在面对越来越繁重的任务、越来越复杂的问题时,人们分析思考问题的难度会越来越大,处理问题的效率会越来越低,出错的概率会越来越高。那么,如何克服这种局面呢? 化大为小、化繁为简、化难为易,就是一个非常重要的策略与手段。在软件开发与程序设计中,要采用模块化手段,将一个复杂的问题分解为若干易于处理的子问题,将整个程序划分成若干子程序模块,从而降低程序的难度,提高程序的开发效率。

　　以"日历打印"程序为例,若要输出如图 6-1 所示的日历,应该如何设计这个程序?

　　按照"化大为小、化繁为简、化难为易"的策略,可以这样分析问题:打印一年的日历,也就是要循环打印 12 个月的月历,问题的核心就落实到月历如何打印? 要打印某个月的月历,就要知道该月 1 号是星期几,以便确定该月月历打印的起点位置。另外还要知道该月的天数,以便确定月历打印的结束位置。如果是二月份,还要明确是否为闰年,从而确定是打印 28 天还是 29 天,……。如此逐级分析细化,可以将"日历打印"程序分解为如下几个小的程序模块:

　　(1) 判断闰年的程序;

　　(2) 求某年元旦是星期几;

　　(3) 求某年某月 1 号是星期几;

　　(4) 星期几的中文信息输出;

　　(5) 月份英文名称的输出;

　　(6) 某年元旦是星期几以及是否闰年的信息输出;

　　(7) 打印月历;

　　(8) 打印年历。

```
Please input year: 2020

2020年元旦 星期三 闰年

January
--------------------------
SUN MON TUE WED THU FRI SAT
--------------------------
            1    2    3    4
  5   6   7    8    9   10   11
 12  13  14   15   16   17   18
 19  20  21   22   23   24   25
 26  27  28   29   30   31

February
--------------------------
SUN MON TUE WED THU FRI SAT
--------------------------
                              1
  2   3   4    5    6    7    8
  9  10  11   12   13   14   15
 16  17  18   19   20   21   22
 23  24  25   26   27   28   29
```

图 6-1 "日历打印"程序的运行结果

其中类似"判断闰年""月份英文名称的输出"等程序模块,它们是通用的功能模块,不仅可以在本程序中使用,还可以在其他任何涉及同样功能的程序中使用。

代码重用是软件开发人员追求的目标之一。对于一段通用的程序模块,我们不应重复地编写或复制它,应该是一次写定后就可以通过某种简便的方式重复地使用它。

在 C 语言中实现模块化程序设计和代码重用的有效方法就是编写函数。简单地说,函数就是一个相对独立或通用的处理过程的程序段,我们把这个程序段封装起来用一个函数名代表它,并通过函数名调用它,例如,求最大值函数 max()、判断闰年函数 isLeap()。

函数可以分为系统函数和用户自定义函数两类。系统函数又称为内置函数或库函数,它们是由编译系统提供的已经被验证的、高效率的、成熟的函数。用户不必重新定义系统函数就可以直接使用它们,只需要在使用前通过文件包含预编译命令(♯include 命令),将要用到的系统函数对应的库文件嵌入当前程序中即可。

本章主要介绍用户自定义函数的有关概念和使用方法。

6.1　函数的定义与调用

6.1.1　函数定义

函数定义的一般形式:

函数类型 函数名 (形式参数表)
{
　　　函数体 (声明语句序列、执行语句序列);
}

函数由函数首部和函数体组成。函数首部包括函数类型、函数名和由圆括号"()"括起来的形式参表。函数体是用一对花括号"{}"括起来的、由若干条声明语句和执行语句组成的语句序列。函数类型是函数返回值的数据类型,无返回值时函数类型为"void"。

函数首部说明了函数的功能,即函数"要做什么?";函数体具体描述的是"如何做?",以具体实现函数的功能。

例如,定义一个 max 函数,其功能是返回两个整数中较大数的值。

```
01    int max(int a, int b)        //函数首部,a,b 为形式参数
02    {                           //函数体开始
03       return (a>b?a:b);
04    }                           //函数体结束
```

又如,下面函数的功能是打印一个表头。

```
01    void tableHead(void) //没有参数也可以空着,void 更好
02    { printf("****************\n");
03      printf(" * example * \n");
04      printf("****************\n");
05    }
```

说明:

(1) 函数名是一个相对独立的程序段的外部标识符,函数名的取名应该反映出该程序段的功能与作用,比如取名为 max 的函数,其程序代码所要完成的功能就是求若干数值中的最大值。在函数定义之后,即可通过函数名调用这个程序段。

(2) 函数类型说明的是函数返回值的类型,函数返回值是函数代码执行后的结果。一般一个函数调用结束时需要返回一个值到调用它的位置,它通过 return 语句实现。

return 语句的一般格式为:

return 表达式;

return 语句一般是函数体中的最后一条语句,但也可以放在函数体中的其他位置。当程序执行到函数体的 return 语句时,无论它是否为最后一条语句,该函数调用立即结束。

return 语句返回的值,其类型必须与函数类型匹配。所谓匹配是指类型一致或是可以自动转换的类型。同时需要注意的是,函数返回值的类型由函数首部的函数类型确定而不由 return 语句确定。

一个函数也可以没有返回值,这时函数类型必须定义为 void,函数体中也不必使用 return 语句,例如上面打印表头的函数 tableHead()。

另外,C 语言语法规定,若函数类型为 int 型,则在函数定义时,其首部的类型说明符可以缺省。例如上述的 max 函数可以这样定义:

```
01    max(int a, int b)        //缺省函数类型说明符 int
02    { return (a>b?a:b);
03    }
```

(3) 形式参数表是由逗号隔开的若干形式参数的列表。形式参数简称为"形参"。

形式参数表的语法格式如下：

(类型 1 形参 1，类型 2 形参 2，… ，类型 n 形参 n)

形式参数表说明的是实现一个函数功能所需要的基本信息，或者说是这个函数所处理的数据对象。例如，max 函数的功能是求两个整数中的较大值，它所处理的数据对象是两个整数；或者说，若要获取两个整数中的较大值，它需要两个基本信息（即两个整数），这样才能在函数代码中通过比较运算得到较大值的数据，因此 max 函数的形参是两个整型变量。

形参同时也是函数定义的局部变量，它只在本函数中有效。

一个函数也可以没有参数，就像上面的 tableHead() 函数，这时形参表内可以标识为 void 也可以空着，但括号不能少。不需要参数的函数被称为无参函数，需要参数的函数被称为有参函数。

（4）C 语言不允许重复定义同名函数，也不允许函数的嵌套定义。所谓"函数的嵌套定义"是指在一个函数定义的函数体中又包含另一个函数的完整定义，这在 C 语言中不允许。

6.1.2　函数调用

函数调用的一般形式：

函数名 (实际参数表)

其中，"实际参数表"是在函数调用时提供的实际参数值，用于传递基本信息给形参。实际参数又简称为"实参"。实参可以是常量或具有确定值的变量、表达式等。实参表同样由逗号隔开，而且必须与形参表中参数的个数、位置和类型一一对应，因为实参表的作用是将具有确定值的实参数据提供（传递）给形参表中对应的形参变量。

函数调用形式的格式效果相当于一个表达式。

例 6.1　函数调用过程示例。

下面通过在 main() 函数中调用 max() 函数的程序，来认识函数调用过程中程序的执行流程以及内存的分配情况，并进一步地理解和认识函数参数。

本例的程序代码如下：

```
01    #include<stdio.h>
02    int max(int a,int b)           //函数定义
03    { return (a>b?a:b);
04    }
05    main()                         //主函数 (程序执行的入口)
06    {  int p,q,m;
07       printf("请输入两个整数: ");
08       scanf("%d%d",&p, &q);
09       m=max(p,q);                 //在主程序中调用 max 函数
10       printf("max=%d",m);
11    }
```

程序运行，输入－9　3 后，得到结果：max＝3。

函数调用过程及内存分配情况如图 6-2 所示。

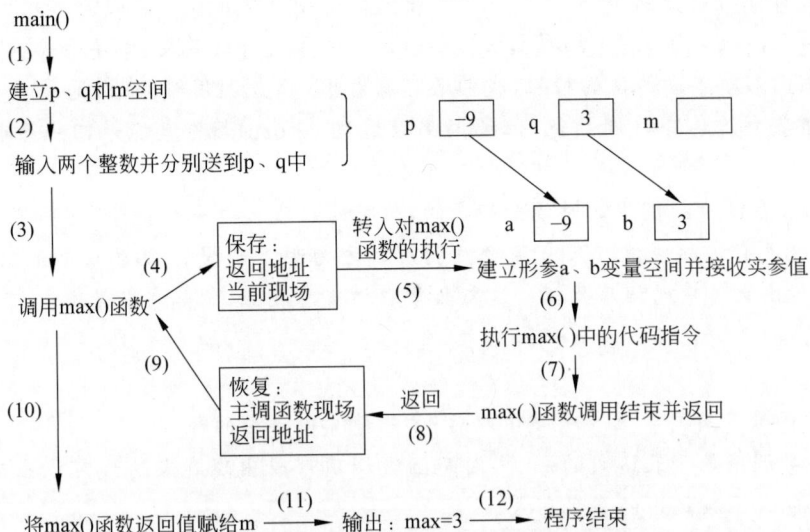

图 6-2　例 6.1 程序中函数调用过程及内存分配情况示意图

从图 6-2 所示来分析例 6.1 程序的执行过程,图中标号表示程序流程执行的顺序。程序从 main() 函数的第一条语句开始执行如下:

(1) 建立 p、q 和 m 变量空间;

(2) 输入两个整数并分别送到 p 和 q 空间中;

(3) ~(4) 遇到了对 max() 函数的调用,这时暂停当前函数的执行,即暂停对 m 的赋值操作,保存该操作指令的地址(即返回地址,作为从 max() 函数调用结束并返回后继续执行的入口点),同时保存当前函数执行现场,然后转入对 max() 函数的执行;

(5) 建立形参 a、b 变量空间,并接收实参传递过来的值;

(6) 执行 max() 中的代码指令;

(7) max() 函数调用结束,释放 a、b 空间,然后返回;

(8) ~(9)恢复先前保存的 main() 函数执行现场,从先前保存的返回地址处开始继续执行,即从 main() 中 max() 函数调用处继续执行;

(10) 将 max() 函数调用结束的返回值赋给 m;

(11) 输出:max=3;

(12) 程序结束。

说明:

(1) 函数调用时,调用其他函数的函数称为主调函数,被其他函数调用的函数称为被调函数。例如,上述示例中 main() 函数是主调函数,max() 函数是被调函数。程序流程执行到函数调用,就保存当前函数的相关信息,转去执行被调函数;被调函数执行结束后返回主调函数继续执行,直至整个程序结束。

(2) 如前所述,函数定义中的形参表说明的是实现一个函数功能所需要的基本信息(或该函数所要处理的数据对象)。而从函数调用的角度看,形参是在函数调用时用于接收信息(实参值)的变量,实参是传递给形参的信息数据。

实参传值给形参的过程是一个单向传递过程:将实参的值复制给形参变量,实参和形参各自占有自己的内存空间(如同例 6.1 中实参 p、q 与形参 a、b 之间的关系)。一旦形参获得了值便与实参脱离了关系,此后无论形参的值发生了怎样的改变,都不会影响到实参。

由实参向形参单向传值的特性,我们还可以看出,函数调用时,可以通过多个参数由主调函数传递多个信息给被调函数,但被调函数通过 return 语句只能返回一个信息给主调函数。

(3) 函数在没有被调用的时候是静止的,此时的形参只是一个符号,它并不占有实际的内存空间,也没有实际的值。只有函数被调用时才为形参变量分配存储单元,并接收实参值,然后执行函数体中的程序代码。这与数学中的概念相似,例如在数学中我们都熟悉这样的函数形式:

$$f(x) = x^2 + x + 1$$

这样的函数只有自变量 x 被赋值以后,才能计算出函数的值。

(4) 函数调用属于表达式的一种,因而函数调用可以出现在表达式可以出现的任何地方。例 6.2 包含函数调用的多种形式。

(5) 主函数 main() 是一个特殊的函数,main() 函数不能被调用。一个 C 语言程序必须有且只能有一个 main() 函数,它是程序执行的入口。程序总是从 main() 函数的第一条语句开始执行,程序流程无论走到哪里,最后还要回到 main() 函数,在 main() 函数中结束整个程序的运行。

(6) 在 C 语言中,除了主函数 main() 外,其他任何函数都不能单独作为程序运行。每一个函数的执行都是通过在 main() 函数中直接或间接地调用该函数开始的。所谓间接调用是指当调用某一个函数时,在 main() 函数中并不存在调用该函数的语句,而是通过 main() 函数所调用的其他函数来直接或间接地调用该函数。

例 6.2 函数调用示例。

程序:

```
01    #include<stdio.h>
02    void tableHead(void)          //打印表头的函数
03    { printf("***************\n");
04      printf(" * example * \n");
05      printf("***************\n");
06    }
07    int max(int a,int b)          //求较大值的函数
08    { return (a>b?a:b);
09    }
10    main()                        //主函数(程序执行的入口)
11    { int a,b,c;
12      int max1,max2,max3;
13      tableHead();                //函数调用语句,打印表头
14      printf("请输入三个整数: ");
15      scanf("%d%d%d", &a, &b, &c);
16      max1=max(a,b);              //实参是两个变量,得到 a,b 中较大的值
17      max2=max(a+30,b * 5);       //实参是两个表达式,得到较大的值
18      max3=max(a,max(b,c));       //函数调用中的一个实参是一个函数调用
19                                  //max3 得到 a,b,c 中最大的值。嵌套调用
```

```
20        printf("max1=%d\n",max1);
21        printf("max2=%d\n",max2);
22        printf("max3=%d\n",max3);
23    }
```

程序运行,输入 7 －9 8 后的输出如图 6-3 所示。

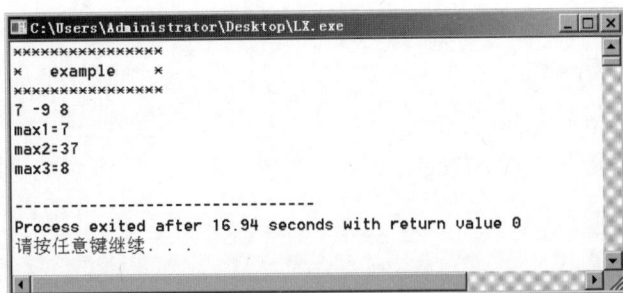

```
■ C:\Users\Administrator\Desktop\LX.exe                    _ □ ×
××××××××××××××××
×    example    ×
××××××××××××××××
7 -9 8
max1=7
max2=37
max3=8

------------------------------
Process exited after 16.94 seconds with return value 0
请按任意键继续...
```

图 6-3 例 6.2 程序的执行结果

例 6.2 的程序中包含函数调用的多种形式,请参考程序的注释,理解它们的作用及调用格式。

另外需要注意的是,上述示例中,max()函数中的 a、b 与 main()函数中的 a、b 虽然名称相同,但是属于两个相互独立、互不隶属的两个函数中的变量,它们占有各自独立的存储空间,在各自所属的函数中有效,互不干扰,它们只是在有函数调用关系时,通过参数传递才建立了传递值的联系。

6.2 如何建立函数

6.2.1 建立函数的基本方法

要建立一个函数,首先要明确该函数"要做什么?",即明确函数的首部如何定义,其中一个关键要素就是形参的设置。然后就是"如何做?"才能实现该函数的功能,即在函数体中写出功能实现的过程代码。

函数体中的过程代码可能会涉及若干变量,函数首部的形参也属于函数的局部变量。那么,究竟哪些变量应当作为函数的形参? 哪些应当作为中间临时变量定义在函数体内?

作为一个相对独立的程序模块,我们可以把函数看成一个"黑匣子"的封装体。在封装体的外部只能看到输入和输出的使用接口,这就是函数首部;其他部分都在封装体内,也就是函数体。在函数首部必须明确"黑匣子"的输入输出部分:输出就是函数的返回值,是函数处理的结果,即"函数类型说明";输入就是形式参数,是函数要处理的数据对象,或者说是实现函数功能所需要的基本信息。明确了用于形参的变量后,其他为实现函数功能、在算法过程中使用的变量则是定义在函数体内。

例 6.3 数学函数 $f(x)=x^2+1$ 的 C 语言实现。

分析:依据 C 语言函数"黑匣子"特征的描述,该数学函数要处理的数据对象(即输入部分)是自变量 x,按照 x^2+1 的函数规律计算的结果即为输出。从 x^2+1 的处理方法可见,若 x 是整数,则函数计算结果也应该为整数;若 x 是实数,则函数计算结果也应该为实数。因此该函数类型应该与自变量 x 的类型一致。于是可以定义该函数的首部为:double f(double x),自变量 x 为形参,其他作为函数处理过程中用到的变量则在函数体内定义。

对于类似于 $f(x)=x^2+1$ 的数学函数,只有那些功能上起自变量作用的变量才必须定义为 C 语言函数的形式参数。

函数代码如下:

```
01    double f(double x)
02    { double y;
03      y=x * x+1;
04      return y;
05    }
```

例 6.4 写一个计算圆柱体体积的函数,然后在 main()函数中调用测试该函数。

分析:圆柱体的体积是一个实数,因此函数类型需要定义为一个浮点型,如 float 型。计算一个圆柱体的体积,需要两个基本信息,即底圆的半径 r 和柱体的高度 h,所以函数的形参有两个,其类型也应该定义为 float 型。若函数名取名为 cylinderVolume,则函数的首部就可以确定了,即 double cylinderVolume(float r,float h)。

程序代码如下:

```
01    #include<stdio.h>
02    double cylinderVolume(double r,float h)      //计算圆柱体的体积
03    { constdouble PI=3.14159359;
04    return r * r * PI * h;
05    }
06    main()
07    { double r,h;
08      printf("请输入圆柱体底圆的半径: ");
09      scanf("%lf",&r);
10      printf("请输入圆柱体的高度: ");
11      scanf("%lf",&h);
12      printf("圆柱体的体积为: %f",cylinderVolume(r,h));
13    }
```

程序运行结果:

请输入圆柱体底圆的半径: 1 ↵
请输入圆柱体的高度: 5 ↵
圆柱体的体积: 15.708

6.2.2 函数封装与程序的健壮性

函数是一个相对独立的程序代码段的封装体。函数调用时,它通过参数和返回值与外界交流,通过参数获取外部信息(输入),通过返回值给出处理结果(输出)。或者说,对用户而言只需要知道函数的功能和它的对外接口(即函数首部)就可以了,至于在函数的内部定

义了哪些变量、使用了什么算法等细节内容全被封装在函数体中,用户看不到,也不必去关心。从函数设计的角度来看,核心是函数首部的设计,只要函数首部设计好,不要轻易改动,那么函数内部的实现细节则可以不断优化和调整(例如换成其他的算法),它不会影响对函数的调用。这就是函数封装。

函数封装有利于每个函数的单独设计、编码、测试、排错与优化。

作为模块化程序设计基本单位的函数,良好的函数封装有利于模块化程序的构建与维护,而良好的函数封装要求函数自身必须有一定的容错能力,从而增强程序的健壮性。例如,当函数遇到非法参数时能保护自己避免出错,若有除法运算要能排除除数为 0 的错误等。

例 6.5 写一个求 $n!$ 的函数 fac(),然后在 main() 函数中调用测试该函数。

分析:求 $n!$ 的函数 fac(),它的处理对象是一个 int 型数据。而从例 5.7 的分析中,我们知道,为了防止数据溢出,$n!$ 的结果需要用一个 double 型(或 float 型)的空间来存储。也就是说,函数的返回值应该是一个 double 型(或 float 型)的数据。于是该函数的首部可以确定为 double fac(int n)。

如果我们只是把例 5.7 中计算 $n!$ 的程序段简单地转换成函数 fac(),那么可以写出如下的程序代码:

```
01    #include<stdio.h>
02    double fac(int n)              //求 n!的函数
03    { int i;
04      double f=1.0;
05      for(i=1;i<=n;i++)
06          f=f * i;
07      return f;
08    }
09    main()
10    { int n;
11      printf("Please input n: ");
12      scanf("%d",&n);
13      printf(" %d! = %g",n,fac(n));
14    }
```

运行程序两次,分别输入 20 和 -20,分别得到输出为:

```
20!=2.4329e+018
-20!=1
```

第一次程序运行结果正确,但第二次因为错误地输入了一个负数 -20,程序运行结果是错误的,而系统并没有任何错误提示。那么,如何使该程序具有自我识别与纠正错误的能力,以增强程序的健壮性呢?

要增强程序的健壮性,可以从被调函数和主调函数两方面进行如下处理。

首先在被调函数中增加输入参数合法性的检查,并对非法的参数输入以及函数处理过程中其他可能的错误情形,设置相应的与函数值同类型的"伪数据"作为函数返回值的错误代码。所谓"伪数据"就是函数正常处理的结果不可能出现的数据,比如 $n!$ 的结果不可能出现负数,这样就可以用 -1 代表非法的负数参数的错误代码。

其次,在主调函数中,对函数调用增加函数返回值错误代码的检测,并对可能出现的错误,依据错误代码所代表的错误情形,增加相应的处理操作。

在被调函数中,对可能出现的错误,不是简单地直接输出明示的错误信息,而是使用"伪数据"返回错误代码。如何对错误进行相应的处理,则交由主调函数负责。这样的处理方式,可以使被调函数具有更好的封装性,从而也使函数具有更好的独立通用性。

按照以上方法和思路,改进本例题的程序代码,使计算 n!的函数 fac()具有较好的封装性与独立通用性,增强程序的健壮性。

改进后的代码如下:

```
01    #include<stdio.h>
02    double fac(int n)           //求 n!的函数
03    { int i;
04      double f=1.0;
05      if(n>=0)
06          for(i=1;i<=n;i++)
07              f=f * i;
08      else
09          f=-1;                  //如果 n 为负数,则返回-1表示错误
10      return f;
11    }
12    main()
13    { int n;
14      double f;
15      printf("Please input n: ");
16      scanf("%d",&n);
17      f=fac(n);
18      if(f<0)                    //不直接用 if(f==-1),因为实数不宜做是否相等的比较
19          printf("error!");      //由主调函数明示函数调用的错误信息
20      else
21          printf(" %d! = %g",n,f);
22    }
```

运行程序两次,分别输入 20 和-20,分别得到输出为:

```
20!=2.4329e+018              error!
```

例 6.6 使用例 6.5 中已建立的求 $n!$ 的函数 fac(),重新编程求解例 5.9 中的问题:计算 $1!+2!+3!+\cdots+n!$。

分析:代码复用是软件开发中的一个重要手段。有了求 $n!$ 的函数 fac(),则例 5.9 中二重循环结构的程序,就可以简化为单循环结构的程序,从而降低了求解问题的复杂度。

用伪代码描述算法:

```
01    BEGIN(算法开始)
02      sum=0;
03      输入 n;
04      for(i=1;i<=n;i++)
05      {
06          sum=sum+i的阶乘;           //i的阶乘,即调用函数: fac(i)
```

```
07        }
08      输出 sum;
09    END(算法结束)
```

主程序代码如下：

```
01    main()
02    { int n,i;
03      double sum=0.0;
04      printf("Please enter a number: ");
05      scanf("%d",&n);
06      for(i=1;i<=n;i++)
07          sum=sum+fac(i);
08      printf("sum = %g\n",sum);
09    }
```

6.3 函数原型与函数声明

C 语言中的每个函数没有固定的次序要求，但如果被调用函数的定义是在主调函数之后，则必须在被调用之前对被调函数先进行声明。所谓函数声明，就是声明某个函数在其他地方有定义，并将该函数的结构信息(函数首部)通知编译系统。这样，一方面使编译能够正常地进行，另一方面可使得编译程序能发现函数调用时参数不一致的错误。

函数声明又称为函数原型或函数的引用性声明，它是一条以分号结束的语句——由函数首部形成的语句。它有两种形式，第一种形式为：

函数类型 函数名(参数类型 1 参数名 1, 参数类型 2 参数名 2, …);

第二种形式可以省略参数名，因为此处并不需要：

函数类型 函数名(参数类型 1, 参数类型 2, …);

第一种形式列出了每个形参的类型以及参数名，与函数定义的首部完全一致；第二种形式则只列出了每个形参的类型，参数名省略。

函数声明中的形参作用域只在原型声明中，即作用域结束于右括号。因此，函数声明中形参的名字不重要，是否有参数名、是什么名字都无所谓，重要的是参数类型。函数声明中的形参名可以省略，但不能省略类型标识符。

例如，例 6.7 中的函数声明也可以写成：

```
int max(int a, int b);          //或 int max(int x, int y);
```

两种形式作用完全相同。

注意区分"函数调用"语句与"函数声明"语句。

例 6.7 把例 6.1 中 max()函数的位置放在 main()函数之后。

这时在 main()函数中必须对 max()函数先进行声明才能使用它。代码如下：

```
01    #include<stdio.h>
02    main()
```

```
03      { int p,q,m;
04        int max(int,int);           //函数声明,也可以放于 main 函数前
05        scanf("%d%d",&p,&q);
06        m=max(p,q);                 //函数调用
07        printf("max=%d",m);
08      }
09      int max(int a,int b)          //函数定义
10      { return (a>b?a:b);
11      }
```

函数声明的位置既可以在主调函数定义中,也可以在主调函数定义之外。习惯上把程序中用到的所有函数集中放在最前面的声明。这有两个好处:一是对所有用到的函数一目了然;二是在各个主调函数中不必对所调用的函数再作声明,不用再仔细检查哪个函数在前,哪个函数在后。

从设计程序的角度看,对于一个小型程序,有经验的程序编制人员一般都把 main() 函数写在最前面,这样对整个程序的结构和作用清晰明了,可以统揽全局;然后再具体明确各函数的细节(即定义函数)。这时就需要把所有的函数声明放在程序的最前面(main() 函数之前)。

例 6.8 用弦截法求方程 $f(x)=x^3-5x^2+16x-80=0$ 的根。

分析:这是一个数值求解问题。根据数学知识,可以列出以下的解题步骤:

(1) 取两个不同点 x_1 和 x_2,如果 $f(x_1)$ 和 $f(x_2)$ 符号相反,则 (x_1,x_2) 区间内必有一个根,如图 6-4 所示。如果 $f(x_1)$ 与 $f(x_2)$ 同符号,则应改变 x_1 和 x_2,直到 $f(x_1)$ 与 $f(x_2)$ 异号为止。注意 x_1、x_2 的值不应差太大,以保证 (x_1,x_2) 区间内只有一个根。

(2) 连接 $(x_1,f(x_1))$ 和 $(x_2,f(x_2))$ 两点,此线(即弦)交 x 轴于 x。

x 点坐标可用下式求出:

$$x=\frac{x_1 \cdot f(x_2)-x_2 \cdot f(x_1)}{f(x_2)-f(x_1)}$$

图 6-4 弦截法求根示意图

再从 x 求出 $f(x)$。

(3) 若 $f(x)$ 与 $f(x_1)$ 同符号,则根必在 (x,x_2) 区间内,此时将 x 作为新的 x_1。如果 $f(x)$ 与 $f(x_2)$ 同符号,则表示根在 (x_1,x) 区间内,将 x 作为新的 x_2。

(4) 重复步骤(2)和(3),直到 $|f(x)|<\xi$ 为止。ξ 为一个很小的正数,例如 10^{-6},此时认为 $f(x)\approx0$。

以上就是弦截法的算法。

在程序中分别用以下几个函数实现以上有关部分的功能:

(1) 用函数 $f(x)$ 计算关于 x 的函数:$f(x)=x^3-5x^2+16x-80$。

(2) 用函数 xpoint(x_1,x_2) 求 $(x_1,f(x_1))$ 和 $(x_2,f(x_2))$ 的连线与 x 轴的交点 x 的坐标。

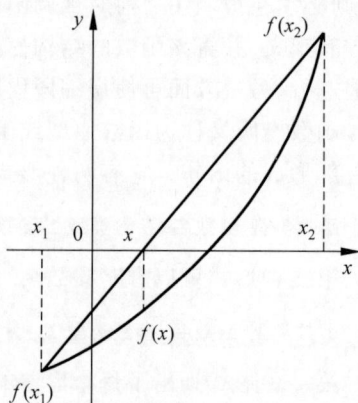

（3）用函数 $\mathrm{root}(x_1,x_2)$ 求 (x_1,x_2) 区间的实根。

根据以上算法，可以编写出下面的程序：

```
01    #include<stdio.h>
02    #include<math.h>
03    double f(double);                    //函数声明
04    double xpoint(double,double);        //函数声明
05    double root(double,double);          //函数声明
06    main()
07    { double x1,x2,f1,f2,x;
08      do
09      {  printf("Please input x1,x2: ");
10         scanf("%lf%lf",&x1,&x2);
11         f1=f(x1);
12         f2=f(x2);
13      }while(f1*f2>=0);                  //若 f1 与 f2 同号,则重新选取初值 x1 和 x2
14      x=root(x1,x2);
15      printf("A root of equation is %g",x);
16    }
17    double f(double x)                   //函数定义
18    { return x*x*x-5*x*x+16*x-80;
19    }
20    double xpoint(double x1,double x2)   //函数定义
21    { return (x1*f(x2)-x2*f(x1))/(f(x2)-f(x1));
22    }
23    double root(double x1,double x2)     //函数定义
24    { double x,y,y1;
25      y1=f(x1);
26      do
27      {  x=xpoint(x1,x2);
28         y=f(x);
29         if(y*y1>0) y1=y,x1=x;
30         else x2=x;
31      }while(fabs(y)>=0.000001);
32      return x;
33    }
```

程序运行结果：

```
Please input x1,x2: 2.0 3.5 ↙
Please input x1,x2: 3.0 6.8 ↙
A root of equation is 5
```

说明：

（1）程序中,f、xpoint 和 root 这 3 个函数均在 main 函数之后定义,因此在 main()函数之前对这 3 个函数作了声明。

（2）在 root 函数中要用到对浮点数求绝对值的函数 fabs,它在系统数学函数库中,因此在文件开头要用 #include <math.h> 把有关的头文件包含进来。

（3）程序从 main()函数开始执行,先执行一个 do-while 循环,循环的作用是：输入 x1

和 x2，判别 f(x1)和 f(x2)是否异号。如果不是异号，则重新输入 x1 和 x2，直到 f(x1)与 f(x2)异号为止；然后调用函数 root(x1,x2)求根 x。调用 root()函数的过程中要用到 xpoint()函数，而执行 xpoint()函数的过程中要用到 f()函数，从而形成了函数的嵌套调用，如图 6-5 所示。

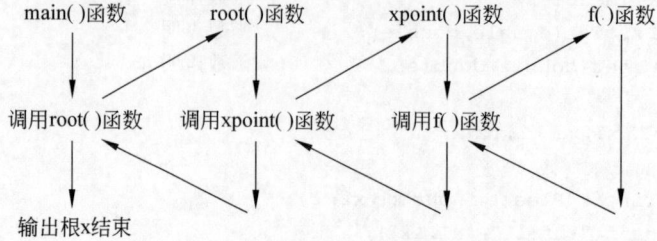

图 6-5　函数的嵌套调用示意图

　　由此可见，虽然 C 语言不允许函数的重复定义和嵌套定义，但 C 语言支持函数的嵌套调用，即在一个函数中可以调用另外的函数，也可以在另外的函数中再调用其他函数，而在其他函数中，可能又调用了其他一些函数，如此不断嵌套，形成了一个复杂的调用层次关系。在这种情况下，函数在执行过程中，不是执行完一个函数再去执行另一个函数，而是在任何需要的情况下对其他函数进行调用，调用结束后再依次返回。

　　例 6.9　输出某年元旦是星期几以及是否闰年的信息。

　　分析：可以将该问题分解为 4 个模块来求解，也就是写出 4 个函数：判断闰年的函数 isLeap()、求元旦是星期几的函数 weekOfNewYear()、显示星期几的中文信息的函数 showCNweek()、按照固定格式显示某年元旦是星期几以及是否闰年的输出函数 display()。然后在 main()函数中调用 display()函数输出相应的信息。

　　(1) 判断闰年的函数 isLeap()。

　　年份 year 是一个正整数，判断某一年(year)是否是闰年，即该函数要处理的数据对象是一个年份数据。也就是说，该函数的形参是一个 int 型的 year 变量。函数处理的结果：是否闰年，它应该是一个逻辑量(真或假)。但 C 语言并没有逻辑型的量，而是用 1 表示"真"、0 表示"假"，因此可以把该函数的类型定义为 int 型。于是该函数的首部可以确定为：int isLeap(int year)。

　　那么，如何判断闰年，即如何写出函数体？例 4.3 已经给出了判别闰年的逻辑表达式：

(year%4 == 0 && year%100 != 0) || year%400 == 0

这样，可以写出如下的该函数程序代码：

```
01    int isLeap(int year)              //判断是否闰年
02    { inty_or_n;
03      if(year>0)
04         y_or_n=(year%4==0&&year%100!=0||year%400==0);
05      else
06         y_or_n=-1;                    //-1,表示非法参数错误
07      return y_or_n;
08    }                                  //请思考：负的 year 可否处理？
```

(2) 求元旦是星期几的函数 weekOfNewYear()。

求解某一年(year)的元旦是星期几,显然该函数要处理的数据对象同样是一个年份数据,即形参是一个 int 型的 year 变量。从函数的独立通用性和数据表达的简洁性考虑,函数处理的结果:星期几,不使用"星期日、星期一、星期二、…"这样的返回值输出方式,而应该使用"0、1、2、…"这样的整数,因此可以把该函数的类型定义为 int 型。于是该函数的首部可以确定为:int weekOfNewYear(int year)。

那么,如何求解元旦是星期几,即如何写出函数体?

首先要明确几个基准数据:1900 年的元旦是星期一,平年一年是 365 天,闰年比平年多一天。然后就可以按以下步骤求解元旦是星期几:

先求出 1900 年到某年(year)的前一年为止的闰年数,再按照平年方式计算出 1900 年到某年(year)的前一年为止的总天数,接着把闰年数加进来,即可得出 1900 年到某年(year)的前一年为止的实际总天数。然后把实际天数加 1 后除以 7 求余数。这样就得出了该年(year)元旦是星期几。代码如下:

```
01    int weekOfNewYear(int year)              //求元旦是星期几
02    { int i,days,m=0;
03      //days 为 1900 年至(year-1)年份为止的实际总天数,m 是此期间的闰年数
04      for(i=1900;i<year;i++)
05          if(isLeap(i)) m++;
06      days=(year-1900) * 365+m;
07      return (days+1)%7;
08    }
```

上述代码中,除了作为形参的 year 变量,其他为了实现函数功能用到的变量 i、days、m 等则必须定义在函数体内。另外,为了简化程序,忽略了对非法参数的处理。

(3) 显示星期几的中文信息的函数 showCNweek()。

显然,该函数的形参是一个代表星期几的 int 型变量(weekDay)。函数的功能是直接输出显示星期几的中文信息,不需要返回值,故函数类型可定义为 void 型。于是该函数的首部可以确定为:void showCNweek(int weekDay)。

实现该函数功能的函数体,其程序代码比较简单,用一个多分支选择结构即可完成。

函数代码如下:

```
01    void showCNweek(int weekDay)             //显示星期几的中文信息
02    { switch(weekDay)
03      { case 0:printf("星期日"); break;
04        case 1: printf("星期一"); break;
05        case 2: printf("星期二"); break;
06        case 3: printf("星期三"); break;
07        case 4: printf("星期四"); break;
08        case 5: printf("星期五"); break;
09        case 6: printf("星期六"); break;
10        default: printf("error");
11      }
12    }
```

（4）按照固定格式显示某年元旦是星期几以及是否闰年的输出函数 display()。

显然，该函数的形参是一个代表年份的 int 型变量（year）。函数的功能是按照固定格式显示相应信息，不需要返回值，故函数类型可定义为 void 型。于是该函数的首部可以确定为：void display(int year)。

若要按照"2008 年元旦 星期二 闰年"这样的格式输出，则可以写出如下的函数代码：

```
01    void display(int year)              //输出元旦是星期几等信息
02    { int weekDay;
03      weekDay=weekOfNewYear(year);      //获取元旦是星期几(int)
04      printf("%d 年元旦 ",year);
05      showCNweek(weekDay);              //显示中文的星期几
06      if(isLeap(year)) printf(" 闰年");
07      printf("\n");
08    }
```

（5）在 main() 函数中调用函数，显示某年元旦是星期几以及是否闰年的信息。

代码如下：

```
01    #include<stdio.h>
02    /＊函数声明＊/
03    int isLeap(int year);              //判断闰年
04    int weekOfNewYear(int year);       //求元旦是星期几
05    void showCNweek(int weekDay);      //显示星期几的中文信息
06    void display(int year);            //完整显示元旦是星期几及是否闰年
07    main()
08    { int year;
09      printf("请输入年份：");
10      scanf("%d",&year);
11      display(year);
12    }
13    ……                                //省略函数定义,前面已列举显示
```

程序的两次运行结果：

① 请输入年份：2018 ✓ ② 请输入年份：2008 ✓
 2018 年元旦 星期一   2008 年元旦 星期二 闰年

对于一个稍微复杂的系统，其中的每个函数需要进行独立的调试，也就是写一个用于测试该函数的 main() 函数。在 main() 函数中调用测试该函数，以检验该函数的功能是否完善、函数的封装性与容错能力是否满足等。例如，若要测试上述的 isLeap() 函数，可以写出如下的 main() 函数代码：

```
01    #include<stdio.h>
02    int isLeap(int year);              //判断闰年
03    main()
04    { int year,leap;
05      printf("Please Enter year: ");
06      scanf("%d",&year);
07      leap=isLeap(year);
```

```
08        if(leap!=-1)
09            if(leap)
10                printf("%d is a leap year.\n",year);
11            else
12                printf("%d is not a leap year.\n",year);
13        else
14            printf("error\n");
15    }
```

测试程序的 3 次运行结果：

① Please Enter year: 2008 ↙ ② Please Enter year: 2019 ↙ ③ Please Enter year: -20 ↙
  2008 is a leap year.   2019 is not a leap year.   error

6.4　递 归 函 数

递归是一种描述问题的方法，通俗地讲，用自身的结构描述自身就称为递归。用递归方法设计的算法也可以简单地描述为"自己调用自己"。例如用如下方法定义阶乘：

$$n!=\begin{cases}1, & n=0 \\ n\times(n-1)!, & n>0\end{cases} \quad 即 \quad f(n)=\begin{cases}1, & n=0 \\ n\times f(n-1), & n>0\end{cases}$$

可以看出它是用阶乘定义阶乘，用自身的结构描述自身，是一个典型的递归描述方法。由此我们很容易地写出例 6.10 中用递归算法实现的求阶乘的函数 fac(n)。这种包含递归调用的函数就称为递归函数。

例 6.10　用递归函数实现阶乘的计算。

程序：

```
01    #include<stdio.h>
02    double fac(int);              //函数声明
03    main()
04    { int n;
05      printf("Enter a positive integer: ");
06      scanf("%d",&n);
07      printf("The factorial of %d is: %g\n",n,fac(n));
08    }
09    double fac(int n)            //函数定义：求 n!的函数(递归算法)
10    { double f;
11      if(n<0) f=-1;             //如果 n 为负数,则返回-1,表示错误
12      else if(n==0) f=1;        //递归终止条件
13      else f=n*fac(n-1);        //递归调用
14      return f;
15    }
```

程序运行结果：

```
Enter a positive integer: 3 ↙
The factorial of 3 is: 6
```

递归算法实际上可分为"递推"和"回归"两个阶段,下面我们就以递归函数求 3!为例来说明这两个阶段。

如图 6-6 所示,流程首先从调用 fac(3)开始,此时不能得到函数值,要进一步调用 fac(2);调用 fac(2)也不能得到函数值,再进一步调用 fac(1);调用 fac(1)也不能得到函数值,再进一步调用 fac(0);调用 fac(0),得到函数值 1,"递推"过程结束。自此流程开始了"回归"过程,依次由 fac(0)返回值给 fac(1),fac(1)返回值给 fac(2),逐级返回至最初的 fac(3)函数调用。至此函数的递归调用全部结束。

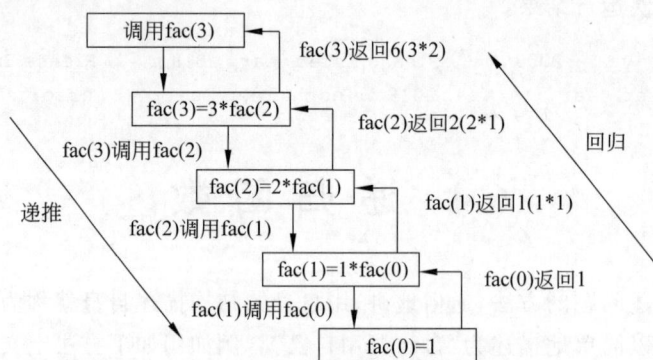

图 6-6　调用 fac(3)时的递归执行过程

通过上面的例子可看出,一个递归的问题分为"递推"和"回归"两个阶段。递推不能无限制地进行下去,如果递推不能使问题简化并最终收敛到初始状态(递归终止条件),就可能发生无限递推。因此必须要有一个结束递推过程的条件,并进入回归阶段。即任何有意义的递归总是由两部分组成:

(1) 递归方式;

(2) 递归终止条件。

在函数的递归调用中,当"递推"过程还没有到达递归终止条件时,每一次的函数调用都不能结束,都必须将当前函数调用的返回地址以及参数和局部变量等保存起来;在进入"回归"阶段后,再倒过来依次结束每一次的函数调用,释放原来占用的内存空间。

实现这种方式的存储结构是"先进后出"的栈结构:在"递推"阶段,逐层连续地将每次函数调用的返回地址和参数等压入栈中;在"回归"阶段,不断从栈中逐层弹出当前的参数,直到栈空返回到最初调用处为止。图 6-7 给出了以递归函数求 3!所引起的内存空间动态变化的示意图。

递归是一种有效的描述问题的方法。当一个问题蕴涵递归关系且结构比较复杂时,采用递归算法往往比较自然、简洁、容易理解,但它是以牺牲时间、消耗内存为代价的。

函数的递归调用又可分为直接递归和间接递归两种情况:在函数 A 的定义中直接有调用函数 A 的语句,即自己调用自己,就形成了直接递归调用;另一种是函数 A 的定义中出现调用函数 B 的语句,而函数 B 的定义中再出现调用函数 A 的语句,这就形成了间接递归调用。

注意比较递归算法和递推算法。在例 6.5 和 6.10 中,它们都实现了求 n!的函数,但两者的实现机制是不同的,前者使用的是递推算法,后者使用的是递归算法。从程序的控制

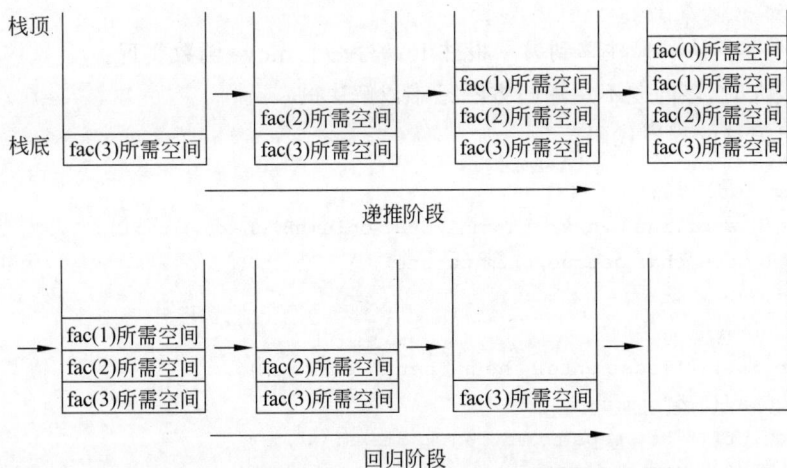

图 6-7　fac(3)递归调用引起内存空间的动态变化

结构看,迭代与递推算法是一个循环结构,它是一个不断由旧值递推出变量的新值的过程;而递归算法是一个选择结构,其中一个分支用于说明递归的方式,其他的分支用于说明递归的终止条件。从算法的效率看,通过前面的分析我们知道,递归算法的简洁易读是以牺牲时间、消耗内存为代价的。

　　要正确地理解和使用递归算法,有的问题既可以用递归方法解决,也可以用迭代与递推的方法解决,如求 n!;而有的问题不用递归方法是难以解决的。在非数值计算领域就存在很多必须用递归法才能解决的经典问题,如汉诺塔、骑士游历、八皇后问题(回溯法)等。

　　例 6.11　汉诺塔(Tower of Hanoi)问题。

　　这是一个有趣的古典数学问题:有 3 根小柱子 A、B、C。A 柱上有 n 个中空的碟子,碟子大小不等,大的在下,小的在上,如图 6-8 所示。要求把这 n 个碟子从 A 柱移到 C 柱,在移动过程中可以借助 B 柱,每次只允许移动一个碟子,且在移动过程中在 3 根柱子上始终都保持大碟在下,小碟在上。请编程打印出移动的步骤。

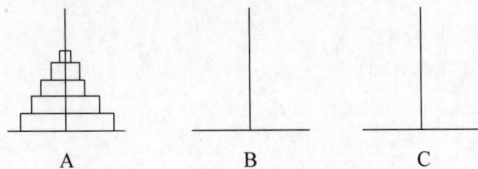

图 6-8　汉诺塔问题示意图

　　分析:将 n 个碟子从 A 柱移到 C 柱可以分解为下面 3 个步骤:

① 将 A 柱上 $n-1$ 个碟子移到 B 柱(借助于 C 柱);

② 把 A 柱上剩下的 1 个碟子移到 C 柱;

③ 将 $n-1$ 个碟子从 B 柱移到 C 柱(借助于 A 柱)。

以上所述的 3 个步骤其实包含了两种操作:

① 将多个碟子从一根柱移到另一根柱上,这是一个递归的过程。写一个 hanoi() 函数

实现。

② 将1个碟子从一根柱移到另一根柱上。写一个 move 函数实现。

当 n 值较大时,该问题不用递归方法是难以解决的。

下面给出完整的程序代码:

```
01    #include<stdio.h>
02    void hanoi(int n,char columnA,char columnB,char columnC);    //声明
03    void move(char getone,char putone);                          //函数声明
04    main()
05    { int m;
06      printf("Please enter the number of disks: ");
07      scanf("%d",&m);
08      printf("The steps to moving %d disks:\n",m);
09      hanoi(m,'A','B','C');                                      //函数调用
10    }
11    void move(char getone,char putone)                           //函数定义
12    { printf("%c-->%c\n",getone,putone);
13    }
14    //函数定义: 将 n 个碟子从 columnA 柱借助于 columnB 柱移到 columnC 柱上
15    void hanoi(int n,char columnA,char columnB,char columnC)
16    { if(n==1) move(columnA,columnC);
17      else
18      { hanoi(n-1,columnA,columnC,columnB);                      //递归调用
19        move(columnA,columnC);
20        hanoi(n-1,columnB,columnA,columnC);                      //递归调用
21      }
22    }
```

程序的3次运行结果如下:

① Enter the number of disks: 1 ↙
  The steps to moving 1 disks:
  A-->C
② Enter the number of disks: 2 ↙
  The steps to moving 2 disks:
  A-->B
  A-->C
  B-->C
③ Enter the number of disks: 3 ↙
  The steps to moving 3 disks:
  A-->C
  A-->B
  C-->B
  A-->C
  B-->A
  B-->C
  A-->C

6.5 变量的作用域与存储类型

变量是对数据存储空间的抽象。C 语言的每一个变量都具有两个属性：数据类型和数据的存储类型。数据类型确定了数据的结构，如数据的存储格式和需占用内存空间的大小等；存储类型则说明了数据在内存中的存储位置并决定了它的生存期和作用域。

变量的生存期是指它从获得内存空间到空间释放之间的时期，变量的作用域是指变量在程序中可以使用的范围。

6.5.1 局部变量与全局变量

根据变量的作用范围，可将变量分为局部变量与全局变量。

在函数中或由花括号{}括起来的分程序中定义的变量为局部变量，局部变量只能在本函数内或分程序的范围内有效（作用域）。函数中的形式参数也是局部变量，它只在自己的函数内有效。到目前为止，之前所用到的变量都是局部变量。

定义在所有函数之外的变量为全局变量，全局变量又称为外部变量，它的有效范围（作用域）是从定义该变量的位置开始到其源文件结束。如果要在此范围之外使用该全局变量，则需要在使用该变量的位置之前，通过 extern 关键字先声明该变量为已经定义的全局变量，然后才能使用它。

全局变量的主要应用场合：当某个变量需要被多个函数共同使用时，而且其意义与数值是明确的、不会引起混乱，则可定义该变量为全局变量。

局部变量可以与全局变量同名，内层变量（程序块中的变量）也可以与外层变量同名。由于它们所处的位置不同，作用范围不一样，它们在内存中占用的是不同的存储单元，因而不会引起系统识别的错误。但要注意系统对它们的处理原则，即：局部变量局部有效、全局变量全局有效；当全局变量与局部变量同名或内层变量与外层变量同名时，局部优先于全局、内层优先于外层。更准确地说，对于程序块中嵌套其他程序块的情况，如果嵌套块中有同名变量，服从局部优先原则，即在内层块中屏蔽外层块中的同名变量，外层块中的同名变量变为不可见的变量。换句话说，内层块中变量的作用域为内层块，外层块中变量的作用域为外层除去包含同名变量的内层块部分。

例 6.12 局部变量使用示例。

程序：

```
01    #include<stdio.h>
02    void fun(void)
03    { int t=5;              //fun()函数中的局部变量
04      printf("fun()中的 t=%d\n",t);
05    }
06    main()
07    { float t=3.8;          //main()函数中的局部变量
08      fun();
```

```
09        {   int t=100;        //程序块中的局部变量
10            printf("程序块中的 t=%d\n",t);
11        }
12        printf("main()中的 t=%g\n",t);
13    }
```

程序运行结果：

```
fun()中的 t=5
程序块中的 t=100
main()中的 t=3.8
```

说明：

（1）不同函数中可以使用相同名字的变量,因为它们是局部变量,它们在内存中占有不同的存储单元,并在各自的有效范围内起作用,各司其职、互不干扰。

（2）为了避免程序难于理解和调试,最好不要在嵌套的程序块中定义与外层同名的变量。

例 6.13 全局变量使用示例：模拟财务现金记账。具体要求如下：

先输入操作类型：1-收入,2-支出,0-退出。然后输入操作金额,计算现金剩余额,经多次操作直到输入操作类型为 0 时结束。其中现金收入与现金支出分别用不同的函数实现。

设变量 cash 保存现金余额值,由于 cash 将被主函数、现金收入函数和现金支出函数所共用,在任意使用场合其意义与数值也都是明确和唯一的,因此可定义其为全局变量。

程序：

```
01    #include<stdio.h>
02    float cash;                          //定义全局变量,保存现金余额
03    void income(float value);            //函数声明: 现金收入函数
04    void expend(float value);            //函数声明: 现金支出函数
05    main()
06    { int choice;
07      float value;
08      cash=0;                            //使用全局变量: 初始金额为 0
09      printf("Enter operate choice(1-income,2-expend,0-exit): ");
10      scanf("%d",&choice);
11      while(choice!=0)
12      {   if(choice==1||choice==2)
13      {   printf("Enter cash value: ");
14          scanf("%f",&value);
15          if(choice==1)
16              income(value);
17          else
18              expend(value);
19          printf("current cash: %g\n",cash);
20      }
21          printf("Enter operate choice(1-income,2-expend,0-exit):");
22          scanf("%d",&choice);
```

```
23          }
24      }
25      void income(float value)              //定义现金收入函数
26      { cash=cash+value;                    //使用全局变量
27      }
28      void expend(float value)              //定义现金支出函数
29      { cash=cash-value;                    //使用全局变量
30      }
```

程序运行结果：

```
Enter operate choice(1-income,2-expend,0-exit): 1 ↙
Enter cash value: 1000 ↙
current cash: 1000
Enter operate choice(1-income,2-expend,0-exit): 1 ↙
Enter cash value: 500 ↙
current cash: 1500
Enter operate choice(1-income,2-expend,0-exit): 2 ↙
Enter cash value: 800 ↙
current cash: 700
Enter operate choice(1-income,2-expend,0-exit): 0 ↙
```

说明：全局变量除了用在多个函数共享数据的场合外，也可以通过全局变量建立函数间的联系，它比通过参数使函数与外界交流（数据交换）的方式更容易、更高效。但这种方式是不可取的，要尽量少用或不用，因为全局变量会影响函数的独立通用性。例如：若两个函数 A 和 B 都使用了全局变量 x，且执行 A 函数改变了全局变量 x 的值，则 x 可能影响到 B 函数的执行。对于 B 而言，这种影响是被动的，而 B 函数可能需要的是 x 被改变前的值，但 B 并不知道 x 已经被 A 函数改变了，这就出现了问题。显然，使用全局变量会破坏函数的独立性、降低函数的通用性。

6.5.2 变量的存储类型

变量的存储类型分为自动类型（auto）、静态类型（static）、寄存器类型（register）和外部类型（extern）四种。

在函数中定义的局部变量默认为自动类型，在函数之外定义的全局变量是外部类型。在函数中定义局部变量时，可通过修饰词 static 或 register，将该变量声明为静态类型或寄存器类型，从而说明它的存储位置在内存的静态存储区或 CPU 的寄存器中。不过，在程序中定义寄存器变量对编译系统只是建议性而不是强制性的，当今的优化编译系统能够识别使用频繁的数据，自动地将这些数据放在 CPU 的寄存器中，以提高程序的执行效率。因此现在已经不需要特别用 register 声明变量，我们也忽略对 register 变量的介绍。

变量的存储类型说明了变量在内存中的存储位置并决定了它的生存期和作用域。

下面先看一下内存中供用户使用的存储空间的情况。

如图 6-9 所示，用户使用的存储空间可以分为 4 部分：代码区、常量区、静态存储区和动态存储区。

作为局部变量的函数中的形式参数和函数中定义的自动变量,它们存放在动态存储区,在函数调用开始时它们才被分配相应的存储单元,函数结束时即释放这些空间。在程序执行期间,这种分配和释放是动态的,称为动态存储方式。如果在一个程序中两次调用同一个函数,则要进行两次分配和释放,而两次分配给此函数中局部变量的存储空间的位置可能是不相同的。程序中的大部分变量都属于这一类。

全局变量和静态(static)局部变量则存放在静态存储区,它们在程序加载时就被分配了固定的存储单元,直到整个程序执行完毕才释放这些空间,它们的生存期贯穿于整个程序执行期间。这种分配和存储方式称为静态存储方式。

显然,静态(static)局部变量虽然只有局部作用域,但却具有静态(永久)生存期。从另一个角度说,虽然静态局部变量在函数调用结束后仍然存在,但其他函数是不能使用的,它只能在其所在函数的下一次调用中有效。有时希望函数中的局部变量的值在函数调用结束后不消失而保留原值,这时就应定义该变量为静态局部变量。

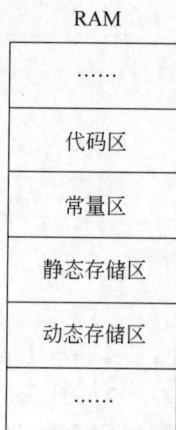

图 6-9 内存中供用户使用的存储空间

RAM: ......、代码区、常量区、静态存储区、动态存储区、......

另外需要说明的是:

(1) 静态存储区中的变量,在未被用户初始化的情况下,系统会自动将其初始化为 0;而动态存储区中的自动变量,在未被用户初始化的情况下,其内容是随机的,因此要注意及时给自动变量赋值,以免程序的其他地方错误地使用了它们而引起难以预料的后果。

(2) 与 auto、static 和 register 3 个关键字不同,extern 只能用来声明已定义的外部变量,而不能用于变量的定义。只要看到 extern,就可以判定这是变量声明,而不是定义变量。

(3) 在函数外定义变量(即全局变量)时,可以同时对其显式初始化,这些工作是在程序编译时就确定的,但在函数外不能有赋值等运行时的操作语句。

例如,在函数外定义全局变量 p 和 q 的同时进行初始化的语句:

```
int p=28,q=-33;          //函数外定义并初始化全局变量 p,q
```

不能改成如下两条语句:

```
int p,q;              //函数外定义全局变量 p,q(系统自动将其初始化为 0)
p=28,q=-33;           //错误,函数外不能有赋值等运行时的操作语句
```

(4) 由于静态(static)局部变量是在程序加载时就被分配了固定的存储单元,因此,对于有 static 变量的函数,为了准确把握和理解整个程序的执行流程,应该注意把定义 static 变量的语句与程序的其他语句区别开。定义 static 变量的语句是在程序加载时执行的,此后的程序执行期间,无论有多少次对该函数的调用,都不会涉及定义 static 变量的语句。

例 6.14 比较自动变量与局部静态变量。

程序:

```
01    #include<stdio.h>
02    void test(void)
```

```
03     { int i=0;              //自动变量,等价于: auto int i=0;
04       static int j=0;    //局部静态变量
05       i++;j++;
06       printf("i=%d j=%d\n",i,j);
07     }
08     main()
09     { int i;
10       for(i=1;i<=3;i++)
11         test();             //函数调用 3 次
12     }
```

程序运行结果：

```
i=1   j=1
i=1   j=2
i=1   j=3
```

说明：程序中 3 次调用 test() 函数,test() 函数中的自动变量 i 都被重新定义并赋初值为 0;而静态局部变量 j 是在程序加载时就被分配了固定的存储单元并有了初值 0,在每次函数调用时不再有定义 j 变量并重新赋初值的操作,j 变量保留的是前一次函数调用结束时的值(若是第一次函数调用则是初值)。

局部变量、全局变量和静态变量的作用域、生命期、存储类型及初始值对比如表 6-1 所示。

表 6-1　局部变量、全局变量和静态变量的作用域、生命期、存储类型及初始值

变量类型	作用域	生 命 期	存 储 类 型	初始值
局部变量	模块内	定义起至模块结束	动态存储在栈区	不确定
全局变量	模块外	程序运行起至程序运行结束	静态存储在数据区	0
静态变量	模块	定义起至程序运行结束	静态存储在数据区	0

6.6　模块化程序设计

所谓模块化程序设计,就是采用"自顶向下、逐步求精"的分析问题的方法,将一个复杂的任务分解为若干个易于处理的子任务,将整个程序划分成若干子程序(或子模块),子模块又可继续划分,直至最简,最下层的模块完成最具体的功能,从而将一个复杂的问题"化大为小、化繁为简、化难为易"。整个程序是过程模块化的,模块是分层次的,层与层之间是一个从上往下的调用关系,如图 6-10 所示。

与此对应的,在 C 程序中,函数是构建模块化程序的基本单位。一个 C 程序是通过各个相关函数的层次调用组织起来的,如图 6-11 所示。

模块化程序设计的具体实现,可以分为两个阶段:模块化设计和结构化编码。

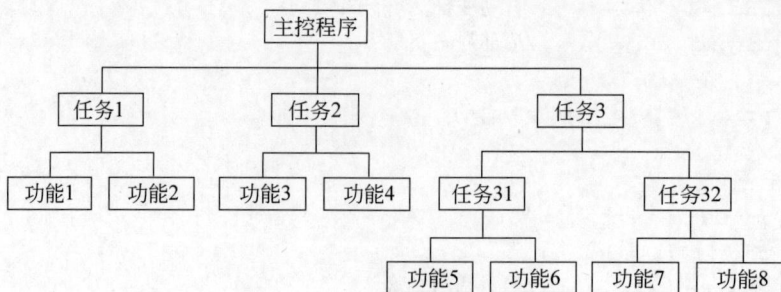

图 6-10　模块化程序设计示意图

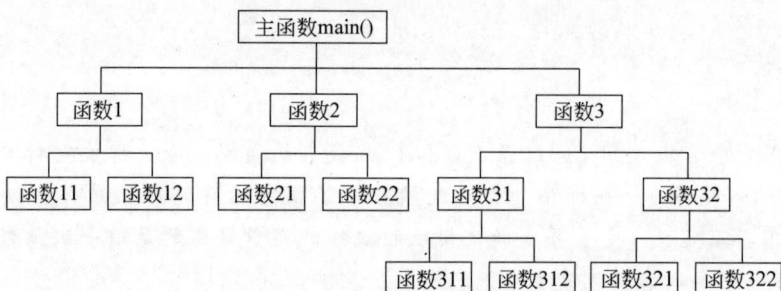

图 6-11　C 程序结构示意图

1）模块化设计

模块化设计要遵循模块独立性原则，也就是函数的独立性原则，主要体现在：

（1）模块的内聚性要强。内聚性强是指功能要单一，一个模块只完成一个指定的功能，不要把互不相干的功能放到一个模块中。

（2）模块之间的耦合性要弱。耦合性弱是指模块间的相互影响要尽量少，模块之间除了可以通过"实参-形参"的渠道发生联系外，没有其他渠道。

（3）每个模块都只有一个入口和一个出口。

（4）每个模块都可以独立编码，并通过顺序、选择、循环这三种基本结构及其组合来实现。

（5）模块内慎用全局变量。

（6）另外，由于人的思维能力的局限，每个模块（函数）中的语句一般不要超过 60 行。因为太长的代码，其可读性会大幅下降，不利于编程者思考和设计，也不利于程序调试和修正错误。

模块（函数）的独立性，有利于每个模块（函数）单独设计、编码、测试、排错与优化，有利于代码复用，有利于模块化程序的构建和团队协作开发、提高程序的开发效率，有利于降低系统的复杂度和系统的维护。

2）结构化编码

经过模块化设计后，每一个模块就可以单独进行设计和编码了。编写代码时，要注意结构化编码的基本规范，主要体现在：

（1）按照"单入口、单出口"的基本原则，使用顺序、选择、循环三种基本控制结构及其组合和清晰合理的嵌套来设计和编写代码。

（2）正确使用阶梯缩进、错落有致的锯齿形书写格式，使程序的逻辑结构清晰、层次分明。

（3）对变量、函数和常量等命名时，要见名知意，大小写要形成统一规范，以利于对变量含义、函数功能等的理解和使用。

（4）程序要有良好的交互性，输入有提示，输出有说明。

（5）程序代码要清晰易懂，语句构造要简单直接。在不影响功能与性能时，要以"结构清晰第一、效率第二"为原则设计和编写代码。

（6）在程序中增加必要的注释，提高程序的可读性。模块的标题和功能等整体性说明放在模块的最前面，其他有助于理解代码作用的注释则放在相应语句的位置。

本章开头，已就"日历打印"程序的模块划分进行了初步说明和描述，并将"日历打印"程序分解为 8 个模块。在例 6.9 中已经编码实现了其中的 4 个模块：判断闰年的函数 isLeap()，求某年元旦是星期几的函数 weekOfNewYear()，星期几的中文信息输出函数 showCNweek()，某年元旦是星期几以及是否闰年的信息输出函数 display()。

请读者在此基础上编写完成"日历打印"程序。

函数是 C 语言中实现模块化程序设计的基本单位，它有利于代码复用，有利于将一个复杂问题"化大为小、化繁为简、化难为易"，从而降低系统的复杂度，并有利于系统的维护，有利于团队协作开发、提高程序的开发效率。对于一个功能独立或通用的处理过程的程序段，我们应该把它写成一个独立的函数。

在建立函数和使用函数时，要注意函数首部的结构，要准确把握参数的意义，注意"实参-形参"数量和类型一致、"实参→形参"单向传值的特性，以及函数通过 return 语句只能返回一个值的特性。另外要注意遵循函数独立性原则，正确理解和使用局部变量与全局变量，有效实现良好的函数封装，保障函数的独立性和程序的健壮性。

递归算法（递归函数）是一种比较自然、简洁、容易理解的描述问题的方法，但要注意它的算法效率问题，注意比较递归算法和递推算法：一是处理过程与算法效率的比较，递归算法的简洁易读是以牺牲时间、消耗内存为代价的；二是代码实现的程序控制方式的比较，递推算法是一个循环结构，递归算法则是一个选择结构。

6.7　小　　结

（1）函数是实现结构化程序设计的重要方法，也是代码重用的一种重要方式。

（2）调用函数时只需要关心其功能、接口（参数）即可。

（3）函数需要先声明，后调用。函数定义可以放在主程序后面，甚至存放在其他文件中。

（4）函数定义时可以调用其自己，这种函数称为递归函数。

（5）变量有局部变量、全局变量、静态变量的不同，以便于模块的封装、内存空间的高效利用。

6.8 附加阅读材料 *

1. 函数的参数、返回值类型

函数的参数、返回值类型，以定义时为准。调用时不一致时，先转换为定义的类型。

例 6.15 分析下面程序的输出。

```
01    #include<stdio.h>
02    double fun1(int a)
03    { return a * a+1.1;
04    }
05    int fun2(double a)
06    { double b=a * a+1.1;
07      printf("函数中: %g",b);
08      return b;
09    }
10    main()
11    { double a=3.1,b,c=3.1;
12      b=fun1(a);
13      printf("a=%g \nb=3 * 3+1.1=%g",a,b,3.1 * 3.1+1.1);
14      printf("\n--------------------\n");
15      b=fun2(c);
16      printf("\na=%g \nb=(int)(3.1 * 3.1+1.1)=%g",a,b);
17    }
```

程序运行结果如图 6-12 所示。

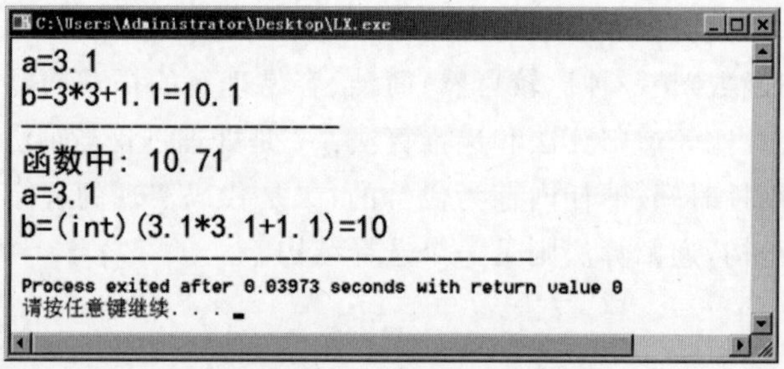

```
C:\Users\Administrator\Desktop\LX.exe
a=3.1
b=3*3+1.1=10.1
--------------------
函数中: 10.71
a=3.1
b=(int)(3.1*3.1+1.1)=10
--------------------
Process exited after 0.03973 seconds with return value 0
请按任意键继续. . . .
```

图 6-12   例 6.15 的程序运行结果

分析程序可以看到，第 2 行，函数 fun1 定义的参数为整型，调用时虽然使用 3.1 但必须先转换为整型 3，然后传递给函数 fun1，因此函数得到的实参是 3 而不是 3.1，函数的返回值结果为 10.1。对于函数 fun2，定义的返回值类型为整型，虽然其中 return 语句中表达式的值是双精度类型，也必须先转换为整型再返回给调用函数。因此第 8 行 b 的值是 10.71，但必须转换为整型 10 然后返回，所以调用函数得到的返回值是 10。

2. 主函数的参数

C 语言的 main 函数一般是不带参数的，因此 main 后的括号是空的，或者是 void。

```
01    int main(void)
02    { return 0;                //返回给操作系统,0表示程序正常结束
03    }
```

或者

```
01    main()
02    {
03    }                          //最后没有 return 语句
```

实际上,main 函数是可以带参数的,这个参数可以认为是 main 函数的形式参数。C 语言规定 main 函数的参数只能有两个,习惯上将这两个参数写为 argc 和 argv,根据英文猜测,含义是调用时的参数个数(arguments count)、参数值(arguments value)。这实际是一种命令行向程序输入参数的方式。此时,main 函数的函数头写为:

```
01    main(int argc,char * argv[])
02    {
03                               //编程中就可使用这两个参数了
04    }
```

第 1 个形参 argc 是整型变量,表示 main 函数运行时通过命令行得到的字符串个数;第 2 个形参 argv 是一个字符指针数组,每个数组元素指向一个字符串。这两个参数可以在 main 函数的函数体中编程使用,从而在运行该程序的可执行程序时使用参数。

由于 main 函数不能被其他函数调用,因此不可能在程序内部取得实际值。main 函数的参数值是从操作系统命令行上获得的。当我们要运行一个可执行文件时,在 DOS 提示符下键入文件名,再输入实际参数,即可把这些实参传送到 main 的形参中去。argc 的值实际比命令行输入的参数大 1,它将文件名也作为一个参数。

例 6.16　带参数的主函数举例,文件 myprog.c 的源代码如下。

```
01    #include<stdio.h>
02    main(int argc,char * argv[])
03    { int i;
04      printf("\n参数个数: %d",argc);
05      for(i=0;i<argc;i++)
06          printf("\n第%d个实参为: %s",i+1,argv[i]);
07    }
```

直接编译运行,将显示:

参数个数: 1;

第 1 个实参为: 路径\myprog.exe。

在 Windows 下,执行运行: cmd,切换到 DOS 命令,cd 到该路径下,输入:

myprog me 213 China

运行该程序,结果如图 6-13 所示。

最后一行表示程序已运行结束,返回到了操作系统。

这一功能使程序可以增加带参数运行功能:在命令行下运行程序,同时输入 0 或多个参数。

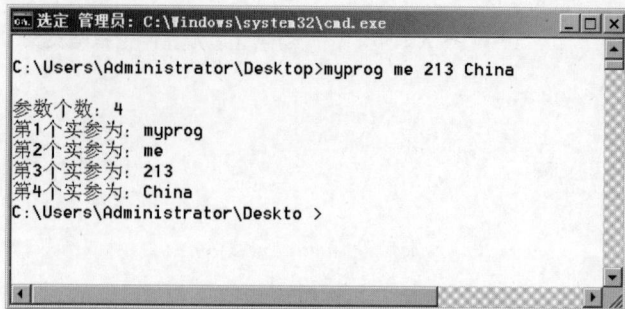

图 6-13　例 6.16 的程序带参数运行结果

习　题　6

一、问答题

1. 什么是函数定义、函数调用、函数原型？需要注意哪些问题？
2. main()函数在 C 程序中的作用是什么？在程序代码中的具体位置在哪里？
3. 如何理解函数调用时的参数传递与返回值？需要注意什么问题？
4. 如何理解函数封装与程序的健壮性？
5. 比较递归算法和递推算法。
6. 什么是变量的作用域？它与变量的存储类型是什么关系？
7. 试分别说明全局变量和静态局部变量的特点和作用。
8. 何谓模块化程序设计？如何理解模块化设计与结构化编码？
9. #include 是什么命令？有什么作用？

二、选择题

1. 一个 C 语言源程序至少包含一个且只能包含一个（　　）函数。
   A. MAIN()　　　　　B. main()　　　　　C. open()　　　　　D. close()
2. 一个 C 语言源程序一般包含许多函数，其中 main()函数的位置（　　）。
   A. 必须在最开始
   B. 必须在最后
   C. 既可以在最开始也可以在最后
   D. 可以任意
3. 对于 C 语言程序的函数，下列叙述中正确的是（　　）。
   A. 函数的定义不能嵌套，但函数的调用可以嵌套
   B. 函数的定义和调用均不能嵌套
   C. 函数的定义可以嵌套，但函数的调用不能嵌套
   D. 函数的定义和调用可以嵌套
4. 函数声明中不包括下面（　　）。

A. 函数类型　　　　　　　　　　　　B. 函数名

C. 函数参数的类型和参数名　　　　　D. 函数体

5. 以下不正确的说法是(　　)。

A. 在不同函数中可以使用相同名字的变量

B. 形式参数是局部变量

C. 在函数内定义的变量只在本函数范围内有效

D. 在函数内的复合语句中定义的变量在本函数范围内有效

6. 当一个函数无返回值时,函数的类型应定义为(　　)。

A. int　　　　　　B. void　　　　　　C. 无　　　　　　D. 任意

7. 在 C 语言中函数返回值的类型是(　　)。

A. 由调用该函数时系统临时决定的

B. 由 return 语句中的表达式类型决定的

C. 由定义该函数时所指定的函数类型决定的

D. 由调用该函数时的主调函数类型决定的

8. 下列叙述中,错误的是(　　)。

A. 一个函数中可以有多条 return 语句

B. 函数调用执行到 return 语句即意味着函数调用结束

C. 函数调用必须在一条独立的语句中完成

D. 函数通过 return 语句返回其函数值

9. 在函数中未指定存储类型的变量,其隐含存储类型为(　　)。

A. 静态(static)　　　　　　　　　　B. 自动(auto)

C. 外部(extern)　　　　　　　　　　D. 寄存器(register)

三、填空题

1. 一个函数由_____和_____两部分组成。

2. 函数体一般包括_____和_____。

3. C 语言程序的执行是从_____函数开始,在_____函数中结束。

4. 一个 C 语言源程序一般包含许多函数,其中_____函数是程序执行的入口,但在整个程序中,它不是必须定义在所有的函数之前。

5. 在程序中调用其他函数的函数称为_____函数,被其他函数调用的函数称为_____函数。

6. 从变量存在的时间(即生存期)角度来分,可以分为_____存储方式和_____存储方式。

四、改错题

下面 add 函数的功能是求两个参数的和,并将值返回调用函数。改正其中的错误。

```
01    void add(float a,float b)
02    { float c;
03      c=a+b;
```

```
04          return c;
05      }
```

五、程序填空题

1. 以下程序中的 isLeap() 是判断闰年的函数,闰年的条件是以下二者之一:

(1) 能被 4 整除,但不能被 100 整除;

(2) 能被 400 整除。

请补充使程序完整。

```
01      #include<stdio.h>
02      isLeap(int year)
03      { return(          );              //请补充
04      }
05      main()
06      { int year;
07                        ;                //请补充
08        printf("Please input year: ");
09        scanf("%d",&year);
10        if(              )                //请补充
11            printf("%d is a leap year.\n",year);
12        else
13            printf("%d is not a leap year.\n",year);
14      }
```

2. 已有函数 pow,现要求取消变量 i 后 pow 函数的功能不变。请在程序中填空。

修改前的 pow 函数:

```
01      double pow(int x,int y)
02      { int i,j=1;
03        for(i=1;i<=y;++i)
04            j=j*x;
05        return (j);
06      }
```

修改后的 pow 函数:

```
01      double pow(int x,int y)
02      { int j;
03        for(        ;        ;        )        //请补充
04            j=j*x;
05        return (j);
06      }
```

六、分析题

1. 分析下面程序的运行结果。

```
01      #include<stdio.h>
02      void fun(int i,int j)
03      { int x=7;
04        printf("i=%d,j=%d,x=%d\n",i,j,x);
```

```
05    }
06    main()
07    { int i=2,x=5,j=7;
08      fun(j,6);
09      printf("i=%d,j=%d,x=%d\n",i,j,x);
10    }
```

2. 分析下面程序的运行结果。

```
01    #include<stdio.h>
02    void myswap(int a, int b) { int t; if(a>b) t=a, a=b, b=t; }
03    main()
04    { int x=15,y=12,z=20;
05      if(x>y) myswap(x,y);
06      if(x>z) myswap(x,z);
07      if(y>z) myswap(y,z);
08      printf("%d,%d,%d",x,y,z);        //分析程序的输出
09    }
```

3. 分析下面程序的运行输出结果。

```
01    #include<stdio.h>
02    int func(int a,int b)
03    { static int m=0,i=2;
04      i+=m+1;
05      m=i+a+b;
06      return(m);
07    }
08    main()
09    { int k=4,m=1,p;
10      p=func(k,m);
11      printf("%d",p);
12      p=func(k,m);
13      printf("%d",p);
14    }
```

七、编程题

1. 编写两个函数,分别求两个整数的最大公约数和最小公倍数,并在主函数中调用验证这两个函数。

2. 编写求圆的周长和面积的函数,并在主函数中调用验证这两个函数。

3. 编程计算一个空心圆柱体的体积。

4. 编写判断是否素数的函数,然后调用该函数打印输出 $100\sim200$ 的全部素数。

5. 编写一个函数 intcat(),它的功能是:将两个正整数简单连接成一个新的整数,例如将 123 和 5678 简单连接后的数是 1235678。

6. 编写一个判断回文数的函数 symm(),然后调用该函数输出 $11\sim999$ 满足如下条件的数 m:m、m^2 和 m^3 均为回文数。所谓"回文数"是指其各位数字左右对称的整数,例如 11、121、676、25 852 等。

7. 编写递归函数 getPower(int x,int y),计算 x 的 y 次幂。

8. 编写一个反转函数 reverse(),它的功能是:将一个整数按其数码排列的逆序组成一个新的整数,例如将−123 转换成−321。

9. 用下面的公式求 e^x 的近似值,要求误差小于 10^{-6}。

$$e^x = 1 + \frac{x}{1!} + \frac{x^2}{2!} + \frac{x^3}{3!} + \cdots + \frac{x^n}{n!} + \cdots$$

10. 求斐波那契数列。这是一个有趣的古典数学问题:有一对兔子,从出生后第 3 个月起每个月都生一对兔子。小兔子长到第 3 个月后每个月又生一对兔子。假如所有兔子都不死,问每个月的兔子总对数为多少?

根据以上描述可以得出斐波那契数列的特点:数列的第 1、2 项为 1、1,从第 3 项开始,每一项都是其前面两项之和,即

$F(1) = 1,$ $F(0) = 0,$

$F(2) = 1,$ 或 $F(1) = 1,$

$F(n) = F(n-1) + F(n-2), \quad n \geqslant 3$ $F(n) = F(n-1) + F(n-2), \quad n \geqslant 2$

请分别用递推法和递归法计算并输出斐波那契数列的前 n 项,并在递归法实现的程序中,通过全局变量统计出计算斐波那契数列每一项时所需的递归调用次数。

(由于递归算法的效率问题,用递归算法实现的程序,所求斐波那契数列的项数不宜太大,否则求解速度会非常缓慢。另外还需注意的是:本题使用递归算法求解时,其递归终止条件有两个。)

11. 中国有句俗话叫"三天打鱼两天晒网"。某人从 2000 年 1 月 1 日起开始"三天打鱼两天晒网",问这个人在以后的某一天是"打鱼"还是"晒网"。

12. 编写完成本章开头的"日历打印"程序。

第7章

数　组

第7章

思考题

关于批量输入学生成绩数据并进行统计分析的问题：

如果要从键盘输入 100 个学生的成绩数据，然后统计计算出他们的平均成绩、最高分、最低分、高于平均分的人数，查找任意一个学生的成绩数据，按高分到低分的顺序输出成绩数据，……。该如何处理？

同样的一组数据，可以有很多不同的应用需求和处理方式，而合理的数据组织方式，会更有利于数据的各种应用需求。

试想，若分别定义 100 个独立的变量来存放这 100 个学生数据，例如：

```
double score1, score2,score3,score4,score5,…;
```

且不论后续数据处理的复杂性，仅程序开头的定义语句，其代码就很冗长且极易出错。

对于这种同类型批量数据的组织方式，可以使用数组。

数组是指具有内在联系的一组相同类型变量的有序集合，它用一个统一的数组名标识这一组变量，用序号说明每个变量在数组中的相对位置。数组中的每个变量就称为数组元素，表明数组元素在数组中相对位置的序号就称为元素的下标。

例如，要存放 100 个学生的成绩数据，可以定义数组名为 score 的整型数组，元素个数是 100，score 就是数组名。

```
int score[100];
```

这样定义了一个连续的 100 个整型变量的空间。然后在后续的程序中，就可以用"数组名＋下标"的方式分别代表每个学生的成绩，如 score[0]、score[1]、score[2]等方括号表示下标的方式来表示数组 score 中的每个数组元素，每个元素都是一个整型变量。这样就不再需要在程序中定义大量的变量，使代码简洁清晰、不易出错。更重要的是，使用数组，将更有利于各种应用需求的数据处理，提高编程和算法的效率。

像数列、矩阵、二维数据表、多维数据表等，只要是同类型的批量数据，也都可以通过数组的数据组织方式，实现对相关问题的有效处理。

本章主要介绍数组的有关概念与应用、常用的排序与查找算法等内容。

7.1　数组的定义与初始化

7.1.1　数组的定义

定义数组的一般格式：

类型标识符 数组名[整常量表达式 1][整常量表达式 2]…[整常量表达式 n]；

例如：

```
01    int a[8];              //定义一维整型数组,它有 8 个元素
02    float b[2][3];         //定义二维浮点型数组,它有 2×3 个元素
03    double d[NUM+5];       //假设已定义符号常量 NUM 而且值为 3,
04                           //则此数组有 8 个 double 型的元素
```

说明：

(1)"类型标识符"说明了数组的数据类型,即数组中每个元素的数据类型。

(2)"数组名"后面的"[整常量表达式 1][整常量表达式 2]…"用于确定数组的维数和每一维的长度,从而确定数组元素的个数,即数组的长度。若只有一个[整常量表达式],则表示它是一个一维数组;若有两个[整常量表达式],则表示它是一个二维数组;超过二维的数组称为多维数组。

常用的是一维数组和二维数组。

一维数组可以理解为仅有一行或一列变量组成的变量集合。例如,上面定义的 a 数组,它的 8 个元素的逻辑结构如图 7-1 所示,存储结构如图 7-2 所示,其中元素下标的序号从 0 开始,即各数组元素为 a[0]、a[1]、a[7]。

a[0]	a[1]	a[2]	a[3]	a[4]	a[5]	a[6]	a[7]

图 7-1　一维数组逻辑结构示意图

二维数组可以理解为由若干行和若干列变量组成的一个二维表,二维表的每一个单元对应一个元素。例如,上面定义的 b 数组,可以理解为由 2 行 3 列共 6 个元素组成的数据集合,其逻辑结构如图 7-3 所示。存储仍然是一维结构,先存储第一行元素,然后存储第二行元素,以此类推,如图 7-4 所示。

二维数组的元素下标序号也是从 0 开始,第一维的下标对应行号,第二维的下标对应列号。

(3)C 语言不允许对数组的大小作动态定义,即定义数组长度的必须是整型常量或整型常量表达式,而不能是变量。

(4)一个数组的所有数组元素按下标递增的顺序在内存中占用一片连续的存储单元,数组名代表了这片连续存储单元的起始地址。多维数组先存储第一维起始下标的所有元素。

地址	数据
1E4A0A00	a[0]
1E4A0A04	a[1]
1E4A0A08	a[2]
1E4A0A0C	a[3]
1E4A0A10	a[4]
1E4A0A14	a[5]
1E4A0A18	a[6]
1E4A0A1C	a[7]

图 7-2　一维数组存储示意图

地址	数据
1E4A0A20	b[0][0]
1E4A0A24	b[0][1]
1E4A0A28	b[0][2]
1E4A0A2C	b[1][0]
1E4A0A30	b[1][1]
1E4A0A34	b[1][2]

b[0][0]	b[0][1]	b[0][2]
b[1][0]	b[1][1]	b[1][2]

图 7-3　二维数组逻辑结构示意图　　　　图 7-4　二维数组存储示意图

对于二维数组,下标递增的顺序是按行优先的顺序,即首先确定第 0 行的各个元素,然后是第 1 行的各个元素,以此类推。

(5) 数组不是一种新的数据类型,而是已有类型的同一类型变量的集合,是一种组合数据类型,也称为构造类型或导出类型。

7.1.2　数组的初始化

数组的初始化是指在定义数组的同时对每个数组元素赋初值,它是借助于"="和"{}"实现的。

(1) 按维对全部数组元素赋初值。如:

```
01    int a[6]={0,1,2,3};          //给 a 数组的 4 个元素分别赋初值 0,1,2,3
02    int b[3][4]={{1,2,3,4},{5,6,7,8},{9,10,11,12}};
```

这里给 b 数组初始化的方法比较直观:把第 1 个花括号内的数据赋给第 1 行的元素,第 2 个花括号内的数据赋给第 2 行的元素,以此类推。

(2) 对二维及多维数组元素赋初值时,可以将所有数据写在一个花括号内,按数组元素排列的顺序对全部元素赋初值。如:

```
int b[3][4]={1,2,3,4,5,6,7,8,9,10,11,12};
```

这里给 b 数组初始化的效果与(1)中相同。显然,这种方法的直观性不好,在数据多的时候,容易遗漏,也不易检查。

(3) 对各维数组的前面连续的若干元素赋初值,其余的元素系统自动赋 0 值。如:

```
int a[3][4]={{1},{0,6},{0,0,11}};
```

初始化后的数组元素值如图 7-5 所示,其中斜体加粗的元素是显式初始化的元素,其他元素自动初始化为 0。

1	0	0	0
0	*6*	0	0
0	*0*	*11*	0

图 7-5　二维数组初始化后各元素的值

显然，如果要将数组中的全部元素初始化为 0，只需要给最开始的元素赋初值为 0 即可，如：

```
int a[3][4]={0};           //将数组中的全部元素初始化为 0
```

但如果要将数组中的全部元素初始化为同一个非 0 值，则此法行不通。例如，在定义数组 a[5]的同时要给每个元素赋初值 1，可以写成：

```
int a[5]={1, 1, 1, 1, 1};  //正确
```

而不能写成：

```
int a[5]={1};              //效果将是各元素分别为：1、0、0、0、0
int b[5]={1 * 5};          //效果将是各元素分别为：5、0、0、0、0
```

后面的写法在语法上没有问题，但结果是不一样的。为什么？请读者给出答案。

（4）对一维数组的全部元素赋初值时，可以不指定数组长度。如：

```
int a[]={1,2,3,4,5};       //数组长度为 5
```

（5）对二维及多维数组元素赋初值时，其第一维的长度可以不指定，但其他各维的长度不能省，以便编译系统可根据初始化的要求，确定总长度，分配存储空间。如：

```
int a[][3]={1,2,3,4};      //等价于 int a[2][3]={{1,2,3},{4}};
int b[][3]={{0,3},{5}};    //等价于 int b[2][3]={{0,3},{5}};
```

需要注意的是，以上通过"＝"和"{ }"对数组进行初始化的方法，不能用于定义数组后的赋值操作中。定义数组后的赋值，必须按后面介绍的数组的使用方法来进行。也就是说，只有在初始化时可以一次给全体数组元素初始化，而在赋值时只能给某一个数组元素赋值。

7.2　数组的引用

引用数组元素的一般格式为：

数组名[下标 1][下标 2]…[下标 n]

其中，下标可以是整型量的常量、变量或表达式，下标的序号从 0 开始。其作用相当于一个变量。

例如，若有定义 int a[3][4]＝{{1,2,3,4},{5,6,7,8},{9,10,11,12}}；则 a[1][3]元素的值为 8。

说明：

（1）C 语言中必须通过元素下标或指针等方式逐个使用数组元素，而不能通过数组名一次性地使用整个数组。例如程序段：

```
01    int a[5]={1,2,3,4,5};    //正确,初始化
02    int b[5];
03    b=a;                     //错误,不能一次访问整个数组
04    b={2,4,6,8,10};          //错误,不能对整个数组元素一次性赋值
```

以上第三条赋值语句,企图通过数组名直接将 a 数组全部元素的值赋给 b 数组,这是不允许的,无法通过编译,其原因是无法一次性读或写整个数组元素,数组名是一个指针常量,不允许被重新赋值。对此我们将在第 8 章中详细介绍。

(2) 注意区别数组定义的格式与数组元素的使用格式。

① 定义数组长度时,必须用"整型常量表达式"说明数组的维数和每一维的长度,而引用数组元素时,下标可以是整型常量、变量或表达式。

② 元素下标的序号从 0 开始,因此下标引用的最大序号要比定义数组时的"整型常量表达式"的值小 1。要防止越界引用下标值的问题,例如:

若有定义 int a[10];则数组中的 10 个元素是:a[0]~a[9],而不要引用 a[10]。

在 C 语言中,如果越界引用了数组下标,编译器并不指出错误,程序仍然可以运行,但程序的运行结果将会难以预料,甚至会产生非常严重的后果。

③ 定义数组时,可以同时对其元素进行初始化。但在定义数组以后,不允许类似数组初始化方式的赋值操作。例如:

```
01    int a[5]={1};              //给数组的 a[0]元素显式初始化为 1,其他元素为 0
02    int b[5];                  //定义数组 b
03    b[5]={1,2,3,4,5};          //错误,不能对全部数组元素一次性赋值
```

(3) 循环语句与数组的关系非常密切,因为将数组元素的下标和循环语句的控制变量结合起来,就可以方便地访问数组中的所有元素。

例 7.1 从键盘输入 10 个整数给一个一维整型数组,然后找出它们中的最大数,并计算全部数组元素的和。

程序:

```
01    #include<stdio.h>
02    main()
03    { int i,max,sum=0,a[10];
04      printf("请输入 10 个整数: \n");
05      for(i=0;i<=9;i++)
06          scanf("%d",&a[i]);          //从键盘输入 10 个数,分别给数组的每个元素
07      max=a[0];                        //先假定第一个元素值最大
08      for(i=1;i<=9;i++)
09          if(a[i]>max)
10              max=a[i];                //比较每个元素,将较大的值放入 max 中
11      for(i=0;i<=9;i++)
12          sum+=a[i];                   //数组求和
13      printf("max=%d\n",max);
14      printf("sum=%d\n",sum);
15    }
```

程序的运行结果:

1 3 5 7 9 10 8 6 4 2↙
max=10
sum=55

说明:上述程序中,后面的两个 for 循环可以合并为一个。

例 7.2 有一个 3×4 的矩阵,找出其中值最大的那个元素的值及其所在的行号和列号。

分析:与例 7.1 中一维数组求最大值的方法类似,区别在于需要利用二重循环遍历所有元素。先假定第一个元素值最大,并保存其下标(行号和列号);然后利用二重循环逐一与每个元素比较,一旦找到更大值的元素,即把该元素值替换进最大值变量中,并同时替换相应的行号和列号。

程序:

```
01    #include<stdio.h>
02    main()
03    { int i,j,row,column,max;
04      int a[3][4]={{5,12,23,56},{19,28,37,46},{-12,-34,6,8}};
05      max=a[0][0],row=0,column=0;              //假定第一个元素值最大,记下行号和列号
06      for(i=0;i<3;i++)                         //遍历每一行
07      {  for(j=0;j<4;j++)                      //遍历每一列
08         {  if(a[i][j]>max)                    //如果某元素值大于 max,则修改
09            {  max=a[i][j];                    //max 将取该元素的值
10               row=i;                          //记下该元素的行号 i
11               column=j;                       //记下该元素的列号 j
12            }
13         }
14      }
15      printf("max=%d, row=%d, column=%d\n",max,row,column);
16    }
```

程序的运行结果:

```
max=56, row=0, column=3
```

例 7.3 数组下标越界引用的错误示例。

程序:

```
01    #include<stdio.h>
02    main()
03    { int a=1,c=2,i,b[5];
04      printf("a=%d, c=%d\n",a,c);
05      printf("b[]: ");
06      for(i=0;i<=8;i++)                        //使数组 b 的下标越界引用
07      {  b[i]=i;
08         printf("%d ",b[i]);
09      }
10      printf("\n");
11      printf("a=%d, c=%d, i=%d\n",a,c,i);
12    }
```

程序的运行结果:

```
a=1, c=2
b[]: 0 1 2 3 4 5 6 7 8
a=6, c=5, i=9
```

以上程序中,数组 b 的合法空间是 5 个元素,变量 a 和 c 本来的值分别是 1 和 2。但在循环语句执行后,因数组 b 下标的越界引用,而越界引用的 b[5]、b[6] 和 b[7] 的内存空间分别与变量 a、c 和 i 的内存空间重叠,导致变量 a 和 c 的数据被悄悄破坏了,a 和 c 的值变成 6 和 5,如图 7-6 所示。

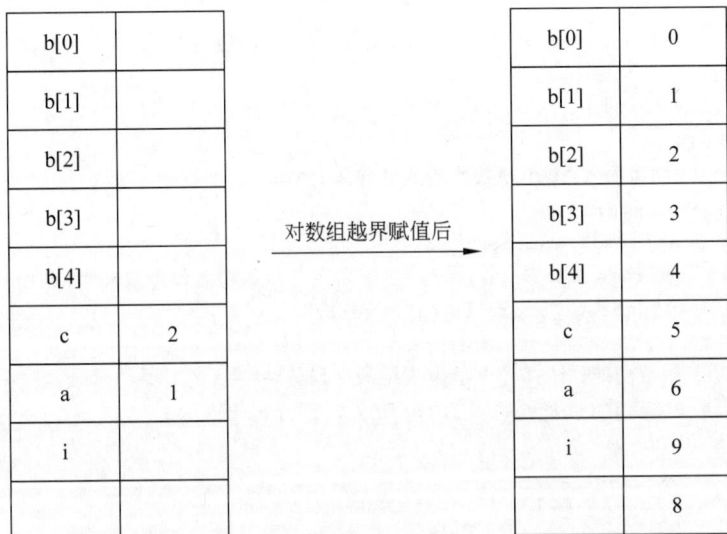

b[0]	
b[1]	
b[2]	
b[3]	
b[4]	
c	2
a	1
i	

对数组越界赋值后 →

b[0]	0
b[1]	1
b[2]	2
b[3]	3
b[4]	4
c	5
a	6
i	9
	8

图 7-6 例 7.3 程序对数组越界访问后内存中数据的变化情况

另外,上述程序执行后,变量 i 的值变成 9 而不是 7,为什么? 请读者思考。

7.3 数组作函数参数

类似学生成绩数据表的建立及计算平均分、最高分等数据的统计分析,都是一些通用的数据处理的操作,应该写出相应功能的函数。那么,这些函数的处理对象就是数组,即函数的形参有数组。

假设存放学生成绩数据的一维数组是 score[],若要定义一个计算所有学生成绩的平均分函数,是否将函数首部设计为 double average(int score[]) 就可以了呢?

我们知道,在函数调用之前,函数的形参只是函数将要处理的数据对象的标识,形参的具体值是在调用时才由实参单向传递过来。同样地,若数组作函数形参,实际要处理的数组也是要在函数调用时,由实参单向传递给形参,但它需要传递的是代表数组的实参数组名,而不应是有下标的数组元素。数组名代表的是数组这片连续存储单元的起始地址,也就是说,当数组作函数参数时,由实参(数组名)单向传递给形参的只是实参数组的起始地址。那么,实参数组究竟有多少个元素,还需要一个普通变量作函数形参来接收传递元素个数的信息。

因此,这个计算学生成绩平均分的函数首部应该设计为 double average(int score[],int n),其中的形参变量 n 用以说明数组元素的个数。

例 7.4 写一个计算 n 个学生成绩平均分的函数 double average(int score[],int n),然

后在 main(void)函数中先从键盘输入 10 个学生的成绩数据,存放在一个一维数组中,再调用 average()函数计算出所有学生成绩的平均分。

程序:

```
01    #include<stdio.h>
02    #define N 10
03    double average(int score[], int n);        //函数声明
04    main()
05    { int score[N],i;
06      double aver;
07      printf("请输入 10 个整数作为成绩输入: ");
08      for(i=0;i<N;i++)
09          scanf("%d",&score[i]);
10      aver=average(score,N);                    //数组名作函数实参,调用函数 average()
11      printf("Average score is %g",aver);
12    }
13    //*---函数功能:计算 n 个学生成绩的平均分 --- */
14    double average(int score[],int n)
15    { int i,sum=0;
16      for(i=0;i<n;i++)
17          sum+=score[i];
18      return 1.0*sum/n;
19    }
```

程序运行结果:

Input score: 90 80 70 60 50 100 94 83 72 66 ↙
Average score is 76.5

关于数组名作函数参数的进一步说明:

(1) 用数组名作函数参数与用普通变量作函数参数,它们有共性,但更应注意它们的差异。

① 它们的共性在于:无论是数组名作函数参数,还是普通变量作函数参数,"实参→形参"单向传"值"的"单向"特性是相同的。

② 它们的差异在于:"实参→形参"单向所传递的"值",其数据性质(类型)是完全不同的,从而造成数据处理的效果有很大的差异。

用普通变量作函数参数时,函数调用先将实参变量的值复制后传递给形参变量,实参变量和形参变量在内存中占有不同的存储单元。在之后的被调函数的处理过程中,无论形参的值如何改变,对实参都没有影响。被调函数对主调函数的影响仅限于一个函数返回值。

用数组名作函数参数时,虽然函数调用也是先将实参变量的"值"复制后传递给形参变量,但这时的实参和形参其"值"的性质与普通变量完全不同。数组名代表了数组这片连续存储单元的起始地址,实参数组传递的是数组的起始地址,而不是把实参数组全部元素的值复制后传递给形参数组。在函数调用开始并未真正建立一个形参数组,而只是将实参数组在内存中的起始地址传递给形参,实参数组和形参数组其实是同一片存储单元。在函数调用过程中,对形参数组元素的操作其实就是对实参数组元素的操作,改变形参数组元素的值

也就是改变实参数组元素的值。被调函数对主调函数的影响不只是一个函数返回值,还影响了所有的实参数组元素。

通常将普通变量作函数参数的"实参→形参"传递方式称为"按值调用"方式,数组作函数参数的"实参→形参"传递方式称为"按地址调用"方式。

(2) 在定义函数时,若形参是一个一维数组,如同例 7.4 中所定义的,我们只是用 score[] 这样的形式表示 score 是一个一维数组,用 score 接收实参传来的地址,而不是说要在调用函数时建立形参数组的存储空间。因此作为形参的 score[],其中方括号内的数值并无实际作用,编译系统对方括号内的内容不予处理。如下面几种函数首部的写法都合法,作用相同。

```
01    double average1(int score[10],int n)
02    double average2(int score[20],int n)
03    double average3(int score[],int n)
```

但如果形参是一个二维数组,则在函数首部的形参数组声明中,必须指定第二维的大小,且必须与实参的第二维的大小相同,因为编译系统需要这个第二维大小的数据才能进行二维数组"行、列"的逻辑分解。而形参数组第一维的大小可以指定,也可以不指定,因为编译系统对此也不予处理;也正因此,若形参是一个二维数组,一般也需要一个普通变量作形参来说明第一维的大小。例如:

```
01    int max1(int array[2][10],int n)        //形参二维数组,n 表示一维长度
02    int max2(int array[][10],int n)         //形参二维数组,第一维大小可省略
```

二者都合法而且等价。

显然,若用二维数组作函数参数,该函数只能处理那些第二维大小固定为某个值的二维数组的问题,函数的通用性受到限制,更好的解决方法将在第 8 章"指针"中介绍。其实,形参数组本质上是一个指针变量,实参数组传递的则是一个指针常量。对数组名作函数参数,我们将在第 8 章"指针"更进一步地介绍。

例 7.5 写一个相对独立通用的函数来处理例 7.2 的矩阵问题。具体地说:针对一个有若干行、4 列的矩阵,写一个统计函数 max_value(),找出矩阵中值最大的那个元素的值及其所在的行号和列号。然后在 main(void)函数中,先建立一个 3×4 的整数矩阵,再调用 max_value()函数找出其中值最大的那个元素的值及其所在的行号和列号。

分析:max_value()函数要处理的是一个二维整数数组,因此可以设计该函数的首部为 int max_value(int array[][N],int n),其中 N 是一个符号常量,形参变量 n 则用于说明二维数组第一维的长度(即行数)。使用符号常量可以提高该函数的通用性,对于本题而言 N 应该取 4。

函数的返回值只能有 1 个,而本题要求函数处理的结果有 3 个:最大值及所对应的行号和列号。若函数的返回值用于返回最大值,那么如何将对应的行号和列号返回给主调函数?只能另想办法。暂且可以通过全局变量解决这个问题,更好的解决方法将在第 8 章"指针"中介绍。

算法思路则与例 7.2 相同,不再赘述。

通过以上分析,可以写出如下代码:

```
01    #include<stdio.h>
02    #define N 4
03    int row,column;                          //定义全局变量,默认初值为 0
04    int max_value(int array[][N],int n);     //函数声明
05    main()
06    { int max;
07      int a[3][4]={{5,12,23,56},{19,28,37,46},{-12,-34,6,8}};
08      max=max_value(a,3);                    //函数调用,二维数组名作函数实参
09      printf("max=%d, row=%d, column=%d\n",max,row,column);
10    }
11    int max_value(int array[][N],int n)      //函数定义
12    { int i,j,max;
13      max=array[0][0],row=0,column=0;        //先假定第一个元素值最大
14                                             //用全局变量记下其行号、列号
15      for(i=0;i<n;i++)                       //遍历每一行
16          for(j=0;j<N;j++)                   //遍历每一列
17              if(array[i][j]>max)            //如果某元素值大于 max
18              {   max=array[i][j];           //max 将取该元素的值
19                  row=i;                     //更新行号为 i
20                  column=j;                  //更新列号为 j
21              }
22      return max;
23    }
```

例 7.6 输出如下所示的杨辉三角形。

```
                    1
                    1   1
                    1   2    1
                    1   3    3    1
                    1   4    6    4    1
                    1   5   10   10    5    1
                    ⋮   ⋮    ⋮    ⋮    ⋮    ⋮    ⋮
```

分析:杨辉三角形的各行数据有以下规律:

(1) 第 1 行有 1 个数,第 n 行有 n 个数。可以用一个 n＊n 的二维整型数组 a[n][n]存放杨辉三角形各行的数据。

(2) 各行的第 1 个数和最后 1 个数都是 1,即第 0 列元素和对角线元素的值为 1(注意元素的下标从 0 开始)。

(3) 从第 3 行起,除了第 1 个数和最后 1 个数外,其余各数都是上一行的同列及左边一列两数之和,即 a[i][j]＝a[i−1][j]＋a[i−1][j−1],其中 i 为行号,j 为列号。

可以按照上述思路,先写一个建立杨辉三角形数组的函数 yanghui(),然后再写一个输出杨辉三角形的函数 printYH()。显然,这两个函数的形参是一个行数与列数相同的二维数组。由于行数与列数相同,因此也就不必再用一个普通变量作形参来说明二维数组第一维的长度了。

通过以上分析,可以写出如下的程序代码:

```
01      #include<stdio.h>
02      #define N 10                          //处理 10 行杨辉三角形
03      void yanghui(int a[N][N]);            //函数声明
04      void printYH(int a[N][N]);            //函数声明
05      main()
06      { int a[N][N];
07        yanghui(a);                         //函数调用,建立杨辉三角形数组
08        printYH(a);                         //函数调用,输出杨辉三角形
09      }
10      //建立杨辉三角形数组
11      void yanghui(int a[N][N])
12      { int i,j;                            //i 是行号,j 是列号
13        for(i=0;i<N;i++)
14        {   a[i][0]=1;                      //使第 0 列的元素值为 1
15            a[i][i]=1;                      //使对角线的元素值为 1
16        }
17        for(i=2;i<N;i++)                    //给第 0 列以外对角线以下的元素赋值
18            for(j=1;j<=i-1;j++)
19                a[i][j]=a[i-1][j]+a[i-1];[j-1];
20      }
21      //输出杨辉三角形
22      void printYH(int a[N][N])
23      { int i,j;                            //i 是行号,j 是列号
24        for(i=0;i<N;i++)
25        {   for(j=0;j<=i;j++)
26                printf("%d\t",a[i][j]);
27            printf("\n");
28        }
29      }
```

说明：程序中建立杨辉三角形数组的函数 yanghui(),它没有给对角线以上的元素赋值,这些元素的值是随机的,在杨辉三角形数组中它们是没有意义的。

7.4　排　序　问　题

解决排序问题是使用数组的最典型应用之一。排序的算法很多,这里介绍 3 种基本的算法:交换排序法、选择排序法和冒泡排序法。

7.4.1　交换排序法

以升序排序为例,用一维数组存储数据,交换排序法的算法思想就是:设第一个元素值最小,依次与后续元素比较,如果大于某元素的值,则交换两元素的值,一轮下来,第一个元素值最小;然后设第二个元素值为次小,同样与其后各元素进行"比较/大于则交换"的操作;以此类推,直至剩下最后一个元素值最大在最后。

例 7.7 用交换排序法对一维整型数组排序。

假设 a 数组有 5 个元素：3,9,4,6,1。下面以 a 数组为例说明交换排序法。

N 个元素的数组 a 交换排序法的基本思路是(以升序排序为例)：

第一轮，a[0]依次与后续元素比较，若 a[0]大，则交换数据，一轮比较 N−1 次下来，a[0]中是最小数据；

第二轮，a[1]依次与后续元素比较，若 a[1]大，则交换数据，一轮比较 N−2 次下来，a[1]中是次小数据；

以此类推，每比较、交换一轮，找出未经排序的数中最小的一个，放在本轮的最小下标的元素中。

本例中，数组 a 中各元素值在排序中的变化情况如表 7-1 所示，其中有下画线的数表示本轮进行了交换。交换算法的比较、交换次数是比较多的。本例中一共比较 10 次，交换 6 次。

表 7-1　例 7.7 交换排序中数组 a 中各元素值的变化

a[0]	a[1]	a[2]	a[3]	a[4]	操 作 情 况
3	9	4	6	1	未排序时的初始状况
1	9	4	6	*3*	第一轮：比较 4 次，交换 1 次，a[0]中为最小数 1
1	*3*	*9*	6	*4*	第二轮：比较 3 次，交换 2 次，a[1]中为次小数 3
1	3	*4*	*9*	*6*	第三轮：比较 2 次，交换 2 次，a[2]中为第 3 小数 4
1	3	4	*6*	*9*	第四轮：比较 1 次，交换 1 次，a[3]中为第 4 小数 6,剩下 9

显然，以上的排序操作需要二重循环结构来实现。程序代码如下：

```
01      #include<stdio.h>
02      #define N 5
03      main()
04      { int a[N]={3,9,4,6,1};
05        int i,j,m;
06        for(i=0;i<N-1;i++)              //数组排序,外循环依次找最小数、次小数、……
07            for(j=i+1;j<N;j++)          //内循环与后面的元素比较、交换
08                if(a[i]>a[j])
09                { m=a[i];
10                  a[i]=a[j];
11                  a[j]=m;
12                }
13        printf("The sorted array: ");
14        for(i=0;i<5;i++)               //输出排序后的数组
15            printf("%d ",a[i]);
16      }
```

程序的运行结果：

The sorted array: 1 3 4 6 9

7.4.2　选择排序法

选择排序法也是二重循环来实现排序，与交换法不同的是，外循环的每轮中每次比较后不是直接交换，而是记下最小数的序号，一轮比较结束后，再将第一个元素与最小数序号的元素交换，即选择得到最小数、次小数、……。减少了交换次数。

N 个元素的数组 a 选择排序法的基本思路是（以升序排序为例）：

第一轮，从所有元素中选择最小值的元素放在 a[0] 中；

第二轮，从 a[1] 开始到最后的各元素中选择最小值的元素放在 a[1] 中；

以此类推，每比较一轮，找出未经排序的数中最小的一个，放在本轮的最小下标的元素中。

从以上说明可看出，在每一轮的多次选择比较中，最后才会对其中两个元素进行一次数据交换操作。如表 7-2 所示，其中有下画线的数表示本轮最后进行了交换的那两个元素。选择排序法的比较次数与交换排序法一样，但交换次数减少，本例中交换共 2 次。

表 7-2　例 7.7 选择排序中数组 a 中各元素值的变化

a[0]	a[1]	a[2]	a[3]	a[4]	操 作 情 况
3	9	4	6	1	未排序时的初始状况
1	9	4	6	*3*	第一轮：比较 4 次，交换 1 次，a[0] 中为最小数 1
1	*3*	4	6	*9*	第二轮：比较 3 次，交换 1 次，a[1] 中为次小数 3
1	3	4	6	9	第三轮：比较 2 次，交换 0 次，a[2] 中为第 3 小数 4
1	3	4	6	9	第四轮：比较 1 次，交换 0 次，a[3] 中为第 4 小数 6，剩下 9

排序是一种常用的基本操作，因此应该将排序操作写为独立的排序函数。对一维数组的交换排序函数代码如下，其中函数形参分别为整型数组和代表数组元素个数的整型变量。

```
01    void exchange_sort(int array[],int n)
02    { int i,j,t;
03      for(i=0;i<n-1;i++)
04        for(j=i+1;j<n;j++)
05          if(array[i]>array[j])
06          { t=array[i];
07            array[i]=array[j];
08            array[j]=t;
09          }
10    }
```

选择排序法对一维整型数组排序的函数代码如下：

```
01    void select_sort(int array[],int n)
02    { int i,j,k,t;
03      for(i=0;i<n-1;i++)
04      {   k=i;              //k为本轮最小值元素的下标
05        for(j=i+1;j<n;j++)
```

```
06              if(array[j]<array[k])
07                   k=j;
08         if(k!=i)              //内循环结束后才可能需要一次交换操作
09         {   t=array[k];
10             array[k]=array[i];
11             array[i]=t;
12         }
13     }
14 }
```

7.4.3　冒泡排序法

冒泡排序法可算交换排序法中的一种,它的基本思路是(以升序排序为例):

从前至后两两比较待排序的序列中的相邻两个数,如果不满足顺序要求,就交换这两个数,即较大的数"下沉"、较小的数"上浮"。这样,第一轮比较完毕后,最大的数被"沉底"。然后对剩下的待排序的数继续上述过程,直到全部数据有序为止。

如图 7-7 所示,图(a)描述了对 5 个数的第一轮排序过程,图(b)描述了其第二轮的排序过程。其中,第二轮的第 2 次比较中,没有数据交换的操作。

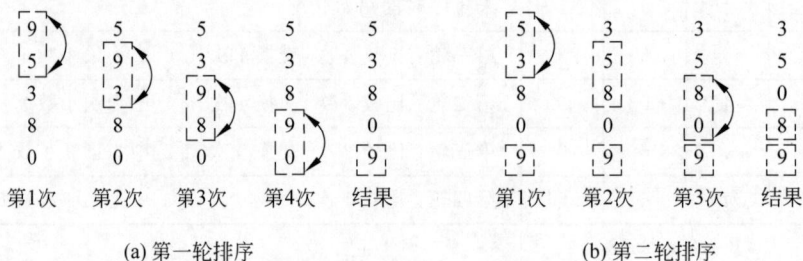

(a) 第一轮排序　　　　　　　　　　(b) 第二轮排序

图 7-7　冒泡排序法示意图

可以推知,如果有 n 个数,则要进行 $n-1$ 轮比较和交换。在第 1 轮中要进行 $n-1$ 次两两比较,在第 i 轮中要进行 $n-i$ 次两两比较。它的每一次比较都可能有数据交换的操作,这与选择排序法不同。

例 7.8　用冒泡排序法对一维随机数排序。

根据以上思路可写出用冒泡排序法对一维整型数组排序的函数。下面是冒泡排序法函数及其测试程序的完整代码。

```
01    #include<stdlib.h>
02    #include<time.h>
03    #include<stdio.h>
04    void bubble(int[],int);            //函数声明
05    main()                             //测试冒泡排序法的主程序
06    { const int N=10;
07      int a[N],i;
08      srand((unsigned)time(0));        //设定随机种子
09      for(i=0;i<N;i++)
```

```
10          a[i]=rand()%100;                    //给数组元素随机赋值
11      printf("The original array: ");
12      for(i=0;i<N;i++)                         //输出原始顺序的数组
13          printf("%d, ",a[i]);
14      printf("\n");
15      bubble(a,N);                             //调用数组排序(函数调用,数组名作实参)
16      printf("The sorted array: ");
17      for(i=0;i<N;i++)                         //输出排序后的数组
18          printf("%d, ",a[i]);
19      printf("\n");
20  }
21  //冒泡排序法函数,函数形参分别为整型数组和代表元素个数的整型变量
22  void bubble(int array[],int n)
23  { int i,j,t;
24      for(i=1;i<n;i++)                         //共进行 n-1 轮比较
25          for(j=0;j<n-i;j++)                   //在每轮中要进行(n-i)次两两比较
26              if(array[j]>array[j+1])          //如果当前元素值大于下一个元素
27              {   t=array[j];
28                  array[j]=array[j+1];
29                  array[j+1]=t;
30              }                                //两个数交换,使大的数下沉、小的数上浮
31  }
```

程序的运行结果如图 7-8 所示。

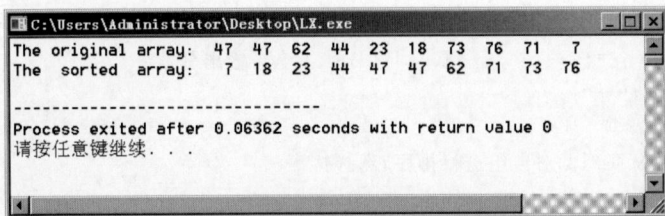

图 7-8　例 7.8 程序运行结果

说明：以上介绍的冒泡排序法可以进一步优化。如果在某一轮的排序过程中没有发生数据交换的操作，则说明数据已有序，不必再继续排序。因此可在程序中增加一个变量来观察是否有数据交换的操作，优化排序算法。具体代码，请读者自己完成。

例 7.9　用一个 $2*n$ 的二维整型数组存放 n 个学生的学号和成绩数据，二维数组的第 0 行存放学号，第 1 行存放成绩数据。先写两个功能函数：①按成绩从高分到低分对该数组进行排序的函数 sortByScore()；②学号和成绩数据的输出函数 printData()。然后在 main(void) 函数中先建立一个有 10 个学生的学号和成绩数据的二维数组，再调用 sortByScore() 和 printData() 函数对该数组进行排序和数据输出。

分析：sortByScore() 和 printData() 函数要处理的是一个二维整型数组，该数组第一维的长度是确定的，因此也就不必再用一个普通变量作形参来说明二维数组第一维的长度。它们都直接对数组进行操作，无需其他的函数返回值，故函数类型可以定义为 void。于是，它们的函数首部可以设计为 void sortByScore(int array[][N]) 和 void printData(int array[][N])。

虽然是对二维数组进行排序,但与前述一维数组排序的算法是一致的,仍然只是依据一行的数据值(成绩数据行)进行排序,但要注意排序过程中要对两行数据同步进行操作。

通过以上分析,可以写出如下代码:

```
01    #include<stdio.h>
02    #define N 10
03    void sortByScore(int array[][N]);        //函数声明
04    void printData(int array[][N]);          //函数声明
05    main()
06    { int num_score[2][N]
07      ={{1001,1002,1003,1004,1005,1006,1007,1008,1009,1010},      //学号
08        {80,67,71,50,79,98,66,85,77,93}};                         //分数
09      printf("The original array:\n");
10      printData(num_score);                  //函数调用(数组名作实参),输出原数组
11      sortByScore(num_score);                //函数调用(数组名作实参),数组排序
12      printf("\nThe sorted array:\n");
13      printData(num_score);                  //函数调用,输出排序后的数组
14    }
15    //输出数组(学号和分数)
16    void printData(int array[][N])
17    { int i;
18      for(i=0;i<N;i++)
19          printf("%d\t",array[0][i]);        //输出学号
20      printf("\n");
21      for(i=0;i<N;i++)
22          printf("%d\t",array[1][i]);        //输出分数
23      printf("\n");
24    }
25    //按分数从高到低对数组进行排序(选择排序法)
26    void sortByScore(int array[][N])
27    { int i,j,k,t;
28      for(i=0;i<N-1;i++)
29      {   k=i;                               //k记录每轮排序时分数最高的元素下标
30          for(j=i+1;j<N;j++)
31              if(array[1][j]>array[1][k])
32                  k=j;
33          if(k!=i)
34          {   t=array[1][k];
35              array[1][k]=array[1][i];
36              array[1][i]=t;                 //分数列的交换
37              t=array[0][k];
38              array[0][k]=array[0][i];
39              array[0][i]=t;                 //学号列要同步交换
40          }
41      }
42    }
```

程序的运行结果如图 7-9 所示。

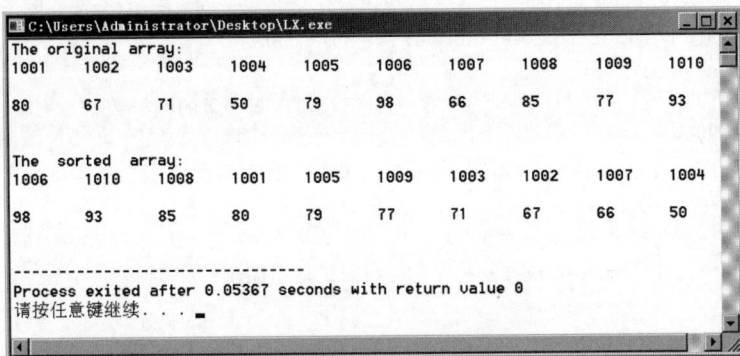

图 7-9　例 7.9 程序的运行结果

7.5　查 找 问 题

在数组中查找需要的数据,是程序设计的基本问题之一,也是数组的一种基本应用。这里介绍两种基本的查找方法:顺序查找法和折半查找法(二分法)。

7.5.1　顺序查找

顺序查找法的思路很简单,即按顺序逐个访问数组元素,并将其与要找的数据比较,直到找到或数组元素全部比较完为止。前面有关遍历数组元素的示例,采取的就是顺序查找法。

下面再看一个顺序查找的有趣问题。

例 7.10　一群猴子要选新猴王。新猴王的选择方法是:让 n 只候选猴子围成一圈,从某位置起顺序编号为 1~n 号。从第 1 号开始报数,凡报到 3 的猴子即退出圈子,接着又从紧邻的下一只猴子开始同样的报数。如此不断循环,最后剩下的一只猴子就选为猴王。请问是原来第几号猴子当选猴王?

分析:该问题面对的是有顺序身份编号的 n 只猴子,可以考虑用一个一维数组说明这 n 只猴子,数组元素的下标对应猴子的身份编号,元素的值说明猴子是否退出圈子的状态。为了便于数组初始化,用 0 值表示猴子没有退出圈子,−1 表示猴子已退出圈子。另外用一个变量 count 模拟报数。

循环过程设计:n 只猴子循环检测,无论其是否退出圈子,直到圈子里只剩下一只猴子。

程序:

```
01    #include<stdio.h>
02    #define N 30+1          //最多猴子数 30
03    #define NUM 3           //退出圈子所报的数
04    main()
05    { int m,n,count=0,i=1;   //i:猴子编号,从第一只开始报数
```

```
06        int monkeys[N]={0};            //初始化全部猴子的状态 0(全部在圈子里)
07        printf("Input monkeys number(<=30): ");
08        scanf("%d",&n);
09        m=n;                           //m 记录还在圈子里的猴子数
10        while(m>1)
11        {   if(monkeys[i]==0)          //0:未退出圈子;-1:已退出圈子
12            {   count++;               //报数
13                if(count==NUM)
14                {   monkeys[i]=-1;     //该猴子退出圈子
15                    m--;
16                    count=0;
17                }
18            }
19            i++;
20            if(i>n)
21                i=1;                   //最后编号的猴子检测结束,重新从第一只猴子开始
22        }
23        for(i=1;i<=n;i++)              //检测猴王
24            if(monkeys[i]==0)
25            {   printf("Monkey King: Number %d",i);
26                break;
27            }
28    }
```

程序的两次运行结果:

① Input monkeys number(<=30): 3 ↙　　② Input monkeys number(<=30): 23 ↙
   Monkey King: Number2　　　　　　　　 Monkey King: Number8

7.5.2　折半查找

　　折半查找也称为对分搜索。使用折半查找法的前提是数据已按一定规律(升序或降序)排列好。折半查找法的基本思路是:在已排好序的数据列中,先检索中间(mid)的一个数据,看它是否为所找数据,如果是,则查找结束;如果不是,则判断要找的数据是在中间(mid)数据的哪一边,下次就在这个范围内依同样的方法继续进行查找。以此类推,直到找到或折半查找比较完为止。

　　如图 7-10 所示,若要在这组升序排列的数组中查找 20 这个数(该数用 key 变量存储),折半查找的过程是:

　　(1)分别用变量 low 和 high 表示数组检索范围下标的下限与上限。先检索数组中间的元素,即检索下标 mid=(low+high)/2 的元素。该元素的值是 12,要找的数 key 比它大,于是下次将在 mid 右边继续查找,即下一次查找范围的下限 low 要调整为 low=mid+1。

　　(2)在新的 low 和 high 范围内继续检索当前范围的中间元素,即检索新的下标 mid=(low+high)/2 的元素。当前这个 mid 下标的元素值是 17,要找的数 key 还是比它大,于是下次将继续在当前 mid 元素的右边进行查找,即下一次查找范围的下限 low 要继续按照 low=mid+1 进行调整。

key　low=0　　　mid=(low+high)/2　high=n−1

| 20 | | 3 | 5 | 9 | 12 | 16 | 17 | 20 | 29 | key>12, low=mid+1 |

low mid　　　high

| 20 | | 3 | 5 | 9 | 12 | 16 | 17 | 20 | 29 | key>17, low=mid+1 |

mid
low high

| 20 | | 3 | 5 | 9 | 12 | 16 | 17 | 20 | 29 | key==20（找到了） |

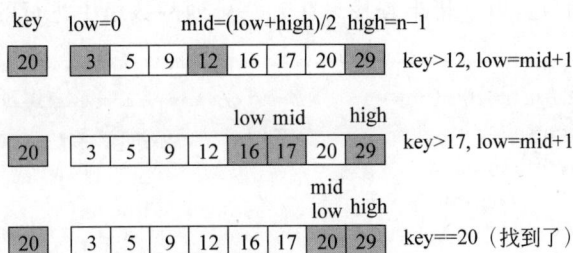

图 7-10　折半查找示意图之一

（3）继续在新的 low 和 high 范围内检索当前范围的中间元素,即检索新的下标 mid＝(low＋high)/2 的元素。当前这个 mid 下标的元素值是 20,与要找的数 key 相同,查找结束。

显然,折半查找法能极大地提高查找的效率。

为了进一步了解折半查找法,我们继续在这组数据中查找一个不存在的数(key＝18),如图 7-11 所示,看看它的折半查找的过程:

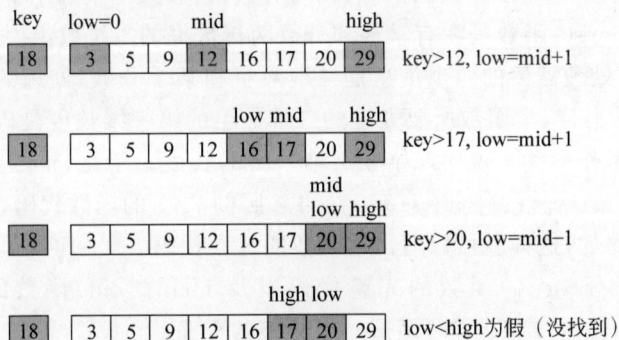

key　low=0　　　　mid　　　　high

| 18 | | 3 | 5 | 9 | 12 | 16 | 17 | 20 | 29 | key>12, low=mid+1 |

low mid　　high

| 18 | | 3 | 5 | 9 | 12 | 16 | 17 | 20 | 29 | key>17, low=mid+1 |

mid
low high

| 18 | | 3 | 5 | 9 | 12 | 16 | 17 | 20 | 29 | key>20, low=mid−1 |

high low

| 18 | | 3 | 5 | 9 | 12 | 16 | 17 | 20 | 29 | low<high为假（没找到） |

图 7-11　折半查找示意图之二

（1）先检索数组中间,即下标 mid＝(low＋high)/2 的元素。该元素的值是 12,要找的数 key 比它大,于是将 low 调整为 low＝mid＋1。

（2）在新的 low 和 high 范围内继续检索当前范围的中间元素,即下标 mid＝(low＋high)/2 的元素。当前这个 mid 下标的元素值是 17,要找的数 key 还是比它大,于是继续将 low 调整为 low＝mid＋1。

（3）继续在新的 low 和 high 范围内检索当前范围的中间元素,即检索新的下标 mid＝(low＋high)/2 的元素。当前这个 mid 下标的元素值是 20,要找的数 key 比它小,于是下次将在 mid 左边继续查找,即下一次查找范围的上限 high 要调整为 high＝mid−1。

（4）当检索范围的下限 low 已经不比上限 high 小的时候,说明该检索的数据已经检索完毕,没有找到相应的数据,查找结束。

例 7.11　用折半查找法(二分法),在一维整型数组 v(长度为 n)中查找 x。

根据以上介绍的方法,可以写出下面的折半查找法函数的代码,其中函数返回的是 x 所在元素的下标。

结合本题的函数和前面介绍的排序函数,可以在任意的一维整型数组中快速查找相应的数据。但需要注意的是,以下折半查找是在升序排列的数组中进行的。

```
01    int binary(int v[], int n, int x)
02    { int low,high,mid,find=-1;           //find=-1表示未找到
03      low=0;high=n-1;
04      while(low<=high)
05      {   mid=(low+high)/2;
06          if(x<v[mid]) high=mid-1;
07          else if(x>v[mid]) low=mid+1;
08              else
09              {   find=mid;
10                  break;
11              }
12      }
13      return find;
14    }
```

例 7.12 请在例 7.9 的基础上,写一个折半查找法应用的函数 findByScore(),用于快速查找某个分数的学生学号信息(若有分数相同的,只检索其中第一个学生的学号信息)。

分析:findByScore()函数是在有学号和分数两行数据的二维数组中查找某个分数的学生学号,即本函数的处理需要的两个信息是二维数组和某个分数,处理的结果是学号数据。又与例 7.9 已分析的一样,本函数所要处理的二维数组的第一维长度是确定的,因此也就不必再用一个普通变量作形参来说明二维数组第一维的长度。于是,本函数首部可以设计为 int findByScore(int array[][N],int score)。再参照例 7.11 的函数代码,同时注意例 7.9 的排序函数是降序排序的,这样就可以写出本函数的过程代码。

下面给出 findByScore() 函数的完整代码以及 main(void) 函数的完整代码,结合例 7.9 中的 sortByScore()函数,即可组成一个完整的程序。

```
01    #include<stdio.h>
02    #define N 10
03    void sortByScore(int array[][N]);            //函数声明
04    int findByScore(int array[][N],int score); //函数声明
05    main()
06    { int number,score;
07      int num_score[2][N]
08      ={{1001,1002,1003,1004,1005,1006,1007,1008,1009,1010},    //学号
09          {80,67,71,50,79,98,66,85,77,93}};                    //分数
10      sortByScore(num_score);                    //函数调用,数组排序
11      printf("find score: ");
12      scanf("%d",&score);
13      number=findByScore(num_score,score);     //函数调用
14      if(number==-1)
15          printf("not found");
16      else
17          printf("number: %d",number);
18    }
```

```
19      //按分数查找学生的学号(折半查找法)
20      int findByScore(int array[][N], int score)
21      { int low,high,mid,find=-1;              //find=-1 表示未找到
22        low=0;high=N-1;
23        while(low<=high)
24        {   mid=(low+high)/2;
25            if(score>array[1];mid]) high=mid-1;
26            else if(score<array[1];mid]) low=mid+1;
27              else                        //找到了,置 find 为学号信息
28              {   find=array[0];mid];
29                  break;
30              }
31        }
32        return find;
33      }
34      //按分数从高到低对数组进行排序(选择排序法)
35      void sortByScore(int array[][N])
36      { int i,j,k,t;
37        for(i=0;i<N-1;i++)
38        {   k=i;                            //k 记录每轮排序时分数最高的元素下标
39            for(j=i+1;j<N;j++)
40                if(array[1][j]>array[1][k])
41                    k=j;
42            if(k!=i)
43            {   t=array[1][k];
44                array[1][k]=array[1][i];
45                array[1][i]=t;              //分数列的交换
46                t=array[0][k];
47                array[0][k]=array[0][i];
48                array[0][i]=t;              //学号列要同步交换
49            }
50        }
51      }
```

程序的两次运行结果:

① find score: 98 ↵   ② find score: 60 ↵
        number: 1006   not found

7.6　字　符　数　组

字符数组就是类型为 char 型的数组,它的每一个元素存放一个字符。字符数组具有一般数组的共性,遵守一般数组的定义和使用规则。

例7.13　定义一个字符数组,顺序存放26个大写英文字母并输出显示。有关程序段代

码如下：

```
01    #include<stdio.h>
02    main()
03    { char str[26];                    //定义一个字符数组
04      int i;
05      for(i=0;i<26;i++)
06          str[i]='A'+i;                //给数组元素赋值
07      for(i=0;i<26;i++)
08          printf("%c",str[i]);         //输出显示
09    }
```

字符数组具有一般数组的共性，同时又有自己特殊的性质，字符数组的特殊性就在于与字符串的关系。C 语言中没有字符串变量，但可以利用字符数组解决可变字符串的问题。

字符串常量是由一对双引号作定界符的若干有效字符的序列。在字符串的尾部有一个字符串结束符，即 ASCII 码值为 0 的"空（Null）"字符：'\0'。（注意区分"空格"与"空字符（'\0'）"，"空格"的 ASCII 码值为 32）第 9 章将专门介绍字符串的有关内容。

例如，字符串"Hello!"在内存中是这样存放的：

H	e	l	l	o	!	\0

可以用一个一维字符数组存放一个字符串，用一个二维字符数组存放一组相关的字符串。相对于一般数组，字符数组的特殊性就在于对字符串的处理，它主要体现在以下几方面：

（1）在定义字符数组时，可以直观、方便地运用字符串常量对字符数组初始化。例如：

```
01    char c[10]={"Hello!"};
02    char c[10]="Hello!";
03    char c[10]={'H','e','l','l','o','!','\0'};        //一般数组的初始化方式
```

以上 3 种方式是等价的，不过第三种方式在这里并不需要显式地给出字符串结束标志 '\0'。如果是缺省数组长度，比如 char c[]={'H','e','l','l','o','!','\0'}，则要显式地给出字符串结束符 '\0'。为什么？请读者思考。

说明：

① 字符数组本身，并不要求它的元素中是否有字符串结束符 '\0'，多少亦不限。但字符数组的主要意义在于字符串的应用，作为字符串应用的字符数组，必然要有字符串结束符 '\0'，且只需要一个，结束符 '\0' 之后的元素，对字符串而言不再有效，失去意义。

② 在定义字符数组时，用字符串常量初始化字符数组的简便直观的方法不能延伸到定义后的赋值操作中。与一般数组的使用规则一样，不能在定义字符数组后一次引用整个数组，不能直接把字符串常量或存放字符串的数组直接赋值给字符数组。例如：

若 s1 和 s2 是两个字符型数组，则

```
01    s1=s2;                          //错误，数组名间无法赋值
02    s1="ABC";                       //错误，不能对数组名赋值，只能定义时初始化
03    s1={'A', 'B', 'C', '\0'};       //错误，不能对数组名赋值，只能定义时初始化
```

这些赋值语句都是错误的。

（2）"字符数组的长度"与"字符串的长度"不是一个概念，"字符串的长度"是以'\0'结束但不包括'\0'的有效字符串的长度。如：

```
char c[10]={"Hello!"};
```

字符数组的长度为10，字符串的长度则为6。

在定义字符数组时应估计实际字符串的长度。如果一个字符数组在程序中要先后存放不同长度的字符串，则应使数组长度大于最长的字符串长度。

例7.14　编写程序：运用字符数组将两个字符串连接起来，结果取代第一个字符串。

分析：如图7-12所示，先在第一个数组中定位到字符串结束符所在的位置，然后将第二个数组中的有效字符逐个复制（赋值）连接到第一个数组已有字符的尾部。判断有效字符是否已经复制完成的标志是：是否已复制到字符串结束符。在有效字符复制连接完成后还要注意在第一个数组有效字符的尾部增加一个字符串结束符。

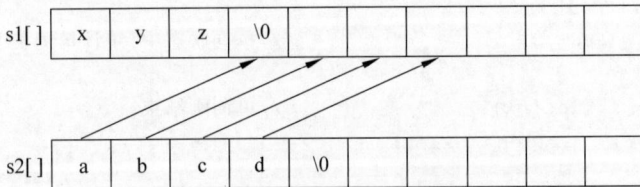

图7-12　字符串连接示意图

通过以上分析，可以写出一个字符串连接函数：mystrcat(char s1[],char s2[])。
程序代码如下：

```
01    #include<stdio.h>
02    void mystrcat(char s1[], char s2[])
03    { int i=0,j=0;
04      while(s1[i]!='\0')
05          i++;
06      while(s2[j]!='\0')
07          s1[i++]=s2[j++];
08      s1[i]='\0';
09    }
10    main()
11    { char s1[80],s2[80];
12      printf("Please input a string: ");
13      scanf("%s",&s1);
14      printf("Please input 2nd string: ");
15      scanf("%s",&s2);
16      mystrcat(s1,s2);            //函数调用
17      printf("The new string is: %s",s1);
18    }
```

程序的运行结果：

```
Please input a string1: first ↵
Please input string 2nd: second ↵
```

The new string is: firstsecond

例 7.15 在给定的由英文单词组成的字符串中(单词之间由一个或多个空格分隔),找出其中最长的单词。

分析:自左至右逐个字符顺序扫描字符串,找出每个单词(单词开始位置和单词长度),若当前的单词长度比已找到的单词更长,则记录下该单词的开始位置和长度。继续此过程直至字符串扫描结束,最后输出找到的最长单词。

程序代码如下:

```
01    #include<stdio.h>
02    main()
03    { char s[]="This is a C programming test";
04      int i,len=0,maxlen=0,seat=0;
05      for(i=0;s[i]!='\0';i++)
06      {   if(s[i]!=' ')
07            len++;                      //单词状态中,统计单词长度
08          else
09          {   if(len!=0)                //单词刚结束
10              {   if(len>maxlen)
11                  {   seat=i-len;
12                      maxlen=len;       //记录最长单词的位置与长度
13                  }
14                  len=0;                //为计算下一个单词长度赋初值 0
15              }
16          }
17      }
18      //比较最后一个单词
19      if(len>maxlen)
20      {   seat=i-len;
21          maxlen=len;
22      }
23      printf("longest word: ");
24      for(i=0;i<maxlen;i++)             //输出找到的最长单词
25          printf("%c",s[seat+i]);
26      printf("\n");
27    }
```

程序运行结果:

```
longest word:programming
```

7.7 小　　结

(1) 数组是数据类型相同的多个变量的连续存储空间,这些变量往往表示同类事物,需要相同的处理。每个变量称为数组的一个元素,通过相同的数组名和下标来表示。数组名是这个连续空间的首地址。

（2）数组和变量一样，需要先声明后使用。声明时需要给出数组名、数据类型、确定的数组长度。

（3）引用数组元素时，数组元素的下标从 0 开始，最大的下标必须比数组长度小 1。数组往往和循环控制结合使用，通过循环改变数组的下标变量来处理多个数组元素。

（4）数组名可以作函数参数，传递的是数组首地址，函数中可访问到该数组空间，可传递多个数据，并带回多个结果到主调函数。

习 题 7

一、问答题

1. 什么是数组？如何对数组进行初始化？

2. 访问数组元素时，对于元素下标要注意哪些问题？

3. 如何理解二维数组的下标？

4. 用数组名作函数参数与用普通变量作函数参数，有何异同？

5. 二维数组作函数参数时，需要注意什么问题？

6. 请比较选择排序法与冒泡排序法。

7. 折半查找法如何提高查找效率？它有什么特点和要求？

8. 字符数组与字符串是什么关系？字符数组有哪几种初始化方式？

二、选择题

1. 在 C 语言中，定义数组长度时，其"元素个数"允许的表示方式是（　　　）。

    A. 整型常量
    B. 整型表达式

    C. 整型常量或整型表达式
    D. 任何类型的表达式

2. 如下数组定义语句正确的是（　　　）。

    A. int a[3,4];
    B. int m=3,n=4,int a[m][n];

    C. int a[3][4];
    D. int a(3)(4);

3. 若有说明：int a[10];则对 a 数组元素的正确引用是（　　　）。

    A. a[10]　　　　　　B. a[3.5]　　　　　　C. a　　　　　　D. a[10-10]

4. 以下不能对二维数组 a 初始化的语句是（　　　）。

    A. int a[2][3]={1,2,3,4,5,6};
    B. int a[2][]={{1},{2}};

    C. int a[2][3]={1};
    D. int a[][3]={3,4,5,6,7,8};

5. 以下不正确的字符串赋初值的方式是（　　　）。

    A. char str[]={'s','t','r','i','n','g','\0'};

    B. char str[7]={'s','t','r','i','n','g'};

    C. char str1[10];str1="string";

    D. char str1[]="string",str2[]="12345678";

三、分析填空题

1. 写出下面程序的输出结果：

```
01    #include<stdio.h>
02    main()
03    { int a[4],x,i;
04      for(i=1;i<=3;i++)
05          a[i]=0;
06      scanf("%d",&x);
07      while(x!=-1)
08      {   a[x]+=1;
09          scanf("%d",&x);
10      }
11      for(i=1;i<=3;i++)
12          printf("a;%d"]=%d\n",i,a[i]);
13    }
```

若输入数据如下：

3 1 2 3 2 2 2 1 1 3 3 3 3 3 1 1 2 2 3 2 1 2 3 2 -1 <Enter>

则输出结果是_____。

2. 给 a 数组输入 10,8,6,4,2 共 5 个数,放在 a[1]～a[5]中,请阅读程序,回答：

① 若给 x 输入 5,以下程序的输出结果是_____。

② 若给 x 输入 15,以下程序的输出结果是_____。

③ 若给 x 输入 10,以下程序的输出结果是_____。

```
01    #include<stdio.h>
02    main()
03    { int a[80],x,i,n;
04      printf("Please enter n: ");
05      scanf("%d",&n);
06      for(i=1;i<=n;i++)
07          scanf("%d",&a[i]);
08      printf("Please enter x: ");
09      scanf("%d",&x);
10      a[0]=x;
11      i=n;
12      while(x>a[i])
13      {   a[i+1]=a[i];
14          i--;
15      }
16      a[i+1]=x;
17      n++;
18      for(i=1;i<=n;i++)
19          printf("%d ",a[i]);
20      printf("\n");
21    }
```

3. 以下程序给矩形方阵中所有边上的元素和两条对角线上的元素置1,其他元素置0,要求对每个元素只限置一次值,最后按矩阵的形式输出,请填空。

```c
01    #include<stdio.h>
02    #define MAX 10
03    main()
04    { int a[MAX][MAX],i,j;
05      j=MAX;
06      for(i=0;i<MAX;i++)
07      { a[        ][i]=1;              //请补充
08          a[i][        ]=1;           //请补充
09      }                               //两个对角线上的元素置1
10      for(i=1;i<MAX-1;i++)
11          a[0][        ]=1;           //请补充
12      for(i=1;i<MAX-1;i++)
13          a[i][        ]=1;           //请补充
14      for(i=MAX-2;i>0;        )        //请补充
15          a[MAX-1][        ]=1;        //请补充
16      for(i=MAX-2;i>0;        )        //请补充
17          a[i][        ]=1;           //请补充
18      for(i=1;i<        ;i++)          //请补充
19          for(j=1;j<        ;j++)      //请补充
20              if(        )             //请补充
21                  a[i][j]=0;
22      for(i=0; i<MAX; i++)
23      {   for(j=0;j<MAX;j++)
24              printf("%2d",a[i][j]);
25          ;                           //请补充
26      }
27    }
```

四、编程题

1. 编程:从键盘输入 10 个整数给一个一维整型数组,然后输出它们的最大数、最小数及其所在的下标。

2. 斐波那契数列:第 1、2 项为 1、1,从第 3 项开始,每一项都是其前面两项之和,即

$$\begin{cases} F_1 = 1, & n = 1 \\ F_2 = 1, & n = 2 \\ F_n = F_{n-1} + F_{n-2}, & n \geqslant 3 \end{cases}$$

请编程建立斐波那契数列的数组。

3. 编程建立学生单科成绩数据的输入函数(当输入负值时表示输入结束,函数返回值为输入数据的个数),再写出另外的函数统计计算他们的平均成绩和高于平均分的人数。

4. 编程实现:从键盘输入某年某月,然后输出该年该月拥有的天数。

5. 编程求一个二维整型数组的全部元素之和。

6. 编程求一个矩形方阵中两条对角线上的元素之和。

7. 按由小到大的顺序输入 10 个数并存放在一个数组中,然后再输入一个数,用折半查找法找出该数是数组中第几个元素的值。如果该数不在数组中,则输出"无此数"的信息。

8. 编程将某一指定字符从一个已知的字符串中删除。

9. 编写一个函数 reverse(),它的功能是:将一个字符串按逆序存放,如字符串"abcd",其结果为"dcba"。

第 **8** 章

指　　针

思考题

1. 内存有地址,可否通过地址读写数据? 程序模块间可否通过传递地址来实现传递连续存储的多个数据?

2. 数组是长度固定的内存空间,可否在程序运行中动态申请内存空间? 申请空间的大小可否根据运行情况变化?

C 语言具有解决这些问题的能力,它是通过指针实现的。

指针也是一种数据类型,既有指针常量,也有指针变量。指针有两重属性:既是内存地址,也表示该地址所存储数据的类型。

在例 7.5 的矩阵问题中,要求写一个统计函数 max_value(),找出矩阵中值最大的那个元素的值及其所在的行号和列号。当时设计的函数首部为 int max_value(int array[][N], int n),但这种处理方式有两个严重影响函数独立通用性的问题,如下。

(1) 矩阵问题是一个二维数组的问题,二维数组作函数参数,形参必须指定第二维的大小。也就是说,该函数只能处理列数固定为某个值(N)的那些矩阵问题,函数的通用性受到限制。

(2) 由于函数通过 return 语句只能返回一个值,而 max_value()函数要求得到最大值、行号和列号 3 个结果,在当时暂且通过全局变量解决了这个问题。但若又有另一个需要用该函数处理相同问题的矩阵,并得到新的最大值及其所在的行号和列号,那么因行号和列号存放在函数之外的全局变量 row 和 column 中,则新的行号和列号将覆盖前一次矩阵问题所得到的行号和列号。若前一次的矩阵问题还没有结束,也不知道自己最大值的行号和列号数据已经被破坏,这样对该矩阵问题后续操作的影响将是不可预料的。全局变量破坏了max_value()函数的独立通用性。

另外,在第 7 章我们还知道,数组的长度在定义时必须给定,之后不能再改变。如果试图在程序中这样做:

```
01    int n;
02    scanf("%d",&n);
03    int arr[n];
```

这是不可以的,C 语言不允许在程序运行期间按这种方式临时向系统申请分配数组空间的大小。但在很多情况下，在程序运行之前，我们并不能确切地知道数组需要多少个元素。如果数组声明得很大，有时可能只使用了很少的元素，这就造成了很大的空间浪费；如果数组声明得比较小，又可能影响对大量数据的处理。那么在程序运行期间动态地申请内存空间可以解决这一问题。

指针是 C 语言中一个非常重要的概念，也是 C 语言的特色之一，同时也是 C 语言中比较难以掌握的内容之一。指针使 C 语言具备获得和操纵内存地址的能力，能对计算机的内存分配进行控制，可以对复杂数据进行处理。在函数调用中，使用指针还可以返回给主调函数多个值。

本章主要介绍指针的概念，指针作函数参数的意义，指针与数组、指针与字符串、指针与函数等的关系及应用，以及利用指针实现动态内存分配、解决动态大小的数组空间。

8.1　指　针　概　述

8.1.1　指针与地址

计算机内存由连续编码的存储单元组成。每个存储单元占用 1 字节的内存空间，并规定了一个唯一的编号，这个唯一的编号就是地址（address），它好比学生宿舍的房间号。在地址所标志的内存单元中存放数据，相当于宿舍房间中住着学生。在程序中定义一个变量，就是根据变量的类型为它分配相应大小的存储空间。例如在 Dev-C++ 5.0 系统中，int 型变量被分配 4 字节，char 型变量被分配 1 字节。如果在程序中定义了 3 个 int 型变量 a、b、c，系统就为这 3 个变量分配内存单元，如图 8-1 所示。

变量 a、b、c 占用的内存空间的第一个单元地址（十六进制）分别是 0012FF30、0012FF34、0012FF38（程序运行时的实际地址值会和这个数据不同）。

若要获取变量的内容，即变量的相应内存单元中存储的数据，可直接对变量名进行操作。例如 cout<<a，就是直接使用变量 a，从屏幕输出变量 a 的值：3。

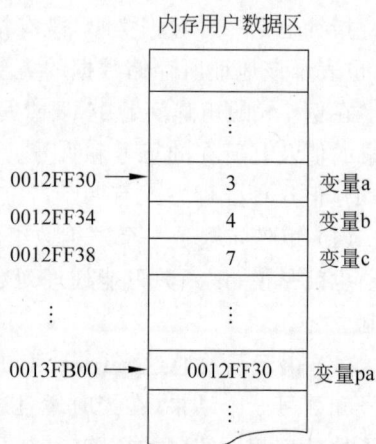

图 8-1　变量的存储分配

还有一种不直接通过变量名而间接获取变量内容的方式，就是指针。

例如，若有一个用于存储 int 型地址的变量 pa，把变量 a 的起始地址先存入变量 pa，这时要取得变量 a 的值，就可以通过 pa 的值（地址）找到变量 a 所在的存储单元，再从相应单元中取出变量 a 的值。像 pa 这种用于存储某种类型数据在内存中的起始地址的变量，我们称之为指针变量。指针变量所存储的地址，它不是一般意义孤立静止的地址编号，而是有类型的具有指向意义的地址，它指向某个数据在内存中的起始地址。这种特定含义的地址就称为指针，指针所指向数据的数据类型，我们称之为基类型。

显然，指针和地址是有联系的但属于不同的两个概念。指针包含两个要素：一是它存储的地址值,二是它所指向数据的数据类型。指针和指针变量的概念也有区别。指针是某个数据在内存单元中的起始地址,是不可变的;而指针变量中的内容,虽然还是这种性质的地址,但这个地址可以改变。例如,上面所说的指针变量 pa,其中存放了变量 a 的地址,但也可以改为存放变量 b 的地址。即 pa 可指向变量 a,也可改为指向变量 b。在不至于产生混淆的情况下,经常将"指针变量"简称为"指针",将"地址"等同于"指针"。

8.1.2 指针变量的定义与指针运算符

1. 指针变量的定义

指针变量的定义形式:

类型标识符　＊指针变量名;

例如:

```
int * pi;              //pi 是一个指向 int 型空间的指针变量
char * pc;             //pc 是一个指向 char 型空间的指针变量
```

说明:

(1) 定义指针变量时,在指针变量名前加"＊"表示该变量是一个指针类型,但"＊"不是指针变量名的组成部分。

其实,定义指针变量时使用的"＊"是与类型标识符一起来共同说明一个变量的类型,例如上面定义指针变量 pi 和 pc,其更好理解的定义形式是将"＊"与类型标识符连在一起,而不是与变量名连在一起:

```
int* pi;               //pi 是一个指向 int 型空间的指针变量
char* pc;              //pc 是一个指向 char 型空间的指针变量
```

但如果同时定义某个类型的一般变量和指针变量,就无法在书写格式上将表示指针类型的"＊"与类型标识符连在一起,例如:

```
int i, * pi;           //定义变量 i 和指针变量 pi(pi 指向一个 int 型空间)
```

(2) 指针有两个要素:地址和所指向目标的数据类型。因此指针变量存储的不单纯是一个地址值,还包括地址的类型。指针变量定义中的"类型标识符"说明的就是该指针变量指向的目标对象的数据类型,即基类型。因此,一个指针变量只能指向同一基类型的数据对象。

(3) 不同类型的指针变量,其本身在内存中占据的是一个同样大小的整型空间,因为它们存储的都是地址,只不过存储的是不同类型数据的地址。但是,存储地址的整型空间与存储整数的整型空间,意义是不同的。例如,地址 2000 与整数 2000 是两个完全不同的概念,可以把一个地址 2000 赋值给一个指针变量,但不要把一个整数 2000 赋值给一个指针变量。

(4) 指针变量定义以后要及时给它赋予一个确定的值,否则会因误用而可能出现意想不到的、甚至危险的结果。C 语言规定:可以给一个指针变量直接赋值 0(即空操作符 NULL),这时表示它是一个空指针,它不指向任何数据对象。在定义一个指针变量后,还没有确定如何使用它时,应把它定义为一个空指针,以防止误用。

2. & 运算符与 * 运算符

(1) & 运算符

& 运算符通常称为"地址运算符",是一个单目运算符,它作用在一个变量上,返回该变量的地址。例如:

```
01    int a=3, * pa;         //pa 是一个 int 型指针变量
02    pa=&a;                 //将变量 a 的地址赋给指针变量 pa,即使 pa 指向变量 a
```

假定变量 a 的地址是 0012FF30,指针变量 pa 本身的地址是 0013FB00,则地址为 0013FB00 的内存单元中存放的是变量 a 的地址:0012FF30,如图 8-1 所示。

(2) * 运算符

* 运算符通常称为指针运算符,又称为间接引用运算符或取值运算符,它也是一个单目运算符,它作用在一个指针变量上,返回这个指针所指向的数据对象的值。

其实, * 运算符的多个称谓正好反映了指针的作用方式和特征。为了更好地把握指针和 * 运算符,应该把 * 运算符对指针变量的作用连续起来解读:先指向再取值,指针(地址)说明的是指向, * 说明的是取值,即取出指针指向的变量的值。

例如,语句:

```
printf("%d", * pa);
```

如果指针变量 pa 存放的是变量 a 的地址,或者说 pa 指向变量 a,如图 8-2 所示。这时可以这样解读 * pa 的作用:取出 pa 指向的变量 a 的值,即 * pa 等价于 a。因此该语句的作用是由屏幕输出 a 的值 3。

由此可以看出,访问内存单元有两种方式。

① "直接访问"方式:通过变量名直接访问一个存储实体。例如:

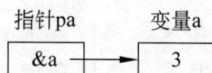

图 8-2　指针变量的指向

```
01    int a=3,b=4,c;
02    c=a+b;
```

② "间接访问"方式:把地址存放在一个指针变量中,先找出指针变量中的值(一个地址),再由此地址找到最终要访问的变量。例如:

```
01    int a=3,b=4,c;
02    int * pa;              //定义指针变量 pa,也可以定义时赋值: int * pa=&a;
03    pa=&a;                 //取出变量 a 的地址并赋给指针变量 pa,即 pa 指向变量 a
04    c= * pa+b;             //通过指针变量 pa 间接访问变量 a,相当于 c=a+b;
```

注意区别定义语句和执行语句中 * 的不同含义:在定义语句中, * 用以说明变量的类型为指针;在执行语句中, * 代表一个指向后的取值操作。

例 8.1　采用不同方式输出变量的值及变量的地址。

程序代码:

```
01    #include<stdio.h>
02    main()
03    { int i=10, * pi=NULL;
```

```
04      double f=20.5, * pf=0;
05      pi=&i;
06      pf=&f;                              //使指针变量 pi 和 pf 分别指向变量 i 和变量 f
07      printf("i=%d\tf=%g\n",i,f);         //以直接访问方式访问变量
08      printf(" * pi=%d\t * pf=%g\n", * pi, * pf);    //以间接方式访问变量
09      printf("&i=%p\tpi=%p\n",&i,pi);     //输出变量 i 的地址
10      printf("&f=%p\tpf=%p\n",&f,pf);     //输出变量 f 的地址
11      printf(" * &i=%d\n", * &i);         //输出变量的值
12      printf("& * pi=%p\n",& * pi);       //输出变量的地址
13    }
```

程序运行结果如图 8-3 所示。

```
C:\Users\Administrator\Desktop\LX.exe
i=10      f=20.5
×pi=10   ×pf=20.5
&i=0x22fea4      pi=0x22fea4
&f=0x22fe98      pf=0x22fe98
×&i=10
&×pi=0x22fea4

--------------------------------
Process exited after 0.0445 seconds with return value 0
请按任意键继续. . . ■
```

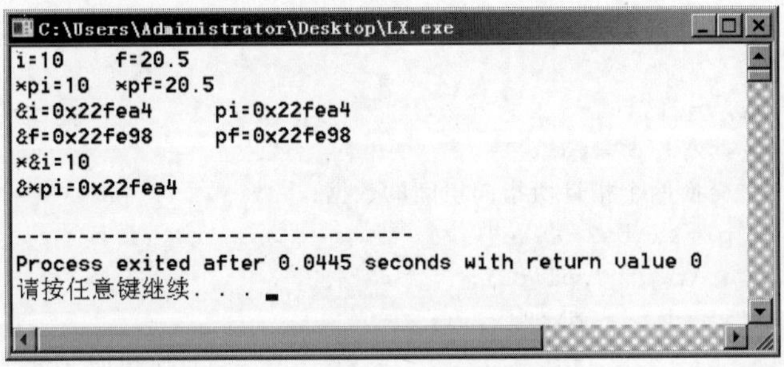

图 8-3   例 8.1 程序的运行结果

程序说明：

(1) 系统默认输出的是十六进制地址值。

(2) * 和 & 为相逆的运算，* &i 等价于 i，& * pi 等价于 pi。

(3) 读者调试运行该程序时，程序运行结果的地址值可能与以上的结果不一样。

例 8.2   交换两个指针的指向。

程序代码：

```
01    #include<stdio.h>
02    main()
03    { int x=10,y=20;                      //定义指针变量 p1,p2 和 p
04      int * p1=&x, * p2=&y, * p;          //并使 p1,p2 分别指向变量 x 和 y
05      printf("p1=&x\tp2=&y\n");
06      printf("%p\t%p\n",p1,p2);
07      printf(" * p1=%d\t * p2=%d\n", * p1, * p2);
08      p=p1,p1=p2,p2=p;                    //交换两个指针的指向
09      printf("交换指针的指向后: \n");
10      printf("%p\t%p\n",p1,p2);
11      printf(" * p1=%d\t * p2=%d\n", * p1, * p2);
12    }
```

程序运行结果：

10 20

20 10

说明：初始时，指针 p1，p2 分别指向 x、y，执行 p＝p1，p1＝p2，p2＝p；之后，交换了它们的指向，p1、p2 分别指向 y、x，如图 8-4 所示。

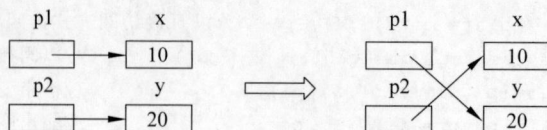

图 8-4 交换指针变量的指向

例 8.3 通过指针，交换两个指针所指向的变量的值。

程序代码：

```
01    #include<stdio.h>
02    main()
03    { int x=10,y=20,t;
04      int * p1=&x, * p2=&y;
05      printf("交换两个指针所指向空间的数据：\n");
06      printf("p1=&x\tp2=&y\n");
07      printf("%p\t%p\n",p1,p2);
08      printf("x=%d\ty=%d\n",x,y);
09      t= * p1, * p1= * p2, * p2=t;          //交换两个指针所指向变量的值
10      printf("交换数据后：\n");
11      printf("%p\t%p\n",p1,p2);
12      printf("x=%d\ty=%d\n",x,y);
13    }
```

程序运行结果：

```
10  20
20  10
```

说明：初始时，指针 p1、p2 分别指向 x、y，执行 t＝ * p1, * p1＝ * p2, * p2＝t；之后，交换了它们指向的内容，p1、p2 仍指向 x、y，但 x、y 的值却发生了改变，如图 8-5 所示。

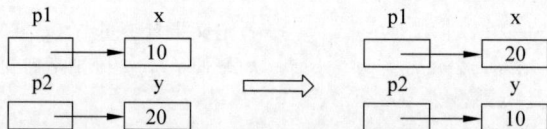

图 8-5 通过指针交换它们指向的变量的值

8.1.3 指针作函数参数

在 6.1.2 节，我们知道，函数调用时，由实参传值给形参的过程是一个单向传递过程，"一旦形参获得了值便与实参脱离了关系，此后无论形参的值发生了怎样的改变，都不会影响到实参……"，这是因为形参变量和实参变量属于局部变量，分属于各自的函数，只在各自函数的范围内有效。因此，"函数调用时，可以通过多个参数由主调函数传递多个信息给被调函数，但被调函数通过 return 语句只能返回一个信息给主调函数。"

因此,当用普通变量作函数参数时,想通过函数调用改变多个实参变量的值,那是不可能的。例如下面的例子。

例8.4 用普通变量作函数参数的交换函数(不能实现目的)。

程序代码:

```
01    #include<stdio.h>
02    void myswap(int x,int y)
03    { int t;
04      t=x;x=y;y=t;            //内部实现了两个变量值的交换
05    }
06    main()
07    { int a=3,b=7;
08      printf("Before swap: %d, %d\n",a,b);
09      myswap(a,b);            //没有实现a,b两个变量值的交换
10      printf("After swap: %d, %d\n",a,b);
11    }
```

程序运行结果:

```
Before swap: 3, 7
After swap: 3, 7
```

说明:实参变量和形参变量各自占有自己的内存空间。实参变量 a、b 的值传递给形参变量 x、y,在 myswap()函数中交换了 x、y 的值,但它并没有影响 a、b 值,a、b 值没有被交换。

如何使 myswap()函数实现交换实参变量 a、b 值的目的呢? 使用指针变量作函数参数可以达到目的。具体方法是: 把函数的形参定义为指针类型,实参为变量的地址。在函数调用时,将实参地址传递给形参指针,这样形参和实参都指向内存中的同一块区域,被调函数中对形参的操作也就是对实参的操作了。

例8.5 用指针作函数参数的交换函数。

程序代码:

```
01    #include<stdio.h>
02    void myswap(int * xp,int * yp)          //指针作函数参数
03    { int t;
04      t= * xp; * xp= * yp; * yp=t;            //交换两个指针所指向变量的值
05    }
06    main()
07    { int a=3,b=7;
08      printf("Before swap: %d, %d\n",a,b);
09      myswap(&a,&b);                          //函数调用,实参是地址
10      printf("After swap: %d, %d\n",a,b);
11    }
```

程序运行结果:

```
Before swap: 3, 7
After swap: 7, 3
```

说明：函数 myswap() 的两个参数都是整型指针，这样在调用 myswap() 函数时，将两个变量的地址 &a 和 &b 作为实参，分别传递给形参 xp 和 yp；于是 xp 指向 a，yp 指向 b，如图 8-6(a)所示。在 myswap() 函数中交换 xp 和 yp 所指向变量的值，即交换了 a 和 b 的值，如图 8-6(b)和图 8-6(c)所示。

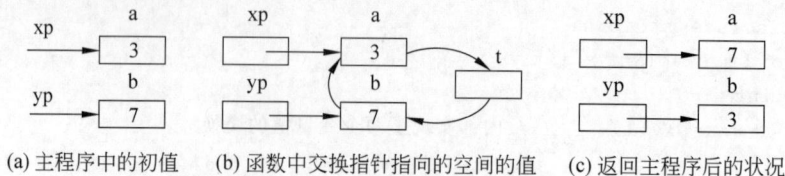

(a) 主程序中的初值　　(b) 函数中交换指针指向的空间的值　　(c) 返回主程序后的状况

图 8-6　交换函数的调用过程

通常把例 8.4 那样用普通变量作函数参数的函数调用称为"按值调用"，把例 8.5 那样用指针作函数参数的函数调用称为"按地址调用"。

如同 7.3 节"数组作函数参数"中所说明的，无论是用指针作函数参数，还是用普通变量作函数参数，"实参→形参"单向传"值"的"单向"特性是相同的，但单向所传递的"值"，其数据性质（类型）是完全不同的。

指针变量的值是另一个变量的地址（值），是为了指向另一个变量，这与普通变量的值为整数、实数、字符等是不同的。由于"值"的性质不同，调用的意义就不一样了。使用指针变量作函数参数，虽然实参还是单向传递"值"给形参，但形参接收的是一个与实参一样的地址值，即形参和实参是同一个指针，都指向内存中的同一块区域，这样对形参的操作也就是对实参的操作。而且，传递"值"的过程是一个数据复制的过程，指针作函数参数时，复制的只是一个地址；普通变量作函数参数时，复制的则是数据本身。若这个普通变量并不普通，而是一个结构复杂的变量，则复制数据的时间和空间的消耗必然大大超过复制地址的消耗。

通过以上分析我们可以看出，在函数调用中，运用指针避免了不必要的数据复制的操作，使目标程序的执行效率更高。而且，如果使用指针变量作函数参数，被调函数就可以通过形参指针对主调函数中的变量直接进行操作，就像例 8.5 那样，从而可以通过被调函数改变主调函数中相应变量的值，相当于在函数之间通过参数实现双向信息的传递与交换。换句话说，使用指针变量作函数参数超越了函数只能通过 return 语句返回一个函数值的局限，从而实现从被调函数返回多个信息给主调函数的能力。这也是指针作函数参数的两个重要特点：一是传递效率高，只传递地址，不复制指针所指向的数据；二是可以在被调函数中直接对主调函数中的变量（指针参数所指向的变量）进行操作。

这样，本节开头的那段话就可以扩展为：函数调用时，可以通过多个参数由主调函数传递多个信息给被调函数，但被调函数通过 return 语句只能返回一个信息给主调函数。如果需要在被调函数中能够影响主调函数中的多个量（相当于返回多个信息给主调函数），那么可以使用指针作函数参数。

在第 7 章的数组作函数参数的应用中，因为数组名就是地址，所以用数组名作函数参数，也就是用指针作函数参数。通过后续内容的学习，我们将进一步认识指针与数组的关系。

8.2 指针与一维数组

指针与数组的关系非常密切。我们知道,数组中的各元素在内存中是按下标顺序连续存放的,若将数组的起始地址赋给指针变量,然后通过改变指针变量的值,形象地说通过移动指针,就可以使指针变量指向数组中的每一个元素,进而引用数组中的任何元素。因此,凡是能用数组下标变量完成的操作都可以由指向数组的指针变量来完成。

8.2.1 指向一维数组元素的指针

若有:

int a[10] , * pa=a;

或

* pa=&a[0]; //pa=a;与 pa=&a[0];等价

此时称 pa 指向数组 a,更准确地说,pa 指向了数组的首个元素 a[0]。这就定义了指向一维数组元素的指针。

一维数组的数组名代表的是首个元素(下标号为 0 的元素)的地址,a 和 &a[0] 是等价的,它是一个指针常量。这样 pa+i 和 a+i 都是 a[i]元素的地址,它们都是指向数组 a 的第 i 个元素,如图 8-7 所示。

这样,获取数组中某个元素的地址可以有多种方法,例如:要获取数组 a 中 a[i]元素的地址,以下几种方法是等价的。

(1) & 运算:

&a[i]

(2)指针运算:有两种,假定指针变量 pa 已指向 a[0],以下两种均可。

a+i
pa+i 或 pa++连续运算 i 次

显然,访问一个数组元素相应地也有以下几种方法。

(1)下标表示法:

a[i] 或 pa[i]

(2)指针表示法:

* (a+i)
* (pa+i)或 pa++连续运算 i 次再 * pa

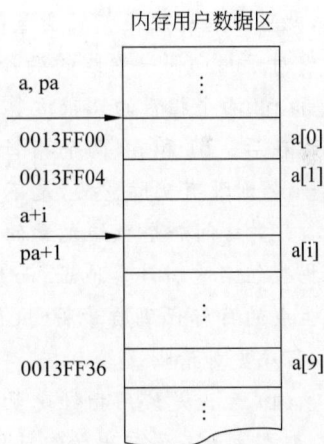

图 8-7 指针与一维数组

说明:

(1) 数组名代表的是数组的起始地址,是一个常量指针,而不是指针变量,它在程序中不能改变,如对数组 a,不能有 a++ 的运算。

(2) 关于指针运算的基本单位。

指针变量存储的是地址,但指针加 1 不等同于地址值增加 1 字节,除非指针类型是 char 型。对于指针变量来说,其运算的基本单位是以基类型为单位,即以其指向的数据类型的空间大小为基本单位。这样若指针变量的值增加(或减小)n,也就是使指针指向当前数据后面(或前面)的第 n 个数据。

例如,在 Dev-C++ 5.0 中,int 型占用 4 字节,double 型占用 8 字节,那么:

```
01    int a[3];
02    int *pa=&a[0];              //pa 指向 a[0]元素
03    pa++;                       //pa 加 1 后指向 a[1]元素,实际地址增加了 4 字节
04    double d[3];
05    double *pd=&d[0];           //pd 指向 d[0]元素
06    pd++;                       //pd 加 1 后指向 d[1]元素,实际地址增加了 8 字节
07    pd=&d[2];                   //使 pd 指向 d[2]元素
08    pd--;                       //pd 减 1 后指向 d[1],实际地址减小了 8 字节
```

也就是说,指针可以进行加减运算,完成指针移动。指针移动的单位是以其指向的数据对象所占用的空间为移动单位。因此我们不需要知道指针指向的数据对象所占用空间的大小,就可以通过改变指针变量的值,直观方便地访问相应的其他数据对象。

对于指向同一数组的两个指针变量 p1 和 p2,它们还可以进行比较运算和相减运算。p1 和 p2 两个指针的比较运算表明了两个元素的相对位置——是否在同一个位置,或谁在前谁在后。p1 和 p2 两个指针进行相减运算,它们的差值表示两个指针之间的元素个数。p1+p2 则没有实际意义,是不允许的。

(3) 访问一个数组元素的几种方法中,a[i]和 *(a+i)的执行效率是一样的,每次都要根据数组名重新计算地址;而用指针变量直接指向数组元素,不必每次重新计算地址,其最终生成的目标代码质量高(执行速度快、占用内存少)。但用"数组名+下标"的方法比较直观,程序更加清晰。

(4) 无论是使用指针变量直接指向的方法还是"数组名+下标"的方法来访问数组元素,都要注意不要超出数组范围,否则结果无法预料,而编译系统并不提示出错。

例 8.6 用指针方式访问一维数组元素。

程序代码:

```
01    #include<stdio.h>
02    main()
03    { int a[10]={10,11,12,13,14,15,16,17,18,19};
04      int *pa=a,i;                    //或 int *pa=&a[0]; 使 pa 指向数组 a
05      double d[10]=
06      {100.0,100.1,100.2,100.3,100.4,100.5,100.6,100.7,100.8,100.9};
07      double *pd=d;                   //或 double *pd=&d[0]; 使 pd 指向数组 d
08      for(i=0;i<10;i++)
09          printf("%d ", *(pa++));     // *(pa++)可换成 *(pa+i)或 *(a+i)或 a[i]
```

```
10       printf("\n");
11       for(i=0;i<10;i++)
12           printf("%g ",*(pd++));    //*(pd++)可换成*(pd+i)或*(d+i)或d[i]
13       printf("\n");
14    }
```

程序运行结果：

```
10 11 12 13 14 15 16 17 18 19
100 100.1 100.2 100.3 100.4 100.5 100.6 100.7 100.8 100.9
```

另外，当"＊"运算符和"＋＋/－－"运算符同时作用于指针变量时，要注意区分它们的不同书写格式及其含义。为了便于理解，先假设指针 pa 指向数组 a 的首元素，即 pa＝a 或 pa＝&a[0]。现在我们比较下面的几种运算方式：

＊pa++　　等价于　　＊(pa++)

由于＊和＋＋优先级相同，但结合方向为自右至左，因此＊pa＋＋等价于＊(pa＋＋)。它是先取出 pa 指向的元素的值(即 a[0])，再使 pa 增 1(即 pa＋＋，使 pa 指向 a[1])。

＊(++pa)

与＊(pa＋＋)不同，＊(＋＋pa)是先使 pa 增 1(即 pa＋＋，使 pa 指向 a[1])，再进行＊pa 的操作，取出 pa 当前指向的元素的值(即 a[1])。

(＊pa)++

(＊pa)＋＋表示 pa 所指向的元素值加 1，即 a[0]＝a[0]＋1，而不是指针值加 1。

通过以上的比较认识，我们同样可以理解 pa－－、＊pa－－、＊(－－pa)和(＊pa)－－等运算的含义，在此就不再赘述了。

需要说明的是，由于"＊"运算符和"＋＋/－－"运算符同时作用于指针变量时，容易形成类似于＊pa＋＋是理解为＊(pa＋＋)还是(＊pa)＋＋的问题。为了提高程序的可读性，在自己编写的程序代码中，要避免出现类似于＊pa＋＋的表示方式。

8.2.2　数组名和指针作函数参数

在第 7 章介绍过用数组名作函数参数，在 8.1.3 节介绍过用指针作函数参数。实际上，C 语言在编译时是将形参数组名作为指针变量来处理的，因而它们的实质是一样的。例如：

```
double fun(int array[]);
double fun(int *array);
```

以上两种函数声明的形参写法是等价的。而且，因为形参数组名是作为指针变量处理的，array[]的方括号内可以有也可以没有数值，它没有实际意义，编译系统对方括号内的内容不予处理。

这样，与数组名有关的函数调用中，实参和形参有 4 种不同的组合方式，见表 8-1。虽然数组名和指针作函数参数的形式不同，但实质相同，都是地址的传递。即无论形参是数组名或指针，实参都可以是数组名或指针。

表 8-1　指针与数组作函数参数的不同形式

参数类别	参 数 形 式			
形参	数组名	指针变量	数组名	指针变量
实参	数组名	数组名	指针变量	指针变量

例 8.7　逆置数组，即将数组元素反序存放。

分析：数组的逆置只需要将第一个元素与最后一个元素交换，第二个元素与倒数第二个元素交换，其余以此类推。交换的次数为数组元素个数的一半。下面用 invert 函数实现数组的逆置，用 print 函数实现数组的输出。

程序代码：

```
01    #include<stdio.h>
02    #include<stdlib.h>
03    #include<time.h>
04    void invert(int x[],int n)          //实现数组逆置的函数,形参 x 是数组名
05    { int * p1, * p2,t;
06      p1=x;                             //p1 指向数组头(x[0]元素)
07      p2=x+n-1;                         //p2 指向数组尾(x;n-1]元素)
08      for(;p1<p2;p1++,p2--)
09        t= * p1, * p1= * p2, * p2=t;    //逗号表达式语句实现数据交换
10    }
11    void print(int * p,int n)           //实现数组输出的函数,形参 p 是指针
12    { int i;
13      for(i=0;i<n;i++,p++)
14        printf("%5d", * p);
15    printf("\n");
16    }
17    main()
18    { const int N=10;
19      int a[N], * pa=a,i;
20      srand((unsigned)time(0));
21      for(i=0;i<N;i++)
22        a[i]=rand()%100;                //随机生成 100 以内的整数
23      printf("逆置前数组: ");
24      print(a,N);                       //或 print(pa,N);
25      invert(a,N);                      //调用数组逆置函数,或 invert(pa,N);
26      printf("逆置后数组: ");
27      print(a,N);                       //或 print(pa,N);
28    }
```

程序运行结果：

逆置前数组: 41 67 34 0 69 24 78 58 62 64
逆置后数组: 64 62 58 78 24 69 0 34 67 41

8.3　指针与二维数组

指针变量可以指向一维数组中的元素,也可以指向二维数组或多维数组中的元素,但在概念和使用上,二维数组或多维数组的指针比一维数组的指针要复杂。

在介绍"指针与二维数组"之前,先了解一下"指向指针的指针"。

8.3.1　指向指针的指针

用于存放地址的指针变量,其本身也同样有一个地址,而该地址又可以赋给另一个指针变量,这后一个指针变量就称为指向指针的指针变量,又称为二级指针变量,或简称为"二级指针"。

指向指针的指针,其定义形式为:

类型标识符　**指针名;

例如:

```
01    int a=10, * p1, * * p2;          //p2 就是一个二级指针变量
02    p1=&a;
03    p2=&p1;
```

那么通过 p2 访问变量 a,要经过二级"间接访问"方式才能实现,即

**p2 → * (* p2)→ * (p1) →a;

**p2 等价于 a;也就是说,先对 p2 指针进行取值运算(* p2)获取 p1,而 p1 还是一个指针(变量 a 的地址),进一步对 p1 指针进行取值运算(* p1)获取变量 a,如图 8-8 所示。

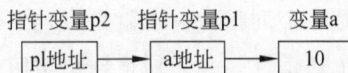

指针变量p2　指针变量p1　变量a

| p1地址 | → | a地址 | → | 10 |

图 8-8　指向指针的指针

8.3.2　二维数组的指针

二维数组可以理解为一个广义的一维数组,即一个以一维数组为元素的一维数组。例如,定义一个二维数组:

```
int a[3][4]={1,2,3,4,5,6,7,8,9,10,11,12};
```

则数组 a 对应的元素为:

a[0][0]　a[0][1]　a[0][2]　a[0][3] …… 第 0 行(组成数组 a[0])
a[1][0]　a[1][1]　a[1][2]　a[1][3] …… 第 1 行(组成数组 a[1])
a[2][0]　a[2][1]　a[2][2]　a[2][3] …… 第 2 行(组成数组 a[2])

第 0 行的 4 个元素 a[0][0]、a[0][1]、a[0][2]、a[0][3]组成了数组 a[0],相应地,第 1 行的 4 个元素组成了数组 a[1],第 2 行的 4 个元素组成了数组 a[2]。这样,对于二维数组 a

来说,可以把它看成是由下列"元素"组成的一个广义的一维数组:a[0],a[1],…,a[i],…;
而 a[i] 还是一个数组,是一个一维数组,它代表一行数组元素,如图 8-9 所示。

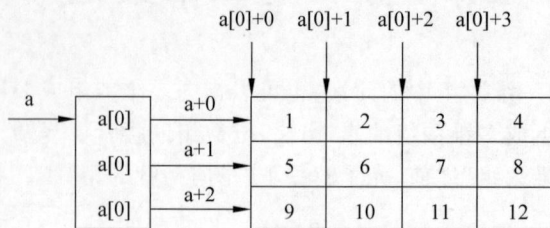

图 8-9　二维数组的指针

我们知道,数组名是一个指针常量,它指向数组的起始元素。那么,如果把二维数组 a 看成一个广义的一维数组,则它的每一个元素就代表一行。这样,a 或者 a+0 指向的就是第 0 行,a+1 指向第 1 行,…,a+i 指向第 i 行,…。可以形象地说:二维数组名 a 是一个指向行的行指针,它以"行"为基本单位移动指针。

a+i 作为行指针,它指向第 i 行,指向的是一个一维数组 a[i]。而作为一维数组名的 a[i],同样地,它还是一个指针常量,但它是指向 a[i] 数组(第 i 行)的起始元素 a[i][0],对 a[i] 的增减 1 运算将使该指针移动 1 个元素的位置。例如:a[0] 或者 a[0]+0 指向元素 a[0][0],a[0]+1 指向元素 a[0][1],a[0]+2 指向元素 a[0][2],……。也可以形象地说:a[i] 是一个列指针,它按列的方向以元素为基本单位移动指针。需要强调的是,列指针指向的是一个元素而不是一列元素,它是一个元素指针。

由一维数组元素的指针表示法可知:*(a+i) 与 a[i] 等价。我们可以把它扩展到二维数组,在二维数组中,同样地有:*(a+i) 与 a[i] 等价,但这里的 a[i] 不是普通的数据元素,而是一个列指针。也就是说,a+i 是一个行指针,对行指针施加 * 运算:*(a+i),得到的是一个列指针 a[i]。列指针是指向元素的,a[i] 指向第 i 行第 0 列元素。若给 a[i] 增加一个量 j,即 a[i]+j 或 *(a+i)+j,则使列指针横向移动 j 个元素,指向第 i 行第 j 列元素。再对列指针施加 * 运算,就等价于二维数组元素本身了。即:*(*(a+i))、*(a[i]) 与 a[i][0] 等价,*(*(a+i)+j)、*(a[i]+j) 与 a[i][j] 等价。

显然,二维数组的行指针是一个二级指针,列指针是一个一级指针,通过列指针才能取出元素的值。

由以上可知,对于二维数组 a[M][N] 中的任意一个元素 a[i][j],其地址可以有多种表示方法。例如下面 5 个表达式都是表示数组元素 a[i][j] 的地址:

(1) &a[i][j]

(2) a[i]+j

(3) *(a+i)+j

(4) a[0]+i*N+j

(5) &a[0][0]+i*N+j

相应地,对于二维数组 a[M][N] 中的任意一个元素 a[i][j],除了 a[i][j] 的表示方式外,还可以表示成其他多种形式。例如下面 5 个表达式都是表示数组元素 a[i][j]:

(1) ＊(a[i]+j)

(2) ＊(＊(a+i)+j)

(3) ＊(a[0]+ i＊N+j)

(4) ＊(&a[0][0]+i＊N+j)

(5) (＊(a+i))[j]

几点说明：

（1）对于二维数组 a[M][N]，虽然 a 和 a[0]的地址值相同，但指针类型不同，a 是指向行（数组）的，a[0]是指向列（元素）的，a[0]是又一个一维数组名。

（2）对行指针施加＊运算，行指针就转换为指向列的指针；反之，对列指针施加 & 运算，列指针就成为指向行的指针。

例如，对于二维数组 a[M][N]：

a+i 为行指针，＊(a+i)则转换为列指针，等价于 a[i]，指向 i 行 0 列，即指向 a[i][0]元素；

a[i]为列指针，&a[i]则转换为行指针，等价于 a+i，指向第 i 行。

（3）＊(a+i)和 a[i]是等价的，但它们在各维数组中的含义不同。对于一维数组 a[N]，＊(a+i)和 a[i]是一个元素；而对于二维数组 a[M][N]，＊(a+i)和 a[i]则仍然是一个地址，＊(＊(a+i)+j)才是元素 a[i][j]。另外注意比较，＊(＊(a+i+j))也是元素，但它是 a[i+j][0]元素。

例 8.8 用指针方式访问二维数组元素。

程序代码：

```
01    #include<stdio.h>
02    main()
03    { int i,j;
04      int a[3][4]={1,2,3,4,5,6,7,8,9,10,11,12};
05      int (＊p)[4];
06      p=a;
07      printf("输出二维数组 a:\n");
08      for(i=0;i<3;i++)
09      {  for(j=0;j<4;j++)
10           printf("%8d",a[i][j]);          //输出一行数组元素
11         printf("\n");                      //换行
12      }
13      printf("\n 以指针方式访问并输出二维数组 a:\n");
14      for(i=0;i<3;i++)
15      {  for(j=0;j<4;j++)
16           printf("%8d",＊(＊(p+i)+j));      //输出一行数组元素
17         printf("\n");                      //换行
18      }
19    }
```

程序运行结果如图 8-10 所示。

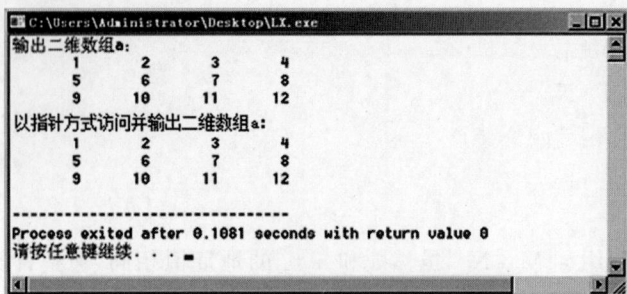

图 8-10　例 8.8 程序的运行结果

8.3.3　指向二维数组的指针变量

同样地,可以用指针变量访问二维数组元素。由于二维数组的指针有行指针和列指针两种,相应地,指向二维数组的指针变量也有两种,分别为行指针变量和列指针变量,以下简称为行指针和列指针。

(1) 二维数组的列指针。

列指针是指向具体元素的指针,又称一级指针,其定义和普通变量指针的定义一样。

例如,若在例 8.8 程序代码中增加一行列指针定义语句:

```
int * pa=a[0];                      //或 int * pa=&a[0][0];
```

那么,可以将其中的输出数组元素的语句改为下面的指针变量的访问方式:

```
printf("%8d", * (pa+i * 4+j));      //指针加偏移量的方式
printf("%8d", * pa++);              //直接移动指针的方式
```

(2) 二维数组的行指针。

二维数组的行指针是指向有确定长度的一维数组的指针。在定义时,必须明确指出这个指针指向的一维数组有多少个元素。

行指针定义的一般形式如下:

类型标识符 (* **指针变量名)**［常量表达式］;

其中,"常量表达式"即表示该指针指向的一维数组的长度。

由于行指针指向的还是一个地址,对行指针施加 * 运算,行指针才转换为指向具体元素的列指针,因此行指针是一个二级指针。但行指针又是一个特殊的二级指针,如果按一般二级指针的方式定义指针变量,如: int **pa;那么这里的 pa 不能指向二维数组。

例 8.9　通过行指针引用二维数组元素。

程序代码:

```
01    #include<stdio.h>
02    main()
03    { int i,j;
04      int a[3][4]={1,2,3,4,5,6,7,8,9,10,11,12};
05      int ( * pa)[4];                 //定义一个指向一维数组(有 4 个整型元素)的指针变量
```

```
06       pa=a;                              //使 pa 指向二维数组 a
07       printf("行标号: ");
08       scanf("%d",&i);
09       printf("列标号: ");
10       scanf("%d",&j);
11       printf("a[%d][%d]=%d\n",i,j,*(*(pa+i)+j));
12    }
```

程序运行结果：

行标号: 1 ↙
列标号: 2 ↙
a[1][2]=7

8.3.4　二维数组指针作函数参数

二维数组的指针有列指针和行指针两种形式,利用函数对二维数组进行处理时,函数参数也有列指针和行指针两种不同的类型,需要注意列指针和行指针作函数参数的不同特点。

例 8.10　把例 8.8 中输出二维数组全部元素的功能写成一个输出函数。

方法一：使用二维数组的行指针作函数参数。

程序代码：

```
01    #include<stdio.h>
02    void output(int m,int(*p)[4]);   //函数声明
03    main()
04    { int a[3][4]={1,2,3,4,5,6,7,8,9,10,11,12};
05      printf("输出二维数组 a:\n");
06      output(3,a);                      //函数调用,实参是二维数组的行数和二维数组名
07    }
08    void output(int m,int(*p)[4])      //m 代表二维数组的行数
09    { int i,j;
10      for(i=0;i<m;i++)
11      {  for(j=0;j<4;j++)
12            printf("%8d",*(*(p+i)+j));
13        printf("\n");
14      }
15    }
```

数组作函数参数时,为了通用性,形参数组的大小不应固定,这对于一维数组不成问题。但由于二维数组的行指针是指向有确定长度的一维数组的指针,因而使用二维数组的行指针作函数参数时,函数的通用性将受到限制。若使用一般的二级指针变量作函数参数,它又不能指向二维数组。

为了解决二维数组处理函数的通用性问题,可以借助于一维数组来处理二维数组。例如 m * n 的二维数组 a,其第 i 行第 j 列元素 a[i][j] 可以对应于一维数组元素 b[i * n+j]。如果 a 和 b 的地址值相同,a、b 数组就完全等价。这样,通过公式 i * n+j 就可以将主调函

数中的二维数组元素与被调函数中的一维数组元素建立起一一对应的关系。

具体方法是，用以处理二维数组的函数，其形参使用一维数组名（或一级指针变量），同时还要有代表二维数组大小的第一维长度和第二维长度的形参变量 m 和 n，并在函数代码中通过公式 i＊n＋j 将实参二维数组的元素下标转换为形参一维数组的元素下标。在函数调用时，实参使用二维数组的列指针（即二维数组元素的地址），同时还要传递二维数组大小的行、列数据给形参变量。

通过以上方法，可以写出一个通用性更强的二维数组元素的输出函数。

方法二：借助于一维数组来处理二维数组的函数

程序代码：

```
01    #include<stdio.h>
02    void output(int arr[],int m,int n);          //函数声明
03    main()
04    { int a[3][5]={1,2,3,4,5,6,7,8,9,10,11,12};
05      printf("输出二维数组 a:\n");
06      output(&a[0][0],3,4);                        //函数调用,实参为二维数组的列指针
07                                                   //或 output(a[0],3,5);
08    }
09    void output(int arr[],int m,int n)            //函数定义
10               //形参使用一维数组或指针变量(int＊arr),m 是行数,n 是列数
11    { int i,j;
12      for(i=0;i<m;i++)
13      {  for(j=0;j<n;j++)
14           printf("%8d",arr[i＊n+j]);             //或 cout<<＊(arr+i＊n+j);
15         printf("\n");
16      }
17    }
```

方法一和方法二的程序运行结果都如图 8-10 所示。

注意：函数调用 output(&a[0][0],3,5);其中的 &a[0][0]不能用 a,否则指针(地址)类型不匹配。

例 8.11 针对例 7.5 的矩阵问题，写一个独立通用的 max_value()函数，找出矩阵中值最大的那个元素的值及其所在的行号和列号。

分析：为了函数的通用性，函数的形参使用一维数组，借助于一维数组来处理二维数组，同时还要有代表二维数组大小的两个形参变量，一共需要 3 个形参。二维数组与一维数组元素下标的对应关系是：a[i][j] ↔ b[i＊n+j],n 为二维数组的列数（参见例 8.10）。

max_value()函数处理的结果是最大值及其行号和列号 3 个数据，不是 return 语句能够返回的，为此可以使用指针作函数参数来解决。如果用 return 语句返回最大值，则应设置 2 个指针参数；如果不用 return 语句返回最大值，则应设置 3 个指针参数。加上上面代表函数所处理的二维数组需要的 3 个形参，max_value()函数的形参应该设置 5 个或 6 个。

于是，max_value()函数的参数可以设计为如下声明形式：

int max_value(int array[],int m,int n,int＊row,int＊column);

程序代码如下:

```
01   #include<stdio.h>
02   int max_value(int array[],int m,int n,int * row,int * column);
03   main()
04   { int a[3][4]={{5,12,23,56},{19,28,37,46},{-12,-34,6,8}};
05     int i,j,max,row,column;
06     printf("The array:\n");
07     for(i=0;i<3;i++)
08     {   for(j=0;j<4;j++)
09           printf("%d\t",a[i][j]);
10         printf("\n");
11     }
12     max=max_value(&a[0][0],3,4,&row,&column);
13              //函数调用返回最大元素的值,并通过指针参数获取对应的行、列坐标
14     printf("\nmax=%d, row=%d, column=%d\n",max,row,column);
15   }
16   int max_value(int array[],int m,int n,int * row,int * column)
17   { int i,j,max;
18     max=array[0], * row=0, * column=0;        //先假定第一个元素值最大
19     for(i=0;i<m;i++)                          //遍历每行
20         for(j=0;j<n;j++)                      //遍历每列
21             if(array[i * n+j]>max)
22             {   max=array[i * n+j];
23                 * row=i;                      //记下该元素的行号 i
24                 * column=j;                   //记下该元素的列号 j
25             }
26     return max;
27   }
```

程序运行结果如图 8-11 所示。

```
C:\Users\Administrator\Desktop\LX.exe
The array:
5       12      23      56
19      28      37      46
-12     -34     6       8

max=56, row=0, column=3

--------------------------------
Process exited after 0.03762 seconds with return value 0
请按任意键继续. . .
```

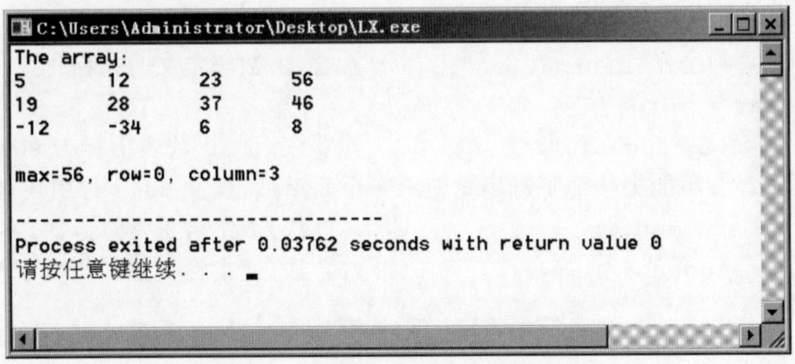

图 8-11 例 8.11 程序的运行结果

注意:以上程序代码中,max_value()函数的形参变量 row 和 column 是指针变量,而 main()函数中的 row 和 column 是普通变量。虽然它们的类型完全不同,但它们在各自的函数中,其名字的意义又是清楚明了的。由于它们属于各自函数的局部变量,只在各自函数的作用范围内有效,因此它们互不干扰。它们只是在函数调用时,才通过"实参→形参"的参数传递建立联系。

8.4 指针与字符串

假如有如下定义：

```
char s[80], * p;
```

这里 s 和 p 都是指向一个字符型内存单元的指针，只不过数组名 s 是一个指针常量，而 p 是一个指针变量。字符数组的主要作用是存储字符串，字符指针的主要作用是用于对字符串进行相关处理。字符串的相关内容将在第 9 章专门介绍。

用字符指针变量和字符数组处理字符串，二者方法基本相同，但同时要注意以下两点：

（1）注意它们所处理的字符串是否存储在字符数组中。字符串常量还可以直接存储在代码区，代码区存储的字符串常量只能被读取而不能被改变，字符数组中的字符则可以被改变。因此，要求在指向代码区字符串常量的字符指针前加上 const，表示其指向的内存区域只可读。

例如：

```
01    char s[80]="i am a student.";      //定义的同时初始化数组,合法
02    const char * p="i am a student.";  //字符串存储在代码区,可读不可写
03                    //定义的同时使指针变量 p 指向字符串常量的起始单元,合法
04    s[0]='I';                          //改变数组首字符的内容,合法
05    * p='I';        //企图改变字符串常量的首字符,非法(常量不能被重新赋值)
```

（2）虽然字符数组中存储的字符内容可以改变，但数组名又是一个指针常量。可以把一个代码区存储的字符串常量地址赋值给一个字符指针变量，但不能直接赋值给一个字符数组，可以在数组定义时初始化赋值，或通过下一章介绍的字符串处理函数进行赋值。

例如：（数组定义以后再赋值）

```
01    char s[80]="Old Information";       //合法,数组定义时初始化
02    const char * p;
03    s[80]="I am a student.";            //非法,s[80]代表下标为 80 的元素,
04                //不能把一个字符串赋值给一个元素,而且 s[80]下标引用越界了
05    s="I am a student.";                //非法,数组名是常量指针,不能被重新赋值
06    p="I am a student.";                //合法,使指针变量 p 指向字符串的起始单元
```

因此，在用字符指针变量和字符数组处理字符串时，要注意常量与变量所带来的差异，注意明确字符串被保存到哪里，是在代码区还是在字符数组中。

例 8.12 编写自己的字符串复制函数。

分析：如图 8-12 所示，从源字符串的起始字符开始，将源字符串的有效字符逐个复制（赋值）到目标字符串的对应位置，这是一个循环赋值的操作。判断有效字符是否已经复制完成的标志是：是否已复制到字符串结束符。在有效字符复制完成后还要注意在目标串有效字符的尾部增加一个字符串结束符。

通过以上分析，可以写出一个字符串复制函数：strCopy(char * dest,char * source)。

程序代码如下：

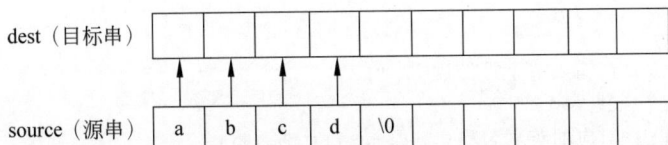

图 8-12　字符串复制示意图

```
01    #include<stdio.h>
02    void strCopy(char * dest, const char * source)
03    { for(; * source!='\0';source++,dest++)
04      * dest= * source;
05      * dest='\0';              //添加字符串结束符,也可写为 * dest=0;
06    }
07    main()
08    { char s[20];
09      const char * p="I am a student.";
10      strCopy(s,p);
11      printf("%s",s);
12    }
```

程序运行结果:

I am a student.

8.5　函数的返回值为指针

与函数有关的指针应用,最主要的是指针作函数参数,这方面内容已在本章前面各节中有详细的介绍。本节再介绍一个与函数有关的指针应用——建立返回值为指针的函数。

返回值为指针的函数,其一般形式是:

类型标识符 * 函数名(参数列表);

例如:

int * pf(int x, int y);

其中,pf 为函数名,它有两个整型参数,函数返回值类型为 int * ,即函数的返回值是一个指向整型的指针。

例 8.13　将月份数字转换为相应的英文名称。

程序代码:

```
01    #include<stdio.h>
02    const char * monthName(int n)              //返回值为指向字符类型的指针
03    { constchar * month[13]={"Illegal month","January","February",
04                   "March","April","May","June","July","August",
05                   "September","October","November","December"};
06      return(n>=1&&n<=12)?month[n]:month[0];
07    }
```

```
08    main()
09    { int m;
10      printf("请输入一个月份数字：");
11      scanf("%d",&m);
12      printf("对应的英文名称：%s",monthName(m));        //函数调用
13    }
```

程序的两次运行结果：

① 输入一个月份数字：80 ↵   ② 输入一个月份数字：8 ↵
    对应的英文名称：Illegal month   对应的英文名称：August

说明：

（1）monthName()函数中建立了一个指针数组（char * month[]），有13个字符指针元素，用12个月份英文名称和1个无效月份名称提示信息的字符串来初始化该数组，即使数组中的13个字符指针分别指向13个字符串。

（2）在主函数中调用 monthName(m)函数，将代表月份数值的实参 m 传递给形参变量 n。这样，monthName()函数调用结束时返回指针数组的一个字符指针元素 month[m]，即第 m 个字符串的首地址，也就是第 m 个月份的英文名称字符串的首地址，从而在主函数中输出了对应的月份英文名称。

本例中，monthName(int)指针函数返回的是被调函数代码区的一个地址，主调函数通过该地址也可以访问到该区域存储的字符串。更多情况下指针函数返回的是主调函数传递到被调函数的某个指针值。有时也可以返回被调函数的局部变量地址，刚返回主调函数时，主调函数也可以通过该地址得到返回数据，但后续容易被覆盖。

（3）关于指针数组

所谓指针数组，就是用于存放指针类型数据的数组。

一维指针数组的定义形式为：

类型标识符 * 数组名[常量表达式];   **//注意[]优先级高于 ***

例如：

```
char *ps[4];                          // 定义指向字符型的指针数组
```

因为下标运算符[]的优先级高于 * ，所以 ps 先和[]结合，成为数组 ps[4]，这个数组有4个元素，每个元素都是指向字符型的指针（char *）。上述指针数组定义等价于：

```
char *(ps[4]);                        //定义指向字符型的指针数组
```

字符指针数组常常用于多个字符串的应用，与二维字符数组相当。

注意区别 int *p[4]和 int (*p)[4]，前者是指数组名为 p 的数组中有4个元素，其每个元素是指向 int 整型的指针；后者是声明 p 是一个指向长度为4的一维整型数组的指针。

字符指针数组常和二维字符数组一起来处理字符串的排序问题。

例 8.14 输入5个英文国名，按字母表顺序排序后输出。

程序代码：

```
01    #include<stdio.h>
```

```
02      #include<string.h>
03      #define N 5
04      main()
05      { int i,j;
06        char name[N][50], * pn[N], * pm;          //定义二维字符数组,指针数组
07        for(i=0;i<N;i++)                          //输入
08        {    printf("请输入一个英文国名: ");
09             fflush(stdin);
10             gets(name[i]);
11             pn[i]=name[i];
12        }
13        for(i=0;i<N-1;i++)                        //交换排序,只交换指针
14            for(j=i+1;j<N;j++)
15               if(strcmp(pn[i],pn[j])>0)
16               { pm=pn[i];pn[i]=pn[j];pn[j]=pm; }
17        for(i=0;i<N;i++)                          //输出排序后的国名
18            puts(pn[i]);
19      }
```

程序运行,输入 5 个国家的英文国名后,排序输出如图 8-13 所示。

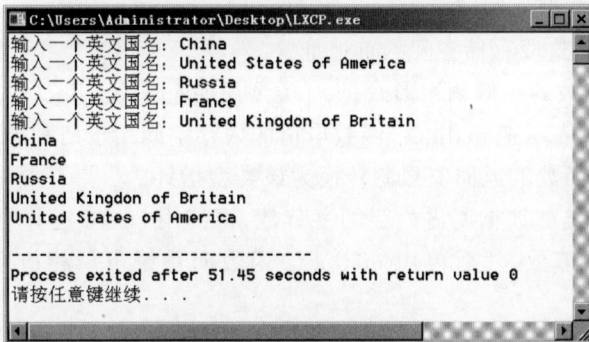

图 8-13   例 8.14 程序的运行结果

8.6   动态内存分配

所谓动态内存分配(dynamic memory allocation)是指在程序执行的过程中动态地分配或者回收存储空间的分配内存的方法。在 C 语言中,可通过使用指针和动态内存分配函数malloc()、calloc()以及释放内存空间的函数 free(),在程序运行期间主动向系统申请分配适量的存储空间,并在使用结束时主动要求释放所获取的空间。

C 语言不允许对数组的大小作动态定义,但结合指针和动态内存分配技术,可以解决内存空间大小动态分配的动态数组问题。

如果要在程序中使用 malloc()、calloc()和 free()函数,必须在程序中先将头文件stdlib.h 包含进来,即 #include<stdlib.h>。

下面介绍 malloc()、calloc()和 free()函数的具体用法。

8.6.1　malloc()函数

malloc()函数的原型为：

```
void * malloc(unsigned int size);
```

malloc()函数的作用是在内存的动态存储区中分配一个长度为 size 字节的连续空间。其参数 size 是一个无符号整型数,返回值是一个指向所分配的连续存储空间的起始地址的指针(void *)。void * 指针通常称为通用指针,常用来说明其基类型未知的指针,即声明了一个指针变量,但未指定它可以指向哪一种类型的数据。因此,若要将函数调用的返回值赋予某个指针,则需要将返回的通用指针强制转换为所需要的指针类型,然后再进行赋值操作。例如:

```
int * pi=NULL;
pi=(int *)malloc(4);
```

其中,malloc(4) 表示申请一个大小为 4 字节的内存空间,(int *)则将 malloc(4) 函数调用返回值的 void * 指针类型强制转换为 int * 指针类型,然后再赋值给 int 型指针变量 pi,即用 int 型指针变量 pi 指向这段存储空间的首地址。

显然,malloc()函数的一般调用形式是:(类型说明符 *)malloc(size)。

其中,类型说明符表示把 malloc()函数申请的内存空间用于何种类型的数据,类型说明符 * 表示把 malloc()函数的返回值强制转换为该类型指针。

若不能确定某种类型数据所占内存的字节数,可使用 sizeof 运算符计算本系统中该类型数据所占内存的字节数,然后再用 malloc()函数向系统申请相应字节数的存储空间。例如:

```
pi=(int *)malloc(sizeof(int));
```

这种方法有利于提高程序的可移植性。

8.6.2　calloc()函数

calloc()函数的原型为:

```
void * calloc(unsigned int n, unsigned int size);
```

calloc()函数的作用是在内存的动态存储区中分配 n 块、每块长度为 size 字节的连续空间。calloc()函数与 malloc()函数的区别在于:

(1) calloc()函数一次可以分配 n 块区域;

(2) 系统对 calloc()函数所分配的存储空间自动初始化为 0。

利用 calloc()函数可以方便直观地建立一个一维动态数组,例如:

```
01    int n=10;
02    float * pf=NULL;
```

```
03    pf=(float *)calloc(n,sizeof(float));
04                 //等价于 pf=(float *)malloc(n*sizeof(float));
```

其中,calloc()函数向系统申请了 n 个连续的 float 型存储单元,并用指针 pf 指向该连续存储空间的首地址。这样,就可以用 pf[i]这种数组元素的方式访问相应的 float 型存储单元。

8.6.3 free()函数

free()函数的原型为:

```
void free(void * p);
```

free()函数的作用是释放由指针 p 所指向的内存空间,p 所指向的空间只能是由 malloc()或 calloc()函数所分配的内存空间。

使用动态内存分配时要注意如下几点:

(1)由 malloc()或 calloc()函数申请的空间是一个有限的内存空间,它不是每次都能申请成功。若函数未能成功分配存储空间(如内存不足),就会返回一个 NULL 指针,因此在调用 malloc()或 calloc()函数时,应该检测返回值是否为 NULL 并执行相应的操作。

(2)要确认 malloc()或 calloc()函数成功分配存储空间后才能使用该内存空间。

(3)申请的内存空间分配成功后不宜变动指针变量的值,否则在释放这片存储空间时会引起系统内存管理的混乱。

(4)由 malloc()或 calloc()函数申请分配成功的内存空间不会自动释放,必须通过 free()函数释放。因此在编写动态内存分配的程序代码时,就要确定在代码的什么地方释放内存,确保释放已分配的内存空间,防止内存空间占用的无限扩大。

例 8.15 一维动态数组示例:输入某班学生的某门课成绩,计算并输出其平均分。学生人数由键盘输入。

程序代码:

```
01    #include<stdio.h>
02    #include<stdlib.h>
03    void inputArray(int * p,int n);      //函数声明
04    double average(int * p,int n);       //函数声明
05    main()
06    { int * p=NULL,n;
07      double aver;
08      printf("How many students? ");
09      scanf("%d",&n);                    //输入学生人数
10      p=(int *)malloc(n*sizeof(int));    //向系统申请内存
11                                         //或 p=(int *)calloc(n,sizeof(int));
12      if(p==NULL)              //确认内存空间是否申请成功,不成功,则结束程序运行
13      {   printf("No enough memory!\n");
14          exit(1);
15      }
16      printf("Please input score:\n");
```

```
17      inputArray(p,n);                    //函数调用,输入学生成绩
18      aver=average(p,n);                  //函数调用,计算平均分
19      printf("Average score: %g",aver);
20      free(p);                            //释放向系统申请的内存
21  }
22  //输入学生成绩 h=函数,形参为指针变量
23  void inputArray(int * p,int n)
24  { int i;
25    for(i=0;i<n;i++)
26        scanf("%d",&p[i]);
27  }
28  //计算平均分函数,形参为指针变量
29  double average(int * p,int n)
30  { int i,sum=0;
31    for(i=0;i<n;i++)
32        sum=sum+p[i];
33    return (double)sum/n;
34  }
```

程序运行结果:

```
How many students? 5 ↙
Input score:
70 80 90 80 70↙
Average score: 78
```

8.7 小   结

(1) 指针是 C 语言的一个特色,它使程序员可以直接、方便地访问内存空间。但是也对存储空间安全带来隐患。

(2) 指针有二重属性:内存地址,该地址存储数据类型。

(3) 通过指针在函数模块间可以更方便地传递数据,其本质是通过传递指针,使得可以访问同一内存空间。

(4) 通过指针可以动态申请内存空间,释放空间,提高了空间利用效率。

习 题 8

一、问答题

1. 比较地址、指针和指针变量这几个概念的区别。

2. 如何区分声明语句和执行语句中"＊"的不同含义?

3. 指针作函数参数的意义是什么?

4. 指针与数组,指针与字符串,它们的关系如何?

5. 何谓行指针？何谓列指针？

6. 动态内存分配需要注意什么问题？

二、选择题

1. 执行完下列 3 条语句后,c 指向(　　　)。

```
01    int a,b, * c=&a;
02    int * p=c;
03    p=&b;
```

A. p　　　　　　　　B. c　　　　　　　　C. b　　　　　　　　D. a

2. 下列程序要对两个整型变量的值进行交换。以下正确的说法是(　　　)。

```
01    #include<stdio.h>
02    int myswap(int p, int q)
03    { int t;
04      t=p;
05      p=q;
06      q=t;
07    }
08    main()
09    { int a=10,b=20;
10      myswap(&a, &b);
11    }
```

A. 该程序完全正确

B. 该程序有错,只要将语句 myswap(&a,&b); 中的参数改为 a,b 即可

C. 该程序有错,只要将 myswap()函数中的形参 p、q 和 t 均定义为指针(执行语句不变)即可

D. 以上说法都不正确

3. 若已定义：char s[10];,则在下面表达式中不表示 s[1]的地址的是(　　　)。

A. s+1　　　　　　B. s++　　　　　　C. &s[0]+1　　　　D. &s[1]

4. 若已定义：int a[4][6];,则能正确表示 a 数组中元素 a[i][j]地址的表达式是(　　　)。

A. &a[0][0]+6 * i+j　　　　　　　　B. &a[0][0]+4 * j+i

C. &a[0][0]+4 * i+j　　　　　　　　D. &a[0][0]+6 * j+i

5. 若有以下定义和赋值语句：int s[2][3]={0},(* p)[3]; p=s;,则对 s 数组的第 i 行第 j 列元素的不正确的引用为(　　　)。

A. * (* (p+i)+j)　　　　　　　　　B. * (p[i]+j)

C. * (p+i)+j　　　　　　　　　　　D. (* (p+i))[j]

6. 若已定义 int a[4][5];,则下列表示的数组元素中(　　　)是错误的。

A. * (a+1)　　　　　　　　　　　　B. (* (a+1))[2]

C. **(a+2)　　　　　　　　　　　　D. * (* (a+1) +2)

7. 若已定义 int a[3][4],(* p)[4];,则下列赋值表达式中(　　　)是正确的。

A. p= * a　　　　　B. p=a[1]　　　　　C. p= * a+2　　　　D. p=a+2

8. 若已定义 int b[3][4]，* q[3]；,则下列赋值表达式中(　　)是正确的。

  A. q＝b   B. q＝* b   C. * q＝b+1   D. * q＝&b[1][2]

9. 以下不正确的字符串赋初值的方式是(　　)。

  A. char * str＝"string";   B. char * str；str＝"string";

  C. char str[]＝{'s','t','r','i','n','g'};   D. char str[7]＝{'s','t','r','i','n','g'};

三、填空题

1. 若有以下定义和语句：

```
01      int a[4]={0,10,20,30}, * p;
02      p=&a[1];
```

则＋＋(* p)的值是_____。

2. 若有以下定义和语句：

```
01      int a[4]={0,10,20,30}, * p;
02      p=&a[2];
```

则 * －－p 的值是_____。

3. 若已定义：

```
int a[2][3]={2,4,6,8,10,12};
```

则 * (&a[0][0]+2 * 2+1) 的值是_____, * (a[1]+2) 的值是_____。

4. 若有以下定义和语句：

```
01      int s[2][3]={0}, ( * p)[3];
02      p=s;
```

则 p+1 表示_____。

5. 下面程序段完成的功能是_____。

```
01      char a[]="12345", * p;
02      int s=0;
03      for(p=a; * p!='\0';p++)
04        s=10 * s+ * p-'0';
```

6. 以下程序段的功能是_____。

```
01      char * str[]={"ENGLISH","MATH","MUSIC","PHYSICS","CHEMISTRY"};
02      char **q;int num;
03      q=str;
04      for(num=0;num<5;num++)
05        printf("%s\n", * (q++));
```

7. 设 a 数组中的数据已按由小到大的顺序存放,以下程序可删除 a 数组中重复的数据。
请填空将程序补充完整。

```
01      int delmore(int a[], int m)          //m 为有序数组 a 的长度
02      { int i,j,n;
03        n=i=m-1;
```

```
04        while(i>0)
05        {    if( * (a+i)== * (a+i-1))
06             {    for(j=         ;j<=n;j++)        //请补充
07                       * (a+j-1)= * (         );    //请补充
08                  n--;
09             }
10             i--;
11        }
12        return n+1;                        //返回无重复数据的新有序数组 a 的长度
13    }
```

8. 以下程序的功能是找出二维数组 a 中每行的最大值,并按一一对应的顺序放入一维数组 s 中,即第 0 行中的最大值,放入 s[0]中;第 1 行中的最大值,放入 s[1]中;以此类推。请填空将程序补充完整。

```
01    #define M 6
02    void max_e(int a[M][M],int s[M])        //M为二维数组 a 的行数
03    { int i,j;
04      for(i=0; i<M; i++)
05      {    * (s+i)= * (         );            //请补充
06           for(j=1;j<M;j++)
07             if( * (s+i)         * ( * (a+i)+j))//请补充
08                  * (s+i)= * (         );        //请补充
09      }
10    }
```

9. 下面程序的功能是将两个字符串连接起来。请填空将程序补充完整。

```
01    char * conj(char * p1,char * p2)
02    { char * p=p1;
03      while( * p1)
04                  ;                        //请补充
05      while( * p2)
06      {    * p1=         ;                  //请补充
07           p1++;
08           p2++;
09      }
10      * p1='\0';
11                  ;                        //请补充
12    }
```

10. 下列程序的输出结果是_____。

```
01    #include<stdio.h>
02    main()
03    { int n;
04      int fun(char * s1,char * s2);
05      char * p1, * p2;
06      p1="abcxyz";
07      p2="abcwdj";
08      n=fun(p1,p2);
```

```
09      printf("%d\n",n);
10    }
11    int fun(char * s1,char * s2)
12    { while( * s1&& * s2&& * s2++== * s1++);
13      return * (--s1) - * (--s2);
14    }
```

四、编程题

1. 用指针的方法编写函数：在一个一维整型数组中，找出它们的最大数、最小数及其所在的下标。

2. 用指针的方法编写函数：将一个矩形方阵进行转置（行列置换）。

3. 用指针的方法编写函数：求一个矩阵所有靠外侧的元素值之和。

4. 用指针的方法编写函数：将某一指定字符从一个已知的字符串中删除。

5. 用指针的方法编写函数：将一个字符串按逆序存放，如字符串为"abcd"，其结果为"dcba"。

6. 用指针的方法编写函数：统计一个字符串中单词的个数（单词之间用空格分隔）。

7. 用指针的方法编写函数 strPartCopy()，其功能是：将字符串 str1 中下标为偶数的字符取出，构成一个新的字符串，放入字符串 str2 中。要求用两种方法实现：

（1）函数声明为：void strPartCopy(char * ,char *)；

（2）函数声明为：char * strPartCopy(char *)；

8. 在主函数中用随机函数生成一个 4×5 的二维数组，调用函数求出该二维数组的鞍点，并通过行列下标变量指针返回鞍点的行列下标值。所谓鞍点是指二维数组中的某个元素，该元素在它所在的行中最大，在它所在的列中最小。

9. 用二维数组 score[A][B]存放 a 个学生的 b 门课成绩，其中 A、B 比 a、b 分别大 1。用数组的第 0 行存放每门课的平均成绩，用数组的第 0 列存放每个学生的平均成绩。除了第 0 行和第 0 列，每一行的各个元素存放某一个学生的各门课成绩。

分别编写两个函数：stu_average()函数和 course_average()函数。用 stu_average()函数计算每个学生的平均成绩，用 course_average()函数计算每门课的平均成绩。

10. 编写一个函数 palin()，用来检查一个字符串是否是正向拼写与反向拼写都一样的"回文"（palindromia），如 MADAM 就是一个回文。若放宽要求，即忽略大小写字母的区别、忽略空格及标点符号等，则像"Madam，I'm Adam"之类的短语也可视为回文。

提示：在函数 palin()中定义两个指针变量，分别指向字符串首部及尾部。判断它们指向的字符相等后，头指针 head 向后移动一个字符位置，尾指针 tail 向前移动一个字符位置，遇空格或标点符号等则跳过，直到能判断出结果。

第9章

字 符 串

思考题

编程实现功能：输入 3 个姓名"Tom Sawyer""Li Chaofeng""Li Fang"，按升序排序后输出。

分析，这里有 3 个问题：

(1) scanf("％s",c)和 C++ 的 cin＞＞c 都无法输入完整的带空格的字符串；

(2) 如何快速、方便地进行字符串的比较？

(3) 如何快速、方便地复制字符串，以便进行排序？

9.1 字符串常量

在计算机进行信息处理时，经常会与多个字符打交道，如姓名、地址、身份证号码、设备名称、规格等。常规的输入如"scanf()"、C++ 的"cin＞＞"，可以用 Enter 键、空格键做输入结束标记，这样无法输入字符中的空格。本章思考题中的问题用前面的知识来解决还是非常困难的。

为此，C 语言专门定义了字符串常量的概念，并开发了一些便于字符串处理的字符处理函数。

字符串常量：就是连续存储的字符，每个字符按 ASCII 码存储，占 1 字节，最后用 1 字节 0 表示字符串的结束（程序中写为'\0'）。

注意：C 语言没有字符串变量，而通过字符数组存放。

字符串可以直接出现在程序中，此时是存储在内存的代码区，可以通过其地址来访问，但是不能修改、存储（只能读不能写）。存储在字符数组中则可读可写。例如语句

```
01    const char * pc="Wuyi";          //定义字符指针,为字符串常量的首地址
02    char c[]="Jiangmen";             //定义数组时可以初始化,同时赋值
03    char a[100];
04    printf("%s\n",pc);               //输出字符串
05    * pc='w';                        //错误! pc 为常量指针,指向内容为常量
06    char * pc2=c;                    //定义指针变量,初始化为数组 c 的地址
07    printf("%s\n",pc2);              //输出字符串
08    * pc2='j';                       //正确,pc2 为指针变量
```

```
09    printf("%s\n",pc2);               //看看 pc2 指向空间的内容变化
10    a=pc;                             //错误！数组名是指针常量
11    a="Guangdong";                    //错误！数组名 a 是常量,指针常量
12    a[0]="G";                         //错误！不能将字符串简单赋值给变量
13    a[0]='G';                         //正确,可以将一个字符赋值给数组元素
```

字符串常量有 3 个特点：

(1) 由一系列 1 字节 ASCII 码表示的字符组成；

(2) 程序中用双引号表示边界；

(3) 系统在存储或赋值时自动在最后加上 0 表示字符串结束。

语句 printf("%d",sizeof("12345"));会输出 6。其在内存中的存储如图 9-1 所示。其中字符串的结束符'\0'在编写字符串处理的相关程序中非常重要。

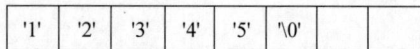

| '1' | '2' | '3' | '4' | '5' | '\0' | | |

图 9-1　字符串"12345"的存储示意图

有了字符串的概念及其特点,就可以开发便于字符串处理的函数。实际上已有字符串输入、输出、赋值、比较等常用的字符串处理函数。

9.2　字符串处理函数

使用字符串处理函数需要在程序文件最前面加上♯include＜string.h＞,包含该头文件。

常用的字符串处理函数见表 9-1。

表 9-1　常用的字符串处理函数

函 数 名	函 数 原 型	函数的功能	返 回 值
strcpy	char * strcpy(char * s1,char * s2)	字符串复制,将 s2 指向的字符串复制到 s1 指向的空间	s1
strcmp	int strcmp(char * s1,char * s2)	字符串比较,按 ASCII 码表的顺序大小比较 s1 和 s2 指向的字符串	负、0、正分别表示小、相等、大
strcat	char * strcat(char * s1,char * s2)	字符串连接,将 s2 指向的字符串连接到 s1 指向的字符串后面	s1
strlen	unsigned strlen(char * s)	字符串长度,统计 s 指向的字符串中的字符个数	字符个数
gets	char * gets(char * s)	字符串输入,从输入缓冲区中取字符串存储到 s 指向的空间	s,出错则返回 NULL
puts	int puts(char * s)	字符串输出,将 s 指向的字符串送到输出缓冲区	0

下面详细介绍这几个函数。

1. strcpy()（字符串复制函数）

函数原型：

```
char * strcpy(char * s1,char * s2)
```

函数功能：将字符指针 s2 指向的字符串复制到字符指针 s1 指向的空间，返回字符指针 s1。

注意：s1 指向的必须是字符数组或新申请的空间，且大小足够，以免溢出后影响其他数据。不能用简单的赋值语句将字符串赋值给字符数组或复制到某个空间。

例 9.1 编程将一个字符串赋值给一个字符数组，并输出显示。

```
01    #include<stdio.h>
02    #include<string.h>
03    main()
04    { char c[100];
05      strcpy(c,"Hello China !");
06      printf("%s",c);
07    }
```

2. strcmp()（字符串比较函数）

函数原型：

```
int strcmp(char * s1,char * s2)
```

函数功能：将字符指针 s1 指向的字符串与字符指针 s2 指向的字符串进行比较，比较规则按照 ASCII 码表的字符顺序，将两个字符串的相对字符依次进行减运算。一旦某对相对字符相减的结果不为 0，则比较结束，并将该非 0 结果作为函数的返回值；如果比较到字符串结束符仍然相减为 0，则函数返回 0，表示两个字符串相同。

注意：不能用关系运算符"＜"或"＞"进行字符串的比较。字符串比较函数对不等的字符串比较结果只能确定是正或负，具体的值根据两个字符串相对位置第一个不等字符相减结果决定。

例 9.2 编程将 3 个字符串按升序排列，并输出显示。

```
01    #include<stdio.h>
02    #include<string.h>
03    void swap0(char *,char *);              //函数声明
04    main()
05    { char c[3][100]={"TomSawyer","Li Chaofeng","Li Fang"};
06      int i;                                //二维字符数组可以存储多个字符串
07      if(strcmp(c[0],c[1])>0)
08          swap0(c[0],c[1]);
09      if(strcmp(c[1],c[2])>0)
10          swap0(c[1],c[2]);
11      if(strcmp(c[0],c[1])>0)
12          swap0(c[0],c[1]);
13      for(i=0;i<3;i++)
```

```
14        puts(c[i]);
15      }
16    void swap0(char * s1,char * s2)        //函数定义
17    { char m[100];
18      strcpy(m,s1);
19      strcpy(s1,s2);
20      strcpy(s2,m);
21    }
```

3. strcat(字符串连接函数)

函数原型:

```
char * strcat(char * s1,char * s2)
```

函数功能:将字符指针 s2 指向的字符串连接到字符指针 s1 指向的字符串后面,返回字符指针 s1。与串复制函数非常相似,不同的是不是复制覆盖 s1 指向的原字符串,而是从原字符串的结束符开始连接。

注意:s1 指向的必须是字符数组或新申请的空间,且大小足够,以免溢出后影响其他数据。不能用简单的加法将两个字符串连接起来。

例 9.3   编程将两个字符串连接赋值到一个字符数组,并输出显示。

```
01    #include<stdio.h>
02    #include<string.h>
03    main()
04    { char c[100]="Hello China !";
05      strcat(c," Is it right ?");
06      printf("%s",c);
07    }
```

4. strlen(字符串长度函数)

函数原型:

```
unsigned strlen(char * s)
```

函数功能:求字符指针 s 指向的字符串中字符的个数,不计最后的字符串结束符号。

注意:当字符串存储在字符数组中时,sizeof()无法求得字符串的长度,而是得到数组的长度,此时必须使用 strlen()函数。

例 9.4   编程求字符串的长度,并输出显示。

```
01    #include<stdio.h>
02    #include<string.h>
03    main()
04    { char c[][20]={"T S","Li Fang"};
05      char n[10]="123 5";
06      printf("%s: %d, size: %d\n",c[0],strlen(c[0]),sizeof(c[0]));
07      printf("%s: %d, size: %d\n",c[1],strlen(c[1]),sizeof(c[1]));
08      printf("%s: %d, size: %d\n",n,strlen(n),sizeof(n));
09      printf("%s: %d, size: %d\n","1 2",strlen("1 2"),sizeof("1 2"));
```

```
10      }
```

运行结果如图 9-2 所示。

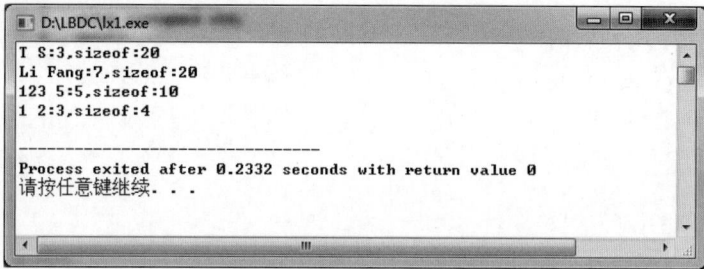

```
□ D:\LBDC\lx1.exe                                    □ ▣ ✕

T S:3,sizeof:20
Li Fang:7,sizeof:20
123 5:5,sizeof:10
1 2:3,sizeof:4
_____
Process exited after 0.2332 seconds with return value 0
请按任意键继续. . .
```

图 9-2　例 9.4 程序的运行结果

5. gets()（字符串输入函数）

函数原型：

```
char * gets(char * s)
```

函数功能：从输入缓冲区中取字符串，存储到字符指针 s 指向的空间，返回字符指针 s，出错则返回 NULL。

注意：gets()函数属于标准输入输出库，它可以接收空格、Tab 键，遇到 Enter 键时结束，存储时自动加上字符串结束符。

6. puts()（字符串输出函数）

函数原型：

```
int puts(char * s)
```

函数功能：将字符指针 s 指向的字符串送到输出缓冲区，返回 0。

注意：puts()函数属于标准输入输出库，它将字符串最后的结束符号以换行形式输出，即比 cout 或 printf("%s",s)多输出一个换行。

9.3　字符串与字符数组

字符串是常量，它可以直接出现在程序代码中，存储在代码区。可以直接出现在字符串处理函数中作为参数，当函数要求该参数是字符指针且不是写入的即可。

字符串一般存储在字符数组中。多个同类的字符串可以存储在二维数组中，每行存储一个字符串，如例 9.2 的二维数组存储多个姓名。这样也便于排序操作。

在对字符串的处理中，字符指针、字符串结束符(\0)经常被用到。

例 9.5　编程输入一个字符串，将其中的小写字符转换为大写，然后输出显示。

```
01    #include<stdio.h>
02    main()
```

```
03      { char c[100], * p;
04        printf("Please input a string: ");
05        gets(c);
06        p=c;
07        while( * p!='\0')
08        {   if( * p>='a'&& * p<='z')        //判断是否是小写字符
09                * p-=32;                     //转换为大写字符
10            p++;                             //字符指针下移
11        }
12        printf("%s",c);
13      }
```

9.4   小   结

（1）由于信息处理中需要大量处理多个连续的字符而不是处理单个字符，因此 C 语言设计了字符串的表示、存储和处理函数，使编程中处理字符串更方便。

（2）字符串就是连续的多个字符，程序中以双引号表示边界，存储时自动在最后加上 0（'\0'）表示结尾。

（3）字符串是常量，可以存储在字符数组中。

（4）字符串的相关处理函数有：复制、比较、连接、求长度、输入、输出。函数参数一般都是字符指针。

习   题   9

1. 编程统计一个字符串中的单词数量。这里规定字符串已存储在数组中，每个单词以空格间隔。

2. 输入一个字符串，分别统计其中的大写字符、小写字符、数字和其他字符的个数。

3. 输入 5 个姓名，将其按升序排序后输出。

4. 编程实现 40 位二进制无符号数的加法：两个二进制无符号数从键盘输入，屏幕显示加法结果。如果可以不输入二进制数的前导 0，例如直接输入一个数 1011，该如何处理？

第**10**章

构造数据类型

思考题

编程实现功能：输入并保存全班 50 名学生的姓名、学号、性别、电话号码、数学成绩、英语成绩和政治成绩，按学号升序排序后输出。

分析：这里涉及一个问题：如果将各类存储内容（在数据库中称为"字段"）均分别保存为一个数组，那么数组之间就没有关联性。学号数组排序后，其他数组怎么办？

10.1 结构体类型

C 语言在基本数据类型的基础上，设计了几种构造数据类型，其中最常用的是结构体类型。结构体类型是几种类型的组合，每一个类型可以包含多个成员，每个成员可以有各自的不同类型，这样可以处理更加复杂的应用问题，例如前面思考题中提出的问题。

定义基本数据类型的变量时，直接用数据类型定义变量即可，构造数据类型在定义变量时需要多一步：先声明构造类型，再定义变量。也可以在定义结构体类型的同时定义结构体变量。

10.1.1 结构体类型的声明

C 语言结构体类型的声明需要使用关键字 struct，并给新定义的结构体类型、各成员分别自定义名称，格式为：

```
01    struct   结构体名称
02    {  数据类型   成员 1 的名称;
03        数据类型   成员 2 的名称;
04        ……
05        数据类型   成员 3 的名称;
06    };
```

其中结构体名称、各成员的名称都是用户自定义的标识符，符合标识符规则即可。

例如，对于本章思考题，可以设计结构体类型 student，声明如下：

```
01    struct student
02    { char name[20];
03      unsigned studentID;
04      char gender;
05      unsigned mathScore;
06      unsigned englishScore;
07      unsigned politicsScore;
08    };
```

注意：在结构体声明的结束花括号后面有分号，表示声明结束。

结构体类型还可以用 typedef 关键字在声明结构体类型时为其定义一个别名，然后该别名就可以和基本数据类型一样定义变量了。数据类型的别名一般大写。例如新定义一个表示日期的结构体类型别名 DATE。

```
01    typedef struct date
02    { int year;
03      int month;
04      int day;
05    } DATE;
```

其中，第 1 行的结构体类型名 date 可以省略。

10.1.2   结构体变量的定义

结构体变量仍然要求"先声明，后使用"。结构体变量的定义可以和结构体类型声明同时，也可以分开。

对于本章思考题，例如已经进行了上述的结构体类型 student 的声明后，就可以定义变量 stu1 等，并可以在定义时初始化。

```
struct student stu1={"Zhang Li",2019001,'f',80,85,95},stu2;
```

下面是在声明结构体类型的同时定义变量的例子：

```
01    struct date
02    { int year;
03      int month;
04      int day;
05    } d1={2019,2,11},d2;          //定义 2 个结构体变量，并初始化 1 个
```

对于使用类型别名定义结构体变量的语句，可以不使用关键字 struct 了。例如：

```
01    typedef struct date
02    { int year;
03      int month;
04      int day;
05    } DATE;                  //声明结构体并定义别名 DATE
06    DATE d1={2019,2,11},d2; //用结构体别名定义变量
```

10.1.3 结构体变量成员的引用

结构体变量由于具有多个不同数据类型的成员,除初始化外,不能对整个结构体变量进行输入、输出或赋值操作,必须分别访问各成员。例如:

```
01    struct student stu1={"Zhang Li",2019001,'f',80,85,95},stu2;
02    strcpy(stu2.name, "Zhang Li");
03    stu2.studentID=2019003;
04    printf("%s",stu1.name);
```

但对于相同类型的结构体变量之间可以整体赋值,例如:

```
01    typedef struct date
02    { int year;
03      int month;
04      int day;
05    } DATE;
06    DATE d1={2019,2,11},d2;
07    d2=d1;
08    printf("%d",d2.year);
```

结构体变量及其成员还可以通过指针访问,并有一个单独的运算符"->"用于通过指针访问结构体变量的成员。例如:

```
01    typedef struct date
02    { int year;
03      int month;
04      int day;
05    } DATE;
06    DATE d1={2019,2,11},d2, * p;      //定义了结构体指针变量
07    p=&d2;                            //给指针变量赋值
08    p->year=d1.year;                  //通过指针访问结构体成员
09    printf("%d",p->year);
```

例 10.1 输入并保存 5 名学生的姓名、学号、性别、电话号码、数学成绩、英语成绩和政治成绩,按学号升序排序后输出。

```
01    #include<stdio.h>
02    #include<conio.h>
03    #include<string.h>
04    #define N 5
05    typedef struct student            //声明结构体类型
06    { char name[20];
07      unsigned studentID;
08      char gender;
09      char phone[12];
10      unsigned mathsScore;
11      unsigned englishScore;
```

```
12      unsigned politicsScore;
13    }STUDENT;
14    void swapStruct(STUDENT * ,STUDENT * );          //声明函数
15    main()
16    { int i,j;
17      STUDENT stu[N];
18      printf("Please input 5 students' information: \n");
19      for(i=0;i<N;i++)                               //通过交互,输入信息
20      {   fflush(stdin);
21          printf(" No. %d\n",i+1);
22          printf(" Name: ");
23          gets(stu[i].name);
24          printf(" ID: ");
25          scanf("%u",&stu[i].studentID);
26          printf(" gender ? (m/f) ");
27          stu[i].gender=getch();
28          putch(stu[i].gender);
29          fflush(stdin);
30          printf("\n phone number: ");
31          gets(stu[i].phone);
32          printf(" Maths score: ");
33          scanf("%d",&stu[i].mathsScore);
34          printf(" English score: ");
35          scanf("%d",&stu[i].englishScore);
36          printf(" Politics score: ");
37          scanf("%d",&stu[i].politicsScore);
38      }
39      for(i=0;i<N-1;i++)                             //交换排序
40        for(j=i+1;j<N;j++)
41          if(stu[i].studentID>stu[j].studentID)
42              swapStruct(&stu[i],&stu[j]);
43      for(i=0;i<N;i++)                               //输出结果
44        printf("\n No %d, %s,\t%u, %c, %s, %u, %u, %u",
45            i+1,stu[i].name,stu[i].studentID,
46            stu[i].gender,stu[i].phone,stu[i].mathsScore,
47            stu[i].englishScore,stu[i].politicsScore);
48    }
49    void swapStruct(STUDENT * p1,STUDENT * p2)        //函数定义
50    { STUDENT m;
51      m= * p1;          //相同类型的结构体变量间可以直接赋值
52      * p1= * p2;
53      * p2=m;
54    }
```

10.2   共用体类型

在实际应用中,有时会出现这样的数据对象,它的取值是非此即彼的数据,此和彼不会同时出现,二者的数据类型往往又不同。例如,表10-1包含了教师和学生的数据信息。从中可以看出,表格最右边一列的数据对于学生和教师而言就是非此即彼的性质不同的数据。这些数据的类型可以是彼此不同的,所需的存储空间大小会不一样,但是将它们存储在起始地址相同的一块存储空间中可以节省存储空间。C语言通过关键字 union 为程序员提供了描述这种数据类型的机制,这就是共用类型。

表 10-1   学校人员情况表

number	name	gender	role	grade(年级)/rank(职位)
1022	Li Chaofeng	f	s(学生)	3
2014	Luo Bing	m	t(教师)	Prof
2019	Zhang Xiaoyan	f	t(教师)	Dean

为节省空间,可将表示学生的年级和教师的职位信息用一个变量 position 表示。与结构体类似,共用体也有多个成员,但是不同成员使用相同的起始地址,不同成员的数据类型可以不同。对不同的变量数据,访问其不同成员,对应采用不同的数据类型读取格式进行读取或写入。

例 10.2   设计共用体类型,保存如表 10-1 所示的 1 位学生和 2 位教师的信息。

```
01    #include<stdio.h>
02    #include<string.h>
03    typedef union position        //声明共用体类型
04    { int grade;                  //年级
05      char rank[10];              //职务
06    }POSITION;                    //共用体类型别名
07    typedef struct                //声明结构体类型
08    { int number;
09      char name[20];
10      char gender;
11      char role;
12      POSITION p;
13    }PERSON;
14    main()
15    { int i;
16      PERSON m[3]={{1022,"Li Chaofeng",'f','s'},
17          {2014,"Luo Bing",'m','t'},{2019,"Zhang Xiaoyan",'f','t'}};
18      m[0].p.grade=3;               //以 grade 成员引用共用变量 p 的成员
19      strcpy(m[1].p.rank,"Prof");   //以 rank 成员引用共用变量 p 的成员
20      strcpy(m[2].p.rank,"Dean");
```

```
21      printf(" No. Name sex job grade/position\n");
22      for(i=0;i<3;i++)
23      {   printf("%d,%15s,%4c",m[i].number,m[i].name,m[i].gender);
24          if(m[i].role=='s')
25              printf("%4c%9d\n",m[i].role,m[i].p.grade);
26          else
27              printf("%4c%11s\n",m[i].role,m[i].p.rank);
28      }
29      }
```

程序运行结果如图 10-1 所示。

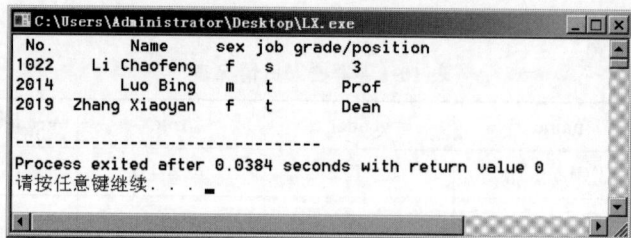

图 10-1　例 10.2 程序的运行结果

共用体变量的成员也可以类似结构体变量的成员通过指针来访问,例如:

```
01      POSITION * pu=&m[0].p;
02      pu->grade=4;
03      cout<<pu->grade;
```

共用体类型的初始化只能赋值给其第一个成员,例如:

```
POSITION m1={3};
```

10.3　枚 举 类 型

实践中常常遇到这样一些情形:一场比赛的结果只有胜、负、平局、比赛取消 4 种情况;一个袋子里只有红、黄、蓝、白、黑 5 种颜色的球;一个星期只有星期一、星期二……星期日 7 天。上述这些数据只有有限的几种可能值,虽然可以用 int、char 等类型表示它们,但是对数据的合法性检查却是一件很麻烦的事情。例如,如果用变量 today 表示今天是星期几的数据,可以把 today 定义为 int 型变量。today 的取值是 0~6,但数据类型 int 所规定的取值范围远远超过这 7 个数。对 today 而言,在 0~6 以外的数都是不合法数据。那么如何从数据结构本身保障 today 数据的合法性呢? C 语言提供的枚举类型的定义机制正是解决这类问题的一种有效选择。

所谓"枚举"是指将需要的变量取值一一列举出来,组成一个常量集合,并且给集合中的每个常量取一个易于识别的名字。枚举类型变量的值只能取自这个常量集合。这样利用枚举类型,就解决了某类数据有限取值的合法性问题,而且还有利于提高程序的可读性。

枚举类型声明的语法是:

```
01    enum 枚举类型名
02    { 枚举常量 1, 枚举常量 2, …, 枚举常量 n
03    };
```

例如,为了描述一周之内的某一天,可以声明一个枚举类型 weekday:

```
01    enum weekday
02    { Sun,Mon,Tue,Wed,Thu,Fri,Sat
03    };
```

weekday 是一个枚举类型的类型名,花括号中 Sun,Mon,…,Sat 称为枚举元素或枚举常量,表示这个类型的变量的值只能是这 7 个值之一。枚举元素属于用户在声明枚举类型时定义的常量标识符。

在声明了枚举类型之后,就可以用它定义变量。如

```
enum weekday workday, week_end, today, tomorrow;
```

这样,workday、week_end、today 和 tomorrow 就被定义为 weekday 枚举类型的 4 个变量。

说明:

(1) 枚举元素是属于用户自己定义的常量标识符,故又称为枚举常量。作为常量,枚举元素是有确定值的,系统按定义时的顺序对它们赋值 0,1,2,3 等。例如上面声明的 weekday 枚举类型中,Sun 的值为 0,Mon 的值为 1,…,Sat 的值为 6。也可以在声明枚举类型时另行指定枚举元素的值,例如:

```
enum weekday { Sun=7,Mon=1,Tue,Wed,Thu,Fri,Sat };
```

这时,Sun 的值被指定为 7,Mon 的值被指定为 1,后面元素则依次自动加 1,…,Sat 的值为 6。

由此可见,每个枚举常量的取值规律是:第一个枚举常量的值默认是 0;如果指定了某个枚举常量的值是 i,则它后面的那个枚举常量的值就是 i+1,以此类推,它是一组整数序号。

(2) 枚举元素是一个常量,不是变量,不能对它们赋值。例如下面的错误语句:

```
Sun=0; Mon=1;                      //错误,不能对枚举常量赋值
```

(3) 枚举型变量的值只能是某个枚举元素,虽然它本质上是一个整数值,但不能把一个整数直接赋给一个枚举变量,而只能把一个枚举常量(枚举元素)赋给一个枚举变量。这正好体现了枚举类型的意义:只能在规定的有限数据项中取值,而且有利于提高程序的可读性。

例如:

```
01    weekday today,tomorrow;        //定义两个枚举型变量
02    today=5;                       //不合法
03    today=Fri;                     //语法正确,today 的值等于 5
04    today--;                       //语法错误,枚举类型不能进行算术运算
05    cout<<today;                   //输出整数 5
```

(4) 枚举值可以进行关系运算。例如:

```
01    if(today==Fri) tomorrow=Sat;
02    if(today==5) tomorrow=Sat;        //与上一语句等价
```

(5) 枚举元素的具体含义由用户决定,例如可以代表一个星期的某一天,也可以代表若干颜色小球中某种颜色的小球。虽然枚举元素实际上是一组数字,但是使用具有明确语义的标识符的程序,比使用毫无意义的数字的程序要清楚得多,而且有利于日后的修改和维护。

例 10.3　口袋中有红、黄、蓝、白、黑 5 种颜色的球各一个。若每次从口袋中任意取出 3 个球,则得到 3 种不同颜色的球的可能有序取法有哪些?

分析:球的颜色只有 5 种,每一个球的颜色只能是这 5 种之一,为此可以声明一个只有 5 个常量的名为 color 的枚举类型。设某一次取出的球的颜色为 i、j 和 k,显然,i、j 和 k 只能是以上 5 种颜色之一,且三者互不相等。可以使用穷举法,找出 3 种不同颜色的球的所有可能的取法。

程序代码如下:

```
01    #include<stdio.h>
02    main()
03    { enum color{red,yellow,blue,white,black}; //定义枚举类型 color
04      enum color ball;                          //定义 color 类型的变量 ball
05      int i,j,k,n=0,loop;                       //n用于累计不同颜色球的组合数
06      for(i=red;i<=black;i++)
07        for(j=red;j<=black;j++)
08          if(i!=j)                              //若前两个球的颜色不同
09          { for(k=red;k<=black;k++)
10            if((k!=i)&&(k!=j))
11            {   n=n+1;
12                printf("%3d",n);                //输出当前不同颜色球的组合数
13                for(loop=1;loop<=3;loop++)      //对 3 个颜色的球作处理
14                { switch(loop)
15                  { case 1:ball=(enum color)i;break;    //强制类型转换
16                    case 2:ball=(enum color)j;break;
17                    default:ball=(enum color)k;
18                  }
19                  switch(ball)                  //判断 ball 的值,输出相应的颜色
20                  { case red: printf("\tred"); break;
21                    case yellow: printf("\tyellow"); break;
22                    case blue: printf("\tblue"); break;
23                    case white: printf("\twhite"); break;
24                    default: printf("\tblack");
25                  }
26                }
27                printf("\n");
28            }
29          }
30    }
```

程序运行将输出 60 种不同的颜色组合结果。

回顾在 10.1 节声明的结构类型"struct student",其中成员 gender 被描述为能够存储代表性别的一个 char 字符变量,而实际情况是性别用 0 和 1 两个状态就可以完整地描述。因此,可以利用枚举类型机制,给出"struct student"的另一种描述:

```
01    struct student
02    { char name[20];              //姓名
03    unsigned studentID;
04    enum {m,f} gender;            //性别:m(整数 0)代表男,f(整数 1)代表女
05    unsigned mathScore;
06    };
```

其中,我们用无名枚举类型 enum {m,f} 定义了成员变量 gender。这样 gender 只能取 0、1 两个整数值之一,避免了 gender 取值的随意性。

10.4   链 表 简 介

数组是一种连续存放同类型数据的数据组织方式,即一种数据结构。但要删除数组中间的某个数据或在其中插入一个数据时,操作非常不方便,需要移动其后面的所有数据,而且数组长度在定义后也无法改变。为此,设计了链表这种数据结构。

10.4.1   创建链表

链表不是数据类型,而是一种内存存储数据的组织方式,是一种数据结构。链表由多个结点组成,这些结点在内存中不必连续,每个结点是一个结构体变量,该结构体至少包含两类成员。

(1) 数据类成员:存放数据;

(2) 指针类成员:存放指向该结构体类型的指针。

每个结点都有一个指向下一结点的指针,就是单向链表;每个结点有两个指针,分别指向其下一结点和上一结点,这是双向链表。每个结点有两个指针,分别指向两个子结点,就是二叉树结构。

图 10-2 表示一种单向链表的结构。其中,每个链表的关键是有一个"头指针",即链表的起始位置。链表由多个结点构成,每个结点一般由两部分组成:一是数据域,它存储了结点本身的信息,是用户需要用到的实际数据,如图 10-2 中的每个结构体的 number、score 成员;二是指针域,它是一个指向后继结点的指针(地址)。链表的最后一个结点被称为"尾结点",它的指针域被置为 NULL,作为链表结束的标志。

可以看出,链表中各个结点在内存中的存储单元可以是不连续的。通过每个结点中的指针域,可以把存储位置不连续的一组数据组成一个有机的整体,并可以动态地组织和管理这组数据。

链表的每个结点都是一个结构体变量,因此一般要先声明这个结构体。有时将链表的起始地址存放在该结构体指针变量中,好像又多了一个头结点,实际上是在链表前面多了一

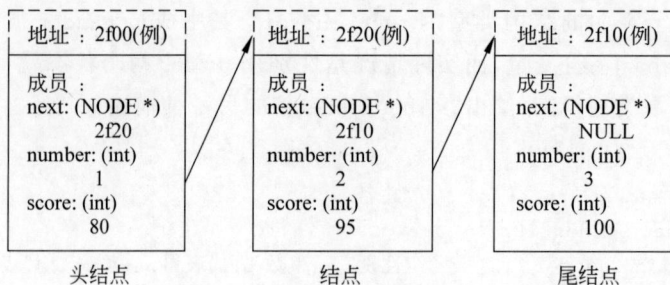

图 10-2　单向链表结构示意图

个结构体指针变量,如图 10-3 所示。此时,头结点只是一个指针变量,而不是结点结构体变量,所以它里面没有成员数据,只有指针指向存放数据的结点。

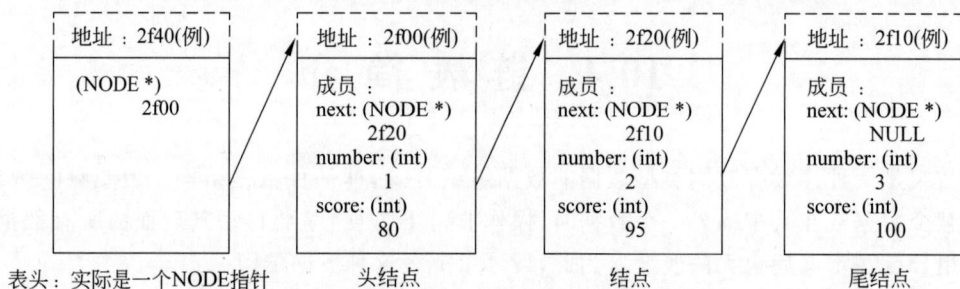

图 10-3　所谓带头结点的单向链表结构示意图

　　显然,用结构类型的变量作为链表中的结点非常合适,因为一个结构变量可以包含各种类型的成员。而用作链表结点的结构变量,它必须有一个指针类型的成员,这个指针类型的成员用于指向后继结点——指向与自己类型相同的结构体类型的数据。

　　例如,可以声明一个组织和管理学生成绩数据的链表结构体类型:

```
01    typedef struct node
02    { int number;
03      int score;
04      struct node * next;            //next 指向 node 结构体变量
05    }NODE;                           //给结构体定义别名
```

　　其中,成员 number 和 score 是用户需要用到的数据;next 是指针类型的成员,它指向 NODE 类型数据(即成员 next 所在的结构体类型,即结点)。用这样的结构体类型就可以建立组织和管理学生成绩数据的链表。

　　从无到有地建立起一个链表,即向空链表中依次插入若干结点,输入各结点的数据,并建立起结点之间前后相互链接的关系。在链表中,某个结点的前一个结点称为该结点的前驱,它的后一个结点称为该结点的后继。新建的结点位置是通过新申请一个结点空间得到的。

10.4.2　对链表的基本操作

　　除创建链表外,对链表的基本操作主要有如下几种:

1）检索操作

按给定的结点索引号或数据检索条件，查找某个结点。

2）插入操作

在结点 k_{i-1} 与 k_i 之间插入一个新的结点 k'，使链表的长度增 1，且 k_{i-1} 与 k_i 的逻辑关系发生如下变化：插入前，k_{i-1} 是 k_i 的前驱，k_i 是 k_{i-1} 的后继；插入后，新插入的结点 k' 成为 k_{i-1} 的后继、k_i 的前驱。

3）删除操作

删除结点 k_i，使链表的长度减 1，且 k_{i-1}、k_i 和 k_{i+1} 之间的逻辑关系发生如下变化：删除前，k_i 是 k_{i+1} 的前驱、k_{i-1} 的后继；删除后，k_{i-1} 成为 k_{i+1} 的前驱，k_{i+1} 成为 k_{i-1} 的后继。

链表这种数据结构的一个重要特点就是：结合动态内存分配机制，一个链表的所有结点都可以在程序执行过程中临时开辟、并能动态地调整和删除（释放其占用的存储空间）。即：应该结合动态内存分配机制实现动态链表的相关操作。

下面给出一个链表的创建与检索的示例。

例 10.4 建立一个学生成绩数据的单向动态链表，并输出链表的数据信息。

分别编写一个创建单向动态链表的函数 create() 和链表数据信息的输出函数 print()。

(1) 创建 create() 函数的基本思路。

首先向系统申请一个结点的空间，输入结点数据域的数据；然后不断地将新结点连接（插入）到链表尾，直至完成最后一个结点的建立，将尾结点的指针域置为空（链尾标志）。要实现这些操作，需要运用 3 个指针变量 head、p1 和 p2。

用头指针变量 head 指向链表的首结点。对于一个空链表，head 的值置为 NULL（空），并用 head 作为函数的返回值。

用 p2 指向原来的尾结点，用 p1 指向新开辟的结点。

通过"p2->next=p1"（next 为用于链接的链表结点的指针成员），把 p1 所指向的新结点连接到 p2 所指向的原尾结点后面，即：将新申请的结点，连接（插入）到链表尾，使之成为新的尾结点。

具体过程如图 10-4 所示，其中 n 代表链表结点的序号。

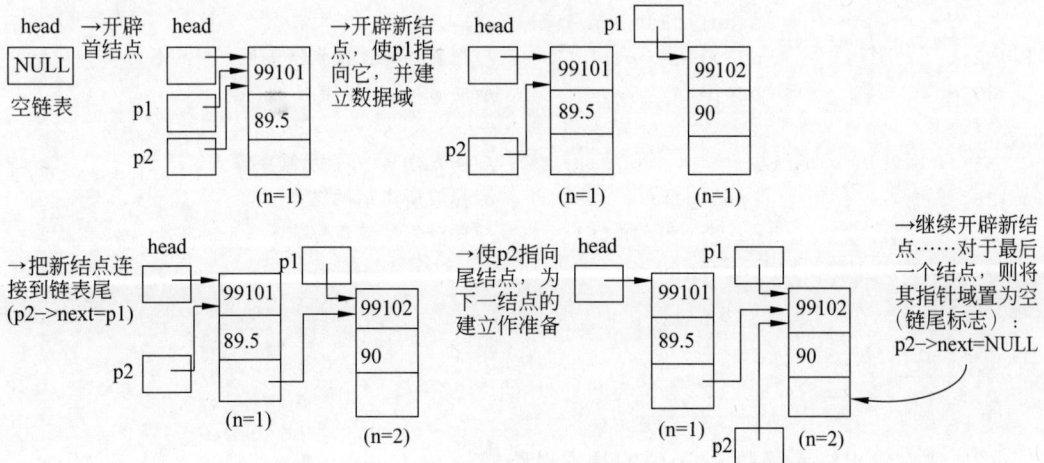

图 10-4　创建链表示意图

在前面定义 NODE 结构体类型的基础上,编写 create()函数代码如下:

```
01    NODE * create(void)
02    { NODE * head=NULL;                    //创建空链表,head 值置为 NULL(空)
03      NODE * p1, * p2;                      //用 p1 指向新开辟的结点,p2 指向尾结点
04      p1=p2=(NODE *)malloc(sizeof(NODE));
05                                            //申请首结点空间,并使 p1、p2 指向它
06      //由空链表建立第一个结点,空间申请成功
07      if(p1!=NULL)
08      {   printf("\n 请输入链表数据(输入 0 学号表示结束数据输入)——\n");
09          printf("请输入学生的学号: ");
10          scanf("%d",&p1->number);
11          if(p1->number!=0)
12          {   printf("请输入该学生的分数: ");
13              scanf("%d",&p1->score);
14              head=p1;                      //使 head 指向链表的首结点
15          }
16          else
17          {   free(p1);                     //释放所申请的结点空间
18              return head;                  //空链表,退出
19          }
20      }
21      else
22          return head;                      //将是空链表,退出
23      //在第一个结点的基础上,建立新结点。此时 p2 指向尾结点
24      while(1)
25      {   p1=(NODE *)malloc(sizeof(NODE));      //p1 指向新申请的结点
26          if(p1!=NULL)
27          {   printf("请输入学生的学号: ");
28              scanf("%d",&p1->number);
29              if(p1->number!=0)             //输入学号不为 0
30              {   printf("请输入该学生的分数: ");
31                  scanf("%d",&p1->score);
32                  p2->next=p1;              //把新结点连接到链表尾
33                  p2=p1;                    //使 p2 指向尾结点
34              }
35              else                          //输入学号 0,表示结束输入
36              {   free(p1);                 //释放所申请的结点空间
37                  p2->next=NULL;            //置链表尾结点标志
38                  return head;
39              }
40          }
41      }
42    }
```

(2) 建立输出链表函数 print()的基本思路。

通过链表的头指针 head,首先找到链表的第 1 个结点,输出结点的数据信息;然后顺着

结点的指针域向后查找下一个结点,输出该结点的数据信息;以此类推,输出链表的全部数据信息,直到链表尾。本函数的操作也称链表的遍历。

print()函数代码如下:

```
01    void print(NODE* p)
02    { printf("\n输出链表数据: \n");
03      if(p!=NULL)
04        do{ printf("%d: %d\n",p->number,p->score);
05            p=p->next;
06          }while(p!=NULL);
07      else
08          printf("此链表为空!\n");
09    }
```

下面给出 main()函数代码,其中调用 create()函数建立链表,调用 print()函数输出链表的数据信息。

```
01    #include<stdio.h>
02    #include<stdlib.h>
03    typedef struct node
04    { int number;
05      int score;
06      struct node * next;
07    }NODE;                          //给结构体定义别名
08    NODE * create(void);            //函数声明
09    void print(NODE * );            //函数声明
10    main()
11    { NODE * head=NULL;
12      int k=0;
13      while(1)
14      {   printf("\n");
15          printf(" 1——创建链表\n");
16          printf(" 2——输出链表");
17          printf(" 0——退出");
18          printf("请选择: ");
19          scanf("%d",&k);
20          switch(k)
21          {   case 0: exit(0);
22              case 1: head=create();      //创建链表
23                      break;
24              case 2: print(head);        //输出链表
25          }
26      }
27    }
```

10.5　小　　结

（1）整型、实型、字符型、指针是 C 语言的基本数据类型。数组、结构体、共用体则是构造数据类型。

（2）结构体是描述有多个不同类型属性的事物，用一个成员描述一种属性，多个成员一起构成一个数据类型。通过结构体类型，可以描述复杂的事物及属性。

（3）共用体与结构体类似，但不同类型的属性不同时出现，这样共用存储空间。

（4）枚举类型是将可能的整型取值列举为常量集合。

（5）数组是连续存放相同类型数据的一种数据结构，链表则是不必连续、可动态修改长度，方便中间插入、删除的一种数据结构，存放的是相同类型的数据。它由多个结点组成，每个结点包括数据和指针两部分。

习　题　10

1. 编程输入 5 个学生的姓名（最多 8 字符）、学号（5 位整数）、数学成绩、英语成绩、计算机成绩，计算每门课程的平均分、每人总分，按总分降序输出学生信息，包括总分。

2. 编程创建单向链表，存储 5 个学生的学号（5 位整数）、分数。输出显示数据。在第一个学生后插入一个新的学生数据。删除第四个学生的数据。

第11章

文件的操作

思考题

如何使数据可以长期保存？如何使数据在计算机断电后仍然存在，或者在其他机器上也可以访问？

如何访问以前保存的数据？

分析：长期保存数据需要保存到外部存储器，如硬盘或 U 盘中，而且必须以文件的形式保存。为此，需要了解、掌握在 C 语言中对文件的操作。

11.1　文件类型及打开方式

文件是操作系统管理的永久存储器上一段或多段已命名的存储区。如"stdio.h"就是一个文件，我们编写的 C 语言源程序，保存起来也是一个文件。文件的具体存储由操作系统管理，编程中主要关心如何读取文件数据和将新的数据写入文件保存。

文件在形式上都是按字节存储的数据，每一位都是 0 和 1。如果每字节按 ASCII 编码表示信息就是文本文件；如果每字节或多字节的一位或多位 0、1 数字一起按二进制表示数据，就是二进制文件。

C 语言最初是作为开发 UNIX 的工具而创建的，最初使用一种方式处理文本文件和二进制文件。特别是用"\n"(0x0a)表示换行，而 DOS 等其他一些系统采用"\r\n"表示换行(0x0a0d)。为此，C 语言提供了两种访问文件的模式：二进制模式和文本模式。

在二进制模式下，可以读写文件的每字节。在文本模式下，会将"\r\n"自动转换为"\n"，便于程序使用。对于 UNIX 或 Linux 系统文件，这两种模式换行没有区别。

文本文件可以使用 fprintf()函数和 fscanf()函数，二进制文件则不合适。

对文件进行读或写，都必须先打开文件，读、写结束后要关闭文件。在进行打开文件的操作时，需要确定打开文件的方式和所打开文件的模式。文件的打开方式有 4 种：只读、只写、读写、添加。

打开文件需要使用函数 fopen()，它有两个参数：文件名、打开方式，返回文件结构体类型指针。

该函数及文件结构体类型是在"stdio.h"头文件中声明的。函数原型为：

```
FILE * fopen(const char * Filename, const char * mode);
```

处理文件结束后要关闭文件：

```
fclose(fp);                //fp 是打开文件时得到的结构体指针
```

为防止文件不存在或其他打开文件错误，一般打开文件的同时，根据返回值判断打开文件操作是否成功。一般形式为：

```
01    if((fp=fopen("demo.dat","wb"))==NULL)    //以写二进制文件模式打开
02    { printf("Failure to open demo.dat file!\n");
03      exit(1);
04    }
```

打开后，就可以针对文件结构体指针 fp 进行写操作、关闭操作。

表 11-1 列出了 C 语言打开文件的各种方式及含义。

表 11-1　打开文件的各种方式及含义

打开方式字符串	含　　义
"r"	以只读模式打开文件
"w"	以写模式打开文件，把现有文件的长度截为 0。如果文件不存在，则创建一个新文件
"a"	以添加写模式打开文件，在现有文件的末尾添加内容，如果文件不存在，则创建一个新文件
"r+"	以读写模式打开文件，可读可写。建议先读再从头写
"a+"	以读、添加写模式打开文件，在现有文件的末尾添加内容。如果文件不存在，则创建一个新文件
"rb"、"wb"、"ab"、"rb+"、"wb+"、"ab+"	与以上模式类似，只是以二进制模式访问文件

11.2　读　文　件

读取文件内容，必须事先知道文件的结构格式，否则读取内容无法正确理解。建议一般按照写文件的格式，按相应的格式、方法去读。

要读取一个文件，一般以"rb"或"rb+"方式打开文件。二进制模式打开只是在处理文本时对换行符的理解有所不同，不会自动将"\r\n"转换为"\n"。"rb"是只读，"rb+"是读取后，用 rewind(fp)函数重定位到文件头，然后可以写入数据。

介绍两种读取方法：读取一个字符和读取块数据。

1. 读取一个字符

```
ch=fgetc(fp);                //从打开文件的 fp 指针处读取一个字符
```

读取后，指针 fp 在文件中的指向位置自动后移 1 字节。如果已经是文件尾，将读取得

到 EOF(-1)。通过函数 feof(fp)是真是假也可以判断文件是否结束。例如：

```
01      while((ch=fgetc(fp))!=EOF)
02          printf("%c",ch);          //将文件内容按字符不断读出并显示
03      while(!feof(fp))              //该方法更灵活,但会多输出-1
04    { printf("%c",fgetc(fp));
05    }
```

feof 函数必须对文件进行一次读操作后才能得到是否文件尾的结果。

对于文件中写入时不是按照 ASCII 码写入的内容,也可以通过这样读出后,将多个字符按二进制进行再次理解。

2. 读取块数据

函数原型为

```
01    unsigned fread(void * buffer,unsigned size,
02                          unsigned count,FILE * fp);
03        //从文件 fp 处读取 count 个 size 大小的块到内存的 buffer 中,
04        //返回读到的实际块数
```

例如,读取整型和字符串：

```
01    fread(&a,sizeof(int),1,fp);  //从文件读取 1 个整型数据给整型变量 a
02    fread(ch,10,1,fp);            //从文件读取 10 个字符到字符数组 ch
```

读取后,指针 fp 在文件中的指向自动后移相应的块长度字节数。

11.3 写 文 件

写文件必须以写方式"wb"或读写方式"rb+"打开文件。同样介绍两种写文件方法：

1. 写一个字符到文件

```
fputc(ch,fp);                            //将字符 ch 写到 fp 在文件中的指向处
```

正确写入后会返回 ASCII 码,否则返回 EOF(-1)。写入后,指针 fp 在文件中的指向位置自动后移 1 字节。

2. 块数据写入文件

函数原型为

```
01    unsigned fwrite(void * buffer,unsigned size,
02                    unsigned count,FILE * fp);
03        //将内存 buffer 中的 count 个 size 大小的块写到文件 fp 处,
04        //返回实际写入的块数
```

例如,写整型和字符串：

```
01    fwrite(&a,sizeof(int),1,fp);              //将整型变量 a 的值写入文件
```

```
02     fwrite(ch,10,1,fp);                        //将字符数组 ch 的 10 个字符写入文件
```
写入后,指针 fp 在文件中的指向自动后移相应的块长度字节数。

例 11.1 编程写文件:将 5 个学生的序号、姓名、性别保存到文件"student.dat"。

```
01     #include<stdio.h>
02     #include<stdlib.h>
03     main()
04     { int a[5]={1,2,3,4,5},i;
05       char name[5][10]={"Tom S","Luo B","Zhang X","Li C","Gao C"};
06       char g[5]={'m','m','f','f','m'};
07       FILE * fp;
08       if((fp=fopen("student.dat","wb"))==NULL)        //以写文件模式打开
09       {   printf("Failure to open student.dat file!\n");
10           exit(1);
11       }
12       for(i=0;i<5;i++)
13       {   fwrite(a+i,sizeof(int),1,fp);               //写 1 个整型:编号
14           fwrite(name[i],10,1,fp);                    //写字符串:姓名
15           fputc(g[i],fp);                             //写 1 个字符:性别
16       }
17       fclose(fp);                                     //关闭文件
18       printf("Succeed to write file.");
19     }
```

例 11.2 编程读文件:将例 11.1 保存的文件"student.dat"中的 5 个学生的信息数据读出,并显示到屏幕。

```
01     #include<stdio.h>
02     #include<stdlib.h>
03     main()
04     { int a,i;
05       char name[10];
06       char g;
07       FILE * fp;
08       if((fp=fopen("student.dat","rb"))==NULL)        //以只读模式打开
09       {   printf("Failure to open student.dat file!\n");
10           exit(1);
11       }
12       for(i=0;i<5;i++)
13       {   fread(&a,sizeof(int),1,fp);
14           if(feof(fp)) break;
15           printf("%d, ",a);
16           fread(name,10,1,fp); printf("%-10s",name);
17           g=fgetc(fp); printf(", %c\n",g);
18       }
19       fclose(fp);
20     }
```

程序运行结果如图 11-1 所示。

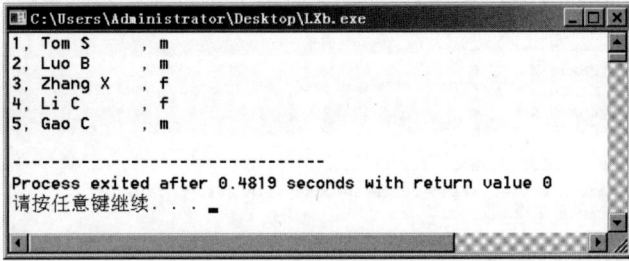

图 11-1   例 11.2 程序的运行结果

例 11.3   编程读写文件：在例 11.1 保存的文件"student.dat"中的 5 个学生的第 4 个学生数据后插入 1 个学生信息：编号 8、姓名"Zhang K"，性别'm'。

```
01    #include<stdio.h>
02    #include<stdlib.h>
03    main()
04    { int a,b=8,i;
05      char name[10],name2[10]="Zhang K";
06      char g,g2='m';
07      FILE * fp;
08      if((fp=fopen("student.dat","rb+"))==NULL)        //以读写方式打开
09      {   printf("Failure to open student.dat file!\n");
10          exit(1);
11      }
12      fseek(fp,15*4,0);                               //定位到第 5 条记录
13      fread(&a,sizeof(int),1,fp);                     //读出
14      fread(name,10,1,fp);
15      g=fgetc(fp);
16      fseek(fp,15*4,0);                               //再次定位到第 4 条记录后
17      fwrite(&b,sizeof(int),1,fp);                    //写入新数据
18      fwrite(name2,10,1,fp);
19      fputc(g2,fp);
20      fwrite(&a,sizeof(int),1,fp);                    //旧数据后移写到后面
21      fwrite(name,10,1,fp);
22      fputc(g,fp);
23      fclose(fp);
24    }
```

用例 11.2 的程序，将读取循环改为 6 后的运行结果如图 11-2 所示，可见成功地在第 4 条数据后插入了 1 条数据。

注意：读写文件建议采取本例方式(rb＋)，可以将原数据先全部读出，然后再写入。如果只是局部修改，也可以采用重定位方式(fseek)，然后写入。"ab＋"模式只能在原文件尾添加数据。

例 11.2 读取文件的全部内容，也可以通过判断文件结束来自动控制，例如

```
01    do
02    {   fread(&a,sizeof(int),1,fp);
```

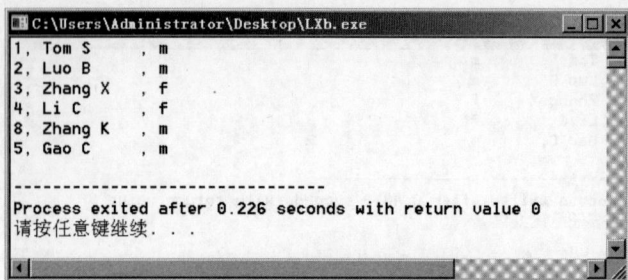

图 11-2 例 11.3 程序修改数据文件后的文件内容读出结果

```
03        if(feof(fp)) break;        //文件尾必须读1次才能判断到
04        printf("%d, ",a);
05        fread(name,10,1,fp);
06        printf("%-10s",name);
07        g=fgetc(fp);
08        printf(", %c\n",g);
09    }while(!feof(fp));
```

注意：feof()函数要做一次读操作，才能得到是否文件尾的判断结果。

例 11.4 编程函数：复制文本文件，参数是 2 个字符指针，表示源文件名和目标文件名。源文件名、目标文件名由用户输入，然后读 2 个文件，分别显示 2 个文件的 ASCII 码。

```
01    #include<stdio.h>
02    #include<stdlib.h>
03    int MyCopy(char *,char *);
04    main()
05    { char f1[100],f2[100];
06      printf("Please input source file name: ");
07      gets(f1);
08      printf("Please input destination file name: ");
09      gets(f2);
10      if(MyCopy(f1,f2))
11          printf("\n\nSuccess");
12      else
13          printf("\n\nFail");
14    }
15    int MyCopy(char * f1,char * f2)
16    { char m;
17      FILE * fp1,* fp2;
18      if((fp1=fopen(f1,"rb"))==NULL)        //以只读模式打开
19      {   printf("Failure to open %s",f1);
20          exit(1);
21      }
22      if((fp2=fopen(f2,"wb"))==NULL)        //以写文件模式打开
23      {   printf("Failure to open %s",f2);
24          exit(1);
25      }
26      while(!feof(fp1))                     //此处故意留下了错误
27      {   m=fgetc(fp1);
```

```
28          fputc(m,fp2);
29      }
30      fclose(fp2);
31      if((fp2=fopen(f2,"rb"))==NULL)          //以只读模式打开
32      {   printf("Failure to open %s",f2);
33          exit(1);
34      }
35      rewind(fp1);
36      m=fgetc(fp1);
37      while(!feof(fp1))
38      {   printf("%u,",(unsigned int)m);
39          m=fgetc(fp1);
40      }
41      printf("\n");
42      m=fgetc(fp2);
43      while(!feof(fp2))
44      {   printf("%u,",(unsigned int)m);
45          m=fgetc(fp2);
46      }
47      fclose(fp1);                            //关闭文件
48      fclose(fp2);
49      return 1;
50  }
```

运行例 11.4 的程序,读取的文本文件"mm1.txt"内容如图 11-3 所示。

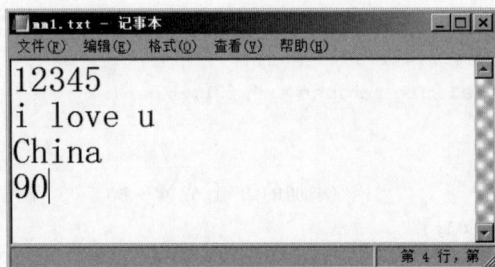

图 11-3   mm1.txt 文本文件的内容

程序运行后的显示如图 11-4。新写的文本文件最后多了一个字符。

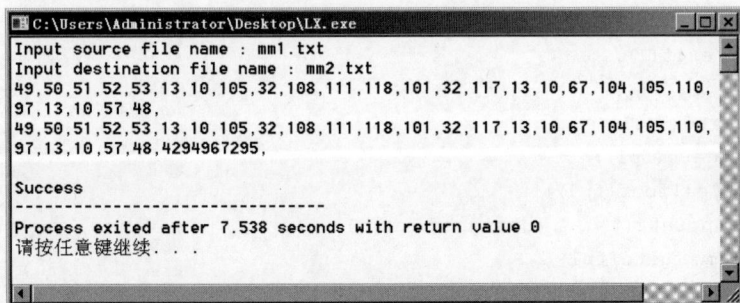

图 11-4   例 11.4 程序运行后的结果

出错的原因是在循环语句读文件时,读取了文件尾,并写到新文件,然后才发现是文件结束,关闭新文件时又加上了文件尾标记。修改程序如下,其实就是 25、27、28 行标注的 3 句语句:

```
01    #include<stdio.h>
02    #include<stdlib.h>
03    int MyCopy(char * ,char * );
04    main()
05    { char f1[100],f2[100];
06      printf("Input source file name: ");
07      gets(f1);
08      printf("Please input destination file name: ");
09      gets(f2);
10      if(MyCopy(f1,f2))
11          printf("\n\nSuccess");
12      else
13          printf("\n\nFail");
14    }
15    int MyCopy(char * f1,char * f2)
16    { char m;
17      FILE * fp1,* fp2;
18      if((fp1=fopen(f1,"rb"))==NULL)
19      {   printf("Failure to open %s",f1);
20          exit(1);
21      }
22      if((fp2=fopen(f2,"wb"))==NULL)
23      {   printf("Failure to open %s",f2);
24          exit(1);
25      }
26      m=fgetc(fp1);              //添加的语句,先读一次
27      while(!feof(fp1))
28      {   fputc(m,fp2);          //修改了顺序,判断后再写
29          m=fgetc(fp1);         //修改了顺序,循环读
30      }
31      fclose(fp2);
32      if((fp2=fopen(f2,"rb"))==NULL)
33      {   printf("Failure to open %s",f2);
34          exit(1);
35      }
36      rewind(fp1);
37      m=fgetc(fp1);
38      while(!feof(fp1))
39      {   printf("%u,",(unsigned int)m);
40          m=fgetc(fp1);
41      }
42      printf("\n");
43      m=fgetc(fp2);
44      while(!feof(fp2))
```

```
45      {   printf("%u,",(unsigned int)m);
46          m=fgetc(fp2);
47      }
48      fclose(fp1);            //关闭文件
49      fclose(fp2);
50      return 1;
51  }
```

11.4 小   结

（1）在信息处理中，很多数据需要长期保存，以文件的形式保存在磁盘上。文件的处理需要操作系统的参与。

（2）文件的读、写操作是计算机应用中的必要技术，但在编程中只需要掌握已有的文件操作函数的使用即可。

（3）常用的文件操作有：打开文件、读数据、写数据、关闭文件。

（4）打开文件时需要通过参数表明：文件的模式、打开文件的操作方式。

习   题   11

1. 编程：输入 5 名学生的编号、姓名、性别、总分信息，并保存到文件 s.dat。

2. 编程：以只读方式打开文件 s.dat，读取文件数据，显示。如果分别以二进制模式和文本模式打开，有什么区别？

3. 编程：以读写方式打开文件 s.dat，读取文件数据，并新输入 2 名学生信息，按编号排序后，重新保存到该文件。用习题 11.2 的程序读取文件，验证写文件是否正确。

第 **12** 章

综 合 应 用

思考题

1. C 语言的典型程序有哪些？
2. 一个完整的程序开发过程是怎样的？
3. 如何使用 C 语言进行单片机开发？

12.1　典型程序示例

例 12.1　编写函数程序：求实数的绝对值。

方法一：使用选择结构，单分支。

```
01    double f(double x)        //定义函数,这里 f 是函数名,x 是参数
02    { if(x<0) x=-x;
03      return x;               //将 double 均改为 int,就是求整数的绝对值
04    }
```

方法二：使用三目运算符。

```
01    double f(double x)
02    { x=x>0?x:-x;             //优先级相当于 x=((x>0) ? (x) : (-x));
03      return x;              //赋值运算优先级低于三目运算
04    }
```

方法三：直接将计算表达式写在 return 语句中。

```
01    double f(double x)
02    { return x>0?x:-x;        //return 后面可以是复杂的表达式
03    }
```

例 12.2　编写函数程序：求累加和 $f(m)=1+2+3+\cdots+m$，并在主程序中调用该函数。

```
01    #include<stdio.h>
02    unsigned f(unsigned);    //函数声明,可以不写参数名,但类型必须写
03    main()
04    { unsigned n,sum;
```

```
05      printf("Please input integer n: ");
06      scanf("%u",&n);
07      sum=f(n);
08      printf("%u",sum);
09      }
10      unsigned f(unsigned m)              //函数定义,f是函数名,括号中是参数
11      {                                  //m是参数,这里必须非负,所以是 unsigned 类型
12        unsigned i,sum=0;                //sum 必须赋初值 0
13        for(i=1;i<=m;i++)                //通过循环,累加求和
14            sum+=i;
15        return sum;
16      }
```

运行程序,输入 100,将输出 5050。

例 12.3　编写函数程序:求累积(即阶乘)f(m)=1 * 2 * 3 * … * m (或 f(m)=m!)。

```
01      double f(unsigned m)               //函数定义,若返回值是其他类型,容易溢出
02      {                                  //m是参数,这里必须非负,因此是 unsigned 类型
03        unsigned i;
04        double fac=1.;                   //放累乘结果的变量,必须赋初值 1
05        for(i=2;i<=m;i++)                //循环也可以从 1 开始,但不能从 0 开始
06            fac * =i;
07        return fac;
08      }
```

在主程序调用该函数,输入 6,将输出 720;输入 10,将输出 3.6288e+006。

例 12.4　编写程序:输入 3 个整数,然后按从大到小的顺序输出显示。

```
01      #include<stdio.h>
02      main()
03      { int a,b,c,m;                     //m用于两个变量交换值的中间变量
04        printf("Please input 3 integers: ");
05        scanf("%d%d%d",&a,&b,&c);        //输入 3 个整数
06        if(a<b)                          //先比较 a、b,使之降序
07        {   m=a;
08            a=b;
09            b=m;
10        }
11        if(a<c)                          //c 最大,降序顺序为:c,a,b
12            printf("\n%d, %d, %d",c,a,b);
13        else if(b>c)                     //a 最大,c 最小,降序为:a,b,c
14            printf("\n%d, %d, %d",a,b,c);
15        else                            //a 最大,b 最小,降序为:a,c,b
16            printf("\n%d, %d, %d",a,c,b);
17      }                                  //注意程序中的 else 与 if 的配对关系
```

运行程序,输入 3　4　5,输出 5,4,3。

例 12.5　编写程序:输入 3 个系数,然后求解一元二次方程 $ax^2 + bx + c = 0$,输出结果。

```
01    #include<stdio.h>
02    #include<math.h>              //需要使用平方根函数 sqrt,所以加上数学库头文件
03    main()
04    { double a,b,c,delta,x1,x2,d,e;     //d、e 是提高计算效率的中间变量
05      do
06      {    printf("\nPlease input a(no 0),b,c: ");
07           scanf("%lf%lf%lf",&a,&b,&c); //输入 3 个实数系数
08      }while(a==0);                     //要求系数 a 不等于 0
09      delta=b*b-4*a*c;
10      e=2*a;                            //根的分母
11      if(delta>=0)                      //有实数根时
12         if(delta>0)                    //再分支:有两个不等的实数根时
13         {    d=sqrt(delta);
14              x1=(-b+d)/e;
15              x2=(-b-d)/e;
16              printf("两个不等的实数根: x1=%f, x2=%f",x1,x2);
17         }
18         else                          //另一分支:有两个相等的实数根时
19              printf("两个相等的实数根: x1=x2=%f",-b/e);
20      else                             //有复数根时
21      {    d=sqrt(-delta);
22           x1=-b/e;
23           x2=d/e;
24           printf("两个共轭的虚数根: x1=%f+%fi, x2=%f-%fi",x1,x2,x1,x2);
25      }                                //注意体会复数的输出格式控制
26    }
```

注意体会程序中的分支逻辑和控制,并学习计算公式的实现。

例 12.6　编写程序:根据输入的百分制整数分数,对应显示为"优"(90 分及以上)、"良"(80～89 分)、"中"(70～79 分)、"及格"(60～69 分)、"不及格"(60 分以下)。

方法一:用 switch 语句实现。

```
01    #include<stdio.h>
02    #include<stdlib.h>
03    main()
04    { unsigned score;                    //无符号整型变量 score 存放分数
05      printf("Please input score 0~ 100:");
06      scanf("%u",&score);
07      if(score>100)                      //处理异常分数,可以不要求,即假设分数正常
08      {    printf("Score error !");
09           exit(1);
10      }
11      switch(score/10)                   //注意分支表达式的设计,是整数除
12      {    case 10:                      //100 分的从该标签进来,向下执行
13           case 9: printf("优"); break;  //遇到 break,结束分支,跳到}后
14           case 8: printf("良"); break;
15           case 7: printf("中"); break;
16           case 6: printf("及格"); break;
```

```
17        default: printf("不及格");       //以上标签均不符合的入口
18     }                                  //switch 控制多分支
19   }
```

方法二：用 if else 来实现。

```
01   #include<stdio.h>
02   #include<stdlib.h>
03   main()
04   { unsigned score;                    //无符号整型变量 score 存放分数
05     printf("Please input score 0~ 100:");
06     scanf("%u",&score);
07     if(score>100)
08     {   printf("Score error !");
09         exit(1);
10     }
11     else if(score>=90)
12         printf("优");
13     else if(score>=80)
14         printf("良");
15     else if(score>=70)
16         printf("中");
17     else if(score>=60)
18         printf("及格");
19     else
20         printf("不及格");
21   }                                    //if else 嵌套以实现多分支
```

例 12.7 编写程序：输入年、月，然后显示该年该月的天数。

```
01   #include<stdio.h>
02   main()
03   { int year,month;
04     printf("Please input year, month:");
05     scanf("%d%d",&year,&month);
06     switch(month)
07     {   case 1:                        //大月从该相应的标签进来,向下执行
08         case 3:
09         case 5:
10         case 7:
11         case 8:
12         case 10:
13         case 12: printf("31"); break;  //break,分支结束,跳到}后
14         case 4:                        //小月从该相应的标签进来,向下执行
15         case 6:
16         case 9:
17         case 11: printf("30"); break;
18         case 2:                        //平月的入口,然后需要判断是否是闰年
19             if(year%4==0 && year%100!=0 || year%400==0)   //闰年
20                 printf("29");
```

```
21              else
22                   printf("28");
23              break;
24         default: printf("month data error.");
25       }
26   }
```

例 12.8   编写函数程序：求各阶乘的和：f(m)＝1!＋2!＋3!＋ … ＋m!。

```
01   double f(unsigned m)            //函数定义,返回值如果是其他类型,容易溢出
02   {                              //m 是参数,这里必须非负,所以是 unsigned
03     int i;
04     double sum=0.,fac=1.;        //两个变量分别存储逐步和、各阶乘
05     for(i=1;i<=m;i++)
06     {   fac * = i;               //每个阶乘每次不必重新算,而是迭代
07         sum+=fac;
08     }
09     return sum;
10   }
```

注意：求累加必须初始化为 0,求累积必须初始化为 1。循环中可以利用前次循环的结果,提高计算效率。如果每次都重新计算阶乘,则计算量大、速度慢。例如 5!＝4!×5,而 4! 已经在上次循环中计算出来了。

运行程序,在主程序中调用该函数,得到 f(8)＝46233,f(10)＝4.03791e＋006。

例 12.9   分别编写程序：显示如图 12-1 所示的 4 幅图形。

```
         *****              *              *****           *****
         *****             ***              ***            ***
         *****            *****              *              *
```

(a) 矩形   (b) 上直角三角形   (c) 倒直角三角形   (d) 倒等边三角形

图 12-1   例 12.9 各程序分别运行的结果

图 12-1(a)的程序段：

```
01   for(i=0;i<3;i++)              //控制行数
02   {   for(j=0;j<5;j++)          //控制每行的 * 数量,都是 5
03         printf(" * ");
04       printf("\n");             //一行输出完后,换行
05   }
```

图 12-1(b)的程序段：

```
01   for(i=0;i<3;i++)              //控制行数
02   {   for(j=0;j<=2 * i;j++)     //控制每行的 * 数量,每行不同,与 i 有关
03         printf(" * ");
04       printf("\n");             //一行输出完后,换行
05   }
```

图 12-1(c)的程序段：

```
01   for(i=0;i<3;i++)              //控制行数
```

```
02   {   for(j=0;j<2*i+1;j++)          //控制每行的空格数量
03           printf(" ");
04       for(j=0;j<5-2*i;j++)          //控制每行的 * 数量,注意与 i 的线性关系
05           printf(" * ");
06       printf("\n");                 //一行输出完后,换行
07   }                                 //每行先输出一定数量的空格,再输出 * 号
```

图 12-1(d)的程序段:

```
01   for(i=0;i<3;i++)                  //控制行数
02   {   for(j=0;j<i+1;j++)            //控制每行的空格数量,每行差 1 个空格
03           printf(" ");
04       for(j=0;j<5-2*i;j++)          //控制每行的 * 数量,注意与 i 的线性关系
05           printf(" * ");
06       printf("\n");                 //一行输出完后,换行
07   }                                 //每行先输出一定数量的空格,再输出 * 号
```

必须采用二重循环,外循环控制行,内循环控制每行内的输出个数。

最后一个程序段的运行结果如图 12-2 所示。

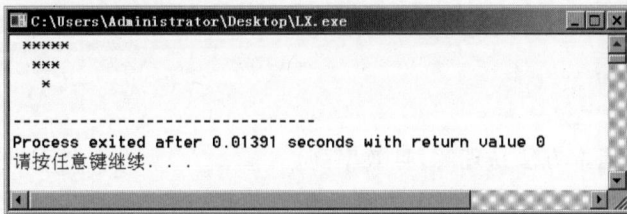

图 12-2　例 12.9 程序的运行结果

例 12.10　编写函数程序: 判断无符号整型参数是否是质数,返回值 1 表示是质数,返回值 0 表示不是质数。

```
01   int f(unsigned m)
02   { int i;
03   for(i=2;i<m;i++)
04       if(m%i==0)
05           return 0;              //试除 2~m-1,一旦除尽,就不是质数
06   return 1;                      //循环结束仍然未除尽,所以是质数
07   }                              //本方法简单,但效率低
```

事实上,前面试除除不尽后对 $\sqrt{m}+1\sim m-1$ 也是不可能除尽的,所以只循环到 $\sqrt{m}$ 即可,可以提高效率。

```
01   int f(unsigned m)
02   { int i;
03   double d;
04   if(m<4) return 1;              //先排除质数 1、2、3
05   if(m%2==0) return 0;          //再排除其他偶数都不是质数
06   d=sqrt(m);
07   for(i=3;i<=d;i+=2)            //只试除 3~√m 的奇数
```

```
08          if(m%i==0)
00              return 0;
10      return 1;
11  }                               //本方法只试除到√m,且先排除了偶数,效率大大提高
```

例 12.11　编写函数程序：求两个无符号整型参数的最小公倍数。

```
01  unsigned int f(unsigned m, unsigned n)
02  { unsigned y,a,b;              //y是返回值,a是大数,b是小数
03    if(m==0||n==0)
04        y=0;                     //排除异常数据 0
05    else
06    {   a=m>n?m:n;               //a 是 m、n 中的大数
07        b=m>n?n:m;               //b 是 m、n 中的小数
08        y=a;                     //从大数开始搜索: a,2a,3a,…,ba
09        do
10        {   if(y%b==0)
11                break;           //能整除较小整数 b,y 就是最小公倍数
12            y+=a;
13        }while(1);
14    }
15    return y;
16  }
```

还有其他方法,但本方法易理解,且效率高。

例 12.12　编写函数程序：求两个无符号整型参数的最大公约数。

```
01  unsigned int f(unsigned m, unsigned n)
02  { unsigned y;
03    if(m==0||n==0)
04        y=0;                     //排除异常数据 0
05    else if(m==1||n==1)
06        y=1;                     //排除异常数据 1
07    else
08    {   y=m<n?m:n;               //从小数开始试除
09        if(m%y!=0||n%y!=0)
10        {   y=y/2;               //否则,从较小数的一半开始向下搜索
11            do
12            {   if(m%y==0&&n%y==0)
13                    break;       //都能整除 y,y 就是最大公约数
14                y--;
15            }while(1);
16        }
17    }
18    return y;
19  }
```

例 12.13　编写函数程序：用递归函数实现阶乘函数 f(m)＝m!。

```
01  double fac(unsigned m)
02  { double f;
```

```
03        if(m==0)                              //递归函数的结束条件
04            f=1.;
05        else
06            f=m*fac(m-1);                      //调用函数自己,但参数不同了
07        return f;
08    }
```

递归函数程序表达简单,容易理解,但执行效率低,占用内存多。

例 12.14 编写程序:根据下面的公式计算 π 的近似值,要求误差小于 1e-6。

$$\frac{\pi}{4}=1-\frac{1}{3}+\frac{1}{5}-\frac{1}{7}+\cdots$$

```
01    #include<stdio.h>
02    main()
03    { int i=3,sign=-1;                         //i是每项的分母,sign是符号
04      double sum=1.,term;                      //term是每一项,sum是累加和
05      do
06      {   term=1./i;                           //注意小数点不能掉,否则结果是 0
07          sum+=sign*term;                      //累加
08          sign=-sign;                          //每项符号反号
09          i+=2;                                //分母加 2
10      }while(term>=.25e-6);                    //注意公式中有 1/4,所以误差要调整
11      printf("%.15f",4*sum);                   //输出 15 位小数,注意累加和乘以 4 的细节
12    }
```

运行后输出结果:3.14159315358947,误差约为 5×10^{-7},符合要求的精度。

注意通过本题,掌握通过精度误差控制循环的方法。

例 12.15 编写函数程序:根据下面的公式计算 $\sin(x)$ 的近似值,要求误差小于 1e-6。

$$\sin(x)=x-\frac{x^3}{3!}+\frac{x^5}{5!}-\frac{x^7}{7!}+\cdots$$

```
01    double f(double x)
02    { int n=1;
03      double sum=x,term=x;                     //注意初值
04      do
05      {   term=-term*x*x/(n+1)/(n+2);          //迭代计算每一项
06          sum+=term;                           //累加
07          n+=2;
08      }while(fabs(term)>=1e-6);                 //绝对值函数不能掉
09      return sum;
10    }                                          //本题与上一例类似,但项间关系要复杂些
```

例 12.16 编写函数程序:根据下面的迭代公式编写自己的平方根函数:$f(x)$,要求误差小于 1e-6。

$$y_0=1,\quad y_{i+1}=(y_i+x/y_i)/2,\quad \sqrt{x}=\lim_{i\to\infty}y_i\ (\ )z$$

```
01    double f(double x)
02    { double y1=1,y2,e;
03        if(x<0)
```

```
04        return -1.;                    //排除负数
05      do
06      {   y2=(y1+x/y1)/2;              //迭代
07          e=fabs(y1-y2);               //迭代误差,注意绝对值函数不能掉
08          y1=y2;                       //新计算出的结果替代旧值,下次循环
09      }while(e>=1e-6);
10      return y1;
11      }                                //本题程序涉及两个变量之间的迭代
```

例 12.17   编写程序：1000 元本金，3 年定期储蓄，年利率 2.25％，计算 3 年后的本息合计金额。

```
01      #include<stdio.h>
02      #include<math.h>                 //需要指数函数 pow,因此要加上数学库头文件
03      main()
04      { double capital=1000.,rate=2.25/100,deposite;
05        deposite=capital * pow(1+rate,3);   //掌握数学函数的使用
06        printf("%f",deposite);
07      }
```

程序运行结果为 1069.03。本例需要了解复利公式，以及根据公式，如何用计算机语言实现。

例 12.18   编写程序：输入字符串，将其中的小写字符变为大写、大写变为小写。

```
01      #include<stdio.h>
02      main()
03      { int i=0;
04        char c[100];                   //定义字符数组,用于存放输入的字符串
05        printf("\nPlease input a string:");
06        gets(c);                       //输入字符串,可以有空格
07        while(c[i]!='\0')              //判断是否到字符串结束
08        {   if('a'<=c[i]&&c[i]<='z')   //是否小写字符
09              c[i]-=32;                //变为大写
10          else if('A'<=c[i]&&c[i]<='Z')   //是否大写字符,必须有 else
11              c[i]+=32;                //变为小写
12          i++;                         //字符数组下标后移
13        }
14        puts(c);                       //输出字符串
15      }
```

程序运行后，如果输入"I am a Chinese."，输出结果如图 12-3 所示。

例 12.19   编写函数程序：参数是字符指针，删除该指针所指字符串中的数字，并将小写字母 c 变为大写。

```
01      #include<stdio.h>
02      void f(char * p);                //函数声明,参数是字符指针
03      main()
04      { char c[100];                   //字符数组用于存放输入的字符串
05        printf("\nPlease input a string:");
```

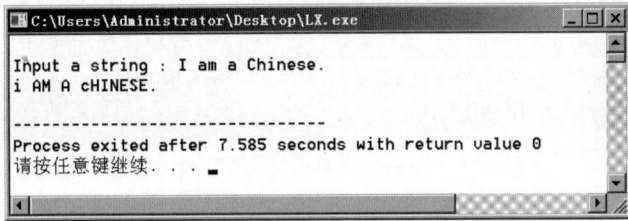

图 12-3　例 12.18 程序的运行结果

```
06     gets(c);                          //输入字符串,可以有空格
07     f(c);                             //调用函数
08     puts(c);                          //输出处理后的字符串
09   }
10   void f(char * p)                    //函数定义,参数是字符指针
11   { char * p1=p;                      //定义一个指针找后续字符
12     while( * p1!='\0')                //循环处理直到字符串结束
13     {   if( * p1=='c')                //如果是小写字母 c
14        {   * p= * p1-32;              //变为大写后复制到前面数字处
15           p++;
16           p1++;
17        }
18        else if( * p1<'0'&& * p1!='\0'|| * p1>'9')
19        {   * p= * p1;                 //非数字复制到前面数字处
20           p++;
21           p1++;
22        }
23        else                          //是数字则不复制,指针后移
24           p1++;
25     }
26     * p='\0';                         //最后加上字符串结束符号
27   }
```

例 12.20　编写函数程序：参数是整型数组名、长度,功能是用交换法对该数组按升序排序,由数组名带回结果。

```
01   #include<stdio.h>
02   void f(int *,int);                  //函数声明,参数是指针,整数表示长度
03   main()
04   { inti,d[10]={4,7,0,1,9,5,2,8,3,6}; //原始数据
05     printf("\nOriginal: ");
06     for(i=0;i<10;i++)
07        printf("%d, ",d[i]);           //显示原始数据
08     f(d,10);                          //调用排序函数
09     printf("\nAfter px: ");
10     for(i=0;i<10;i++)
11        printf("%d, ",d[i]);           //输出显示排序后的数据
12   }
```

```
13    void f(int * a,int n)              //函数定义,此时需要参数名
14    { int i,j,m;                       //i、j 控制循环,m 是用于交换的中间变量
15      for(i=0;i<n-1;i++)               //依次找出 n-1 个最小数、次小数……
16        for(j=i+1;j<n;j++)             //j 是 a[i]后面的所有元素的下标
17          if(a[i]>a[j])                //后面大则交换,使 a[i]始终比后面小
18          { m=a[i];
19            a[i]=a[j];
20            a[j]=m;
21          }
22    }
```

程序运行后的结果如图 12-4 所示。

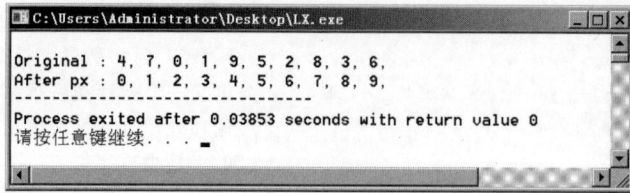

图 12-4　例 12.20 程序的运行结果

12.2　程序设计实例

C 语言是模块化面向过程的程序设计语言,本节将通过一个程序设计实例,介绍如何将复杂的需求按功能分解为模块,以及各模块的算法设计。

例 12.21　这是一个游戏程序,计算机随机生成一个各位数字不重复的 4 位有序整数,例如"0351",但先不显示。然后由用户用尽可能少的次数来猜这个数字,用户每次输入猜的结果后,计算机提示"mAnB",表示猜对了 m 个数字且位置也对、猜对了 n 个数字但位置不对。用户不断根据前面的猜测和计算机的提示,用尽可能少的次数猜对这个数字。

程序的某一次运行结果如图 12-5 所示。

将程序的需求按功能划分为 5 个模块:初始化模块、生成随机数模块、用户输入模块、比较显示模块和评价模块,总体流程图如图 12-6 所示。

其中,"生成随机数""用户输入"两个模块相对复杂,其他则相对简单,下面分别加以分析。

(1)初始化模块:显示游戏的初始界面、显示屏幕提示、设定随机种子。初始化函数定义为:

```
01    void initial()                    //函数定义
02    { printf("\n\n****************************************\n\n");
03      printf(" 猜数游戏:猜一个各位都不重复的 4 位数字(类似 0527)\n\n");
04      printf("****************************************\n");
05      srand((unsigned)time(0));        //设定随机种子为当前时间
06    }
```

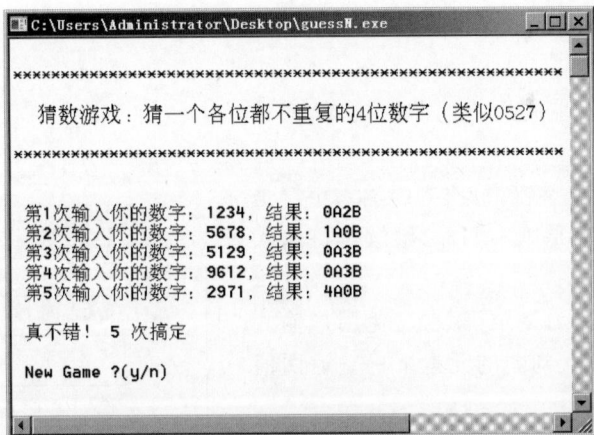

图 12-5　例 12.21 程序的一次运行结果

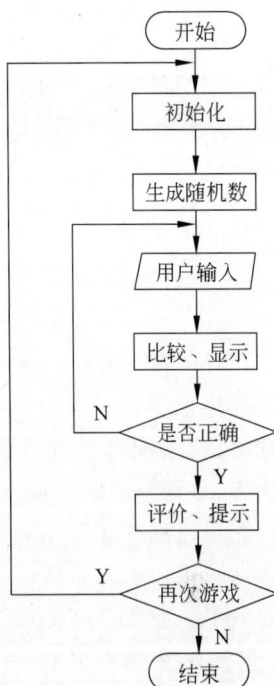

图 12-6　例 12.21 的总体流程图

（2）生成随机数模块：生成 4 位数字不重复的随机整数，有多种方法。

首先，C 语言的数学库提供了随机函数，可以生成 0～32 767 的随机整数。

```
01    #include<stdio.h>
02    #include<iostream>
03    #include<time.h>
04    #include<math.h>
05    #include<stdlib.h>
06    main()
07    { int a,b,c,d,m=4,n=55;
08      srand((unsigned)time(0));        //必须先调用设定随机种子函数
09      a=rand();                        //可生成 0~32 767 的随机整数
10      b=rand()%10;                     //生成随机 1 位数,0~9
11      c=rand()%100;                    //生成随机 2 位数,0~99
12      d=m+rand()%(n-m+1);              //生成随机数,值范围 n~m
13      ......
14    }
```

要使 4 位数字不重复，可以在生成 4 位随机数后，判断是否有重复，有重复则重新生成，直到满足要求。该方法效率较低。

比较巧妙的是可以采用随机抽取法：在 10 个元素的整型数组中，分别是整数 0～9，循环 4 次；每次生成 1 个随机数作为数组元素下标，该数组元素值就作为 4 位数的一个数字；抽取后，删除数组中的该数字，数组的后续数字前移，下次生成的数组下标范围减小 1 个，第 1 次是 0～9，第 2 次是 0～8，……。该模块函数定义为 makeData()，程序为：

```
01      int makeData()                                    //返回的整数就是生成的随机数
02      { int a[]={0,1,2,3,4,5,6,7,8,9},i,j,m,sum=0;
03          for(i=0;i<N;i++)                              //宏定义 N 是随机数的位数,1~10
04          {   m=rand()%(10-i);                          //生成随机下标
05              sum=sum*10+a[m];                          //抽取该下标的元素作为一位数字
06              for(j=m;j<9-i;j++)                        //数组抽取数后的元素前移
07                  a[j]=a[j+1];
08          }
09          return sum;
10      }
```

（3）用户输入模块：难度在于要控制用户的非法输入，使程序具有鲁棒性。

方法是：循环 4 次，每次输入 1 个字符，每次判断输入字符是否是数字、是否与前面的输入重复，不是则不回显，继续等待输入字符。算法流程图如图 12-7 所示。

将判断用户输入是否重复单独写为一个函数，避免用户输入重复的数字。参数是字符数组首地址、判断的元素下标。返回值 1 表示重复；0 表示不重复。该函数为：

```
01      int judge(char * c,int i)
02      { int r=0,n;
03          for(n=0;n<i;n++)
04              if(c[i]==c[n])
05              {   r=1;
06                  break;
07              }
08          return r;
09      }
```

用户输入模块函数,整型参数 n 表示第 n 次输入,返回值为输入得到的整数。函数为：

图 12-7 用户输入模块的
           算法流程图

```
01      int inputD(int n)
02      { char c[4];
03          unsigned d=0,i;
04          printf("\n No.%2d. Guess 4 digits: ",n+1);
05          for(i=0;i<4;i++)                              //输入 4 个数字
06          {   do
07              { fflush(stdin);                          //只有输入数字且不重复,才能回显
08                  c[i]=getch();                         //使输入有效,否则需要重新输入
09              }while(!isdigit(c[i])||judge(c,i));
10              putch(c[i]);                              //回显 1 个输入的不重复数字
11              d=d*10+c[i]-'0';                          //转换为整数
12          }
13          return d;
14      }
```

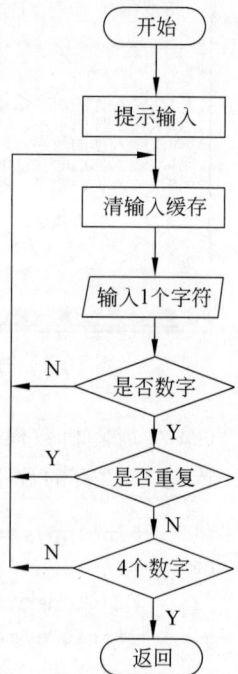

（4）比较、显示模块：比较计算机生成的 4 位数字与用户输入的 4 位数字,判断有几个

数字对且位置也对、几个数字只是数字对但位置不对，然后显示。进一步判断是否 4 个数字均已猜正确且位置对，不对则返回(3)用户输入模块，对了则进入(5)评价模块。函数的两个整型参数分别是计算机生成的随机数、用户输入的 4 位数字，程序中将显示比较结果，函数返回值 1 表示本次游戏结束：4 个数字均猜对且位置也对；0 表示未完全猜对。程序为：

```
01    int judgeGame(int a,int b)
02    { int m=0,n=0,r=0,c[4],d[4],i,j;
03    for(i=0;i<4;i++)
04        { c[i]=a%10;
05        d[i]=b%10;
06        a/=10;
07        b/=10;
08        if(c[i]==d[i])
09            m++;
10        }
11    for(i=0;i<4;i++)
12        for(j=0;j<4;j++)
13            if(c[i]==d[j]&&i!=j)
14                n++;
15    printf(", %dA%dB",m,n);
16    if(m==4)
17        r=1;
18    return r;
19    }
```

(5) 评价模块：根据猜数的次数，评价本次游戏表现的优良，并提示是否再次游戏。根据用户的选择，返回模块(2)再次游戏或结束。函数整型参数是用户猜对用的次数，返回值 1 表示再次游戏；0 表示结束游戏。程序为：

```
01    int lastGame(int n)
02    { char ch;
03    if(n<8)
04        printf("\n\n 真不错! %d 次搞定!",n);
05    else if(n<12)
06        printf("\n\n 要加油! %d 次才搞定!",n);
07    else
08        printf("\n\n 不行啊! %d 次才搞定!",n);
09    printf("\n\n New Game ? (y/n) ");
10    ch=getch();
11    printf("%c\n",ch);
12    if(ch=='y'||ch=='Y')
13        { return 1;
14        }
15    else
16        return 0;
17    }
```

程序头文件、函数声明及主程序为：

```
01    #include<stdio.h>
02    #include<conio.h>
03    #include<string.h>
04    #include<time.h>
05    #include<math.h>
06    #include<stdlib.h>
07    //------------------------------下面为 7 个函数的声明
08    void initial();                              //初始化模块
09    int makeData();                              //初生成随机数模块
10    int judge(char *,int);                       //检查输入字符是否重复
11    int inputD(int);                             //用户输入模块
12    int judgeGame(int,int);                      //比较本次猜数结果并显示模块
13    int lastGame(int);                           //评价模块,并判断游戏是否继续
14    main()                                       //主程序
15    { int dComputer,dUser,n,rGame,repeatGame;    //定义变量
16      initial();                                 //初始化
17      do                                         //重复游戏
18      {   dComputer=makeData();                  //生成随机数
19          n=0;                                   //统计猜数次数
20          rGame=0;                               //是否再次游戏
21          while(!rGame)                          //不断由用户猜数
22          {   dUser=inputD(n);                   //用户输入猜数
23              rGame=judgeGame(dComputer,dUser);  //判断猜数结果
24              n++;                               //猜数次数加 1
25          }
26          repeatGame=lastGame(n);                //评价,询问是否再次游戏
27      }while(repeatGame);                        //判断是否再次游戏
28    }
```

主程序加上各函数定义,就构成了完整的程序。该程序本身逻辑、过程还是比较复杂,但玩该游戏则需要严密的逻辑推理。可以尝试编程让计算机玩该游戏。

12.3　单片机程序实例

可编程逻辑器件一般都有自己不同于 PC 的硬件结构,需要使用各自的汇编语言编程,例如单片机、嵌入式等。其中单片机是体积小、价格低且有逻辑编程和控制功能的逻辑器件,它有自己独特的结构,比较经典的是 Intel 8051 单片机。

单片机一般使用汇编语言编程,以直接控制硬件。但汇编语言可读性差,使用相对困难。C 语言有直接控制硬件的功能,与汇编比较接近,在单片机、嵌入式开发中已完全可以使用 C 语言实现编程。应用 C 语言做这些器件的开发,需要结合这些器件的学习同时进行。下面简单介绍 C 语言做单片机开发的内容。

首先,C 语言做单片机开发,需要在相应的开发平台上,目前使用较多的是 Keil 软件,它可以进行编辑、编译、单片机仿真调试运行。

其次,C 语言开发单片机程序需要加上头文件"reg51.h"以将单片机硬件的特殊功能寄

存器、特殊位进行宏定义,这样在 C 语言编程时就可以使用这些寄存器和位,并经过编译后
生成单片机汇编语言程序。"reg51.h"头文件的部分内容为:

```
01    #ifndef _ _REG51_H_ _
02    #define _ _REG51_H_ _
03    /*  BYTE Register          下面是定义特殊功能寄存器  */
04    sfr P0    = 0x80;
05    sfr P1    = 0x90;
06    sfr P2    = 0xA0;
07    sfr P3    = 0xB0;
08    sfr PSW   = 0xD0;
09    sfr ACC   = 0xE0;
10    sfr B     = 0xF0;
11    sfr SP    = 0x81;
12    sfr DPL   = 0x82;
13    sfr DPH   = 0x83;
14    sfr PCON  = 0x87;
15    sfr TCON  = 0x88;
16    sfr TMOD  = 0x89;
17    sfr TL0   = 0x8A;
18    sfr TL1   = 0x8B;
19    sfr TH0   = 0x8C;
20    ……
21    /*  BIT Register           下面是定义程序状态字的特殊位 */
22    /*  PSW */
23    sbit CY   = 0xD7;
24    sbit AC   = 0xD6;
25    sbit F0   = 0xD5;
26    sbit RS1  = 0xD4;
27    sbit RS0  = 0xD3;
28    sbit OV   = 0xD2;
29    sbit P    = 0xD0;
30    ……
31    #endif
```

下面是一个 C 语言编写的 Intel 8051 单片机定时器中断服务程序:

```
01    #include<reg51.h>                    //针对 8051 单片机的头文件
02    #define RELOADVALH 0x3C
03    #define RELOADVALL 0xB0
04    extern unsigned int tick_count;      //声明外部变量,在其他文件中定义
05    void timer0(void) interrupt 1 using 0 //中断服务程序函数
06    { TR0=0;                             //停止定时器 0
07      TH0=RELOADVALH;                    //重装定时器设定值,设定溢出时间 50ms
08      TL0=RELOADVALL;                    //定时器 0 的设定值低位字节
09      TR0=1;                             //启动 T0
10      tick_count++;                      //时间计数器变量加 1
11    }
```

可见,用 C 语言编写的单片机程序,含义更明确、易理解,开发起来也更容易。

12.4　小　　结

（1）学习程序设计的目的是开发程序，选择、填空、考试都是为掌握语法最终进行编程服务。对于难、怪、偏的语法细节，不必过分纠结。掌握语法核心，掌握编程常规是学习重点。

（2）程序设计只是算法的代码实现，并不是非常困难的事情。学习好编程需要多动手练习，特别是编程练习。通过学习已有的典型程序示例，可以帮助学习编程，举一反三。多学、多练、多思考，就可以很好地掌握程序设计。

（3）解决复杂问题的程序开发。可以采用结构化程序设计方法：将一个复杂问题分解为多个子问题，分别编写程序模块解决。

（4）C语言还可以广泛应用于智能设备的编程，如嵌入式系统、单片机、DSP 等，进一步结合这些设备的硬件结构学习，可以用 C 语言进行这些设备的程序设计。

习　题　12

1. 将本章例 12.1～例 12.20 的 20 个示例程序，自己编写一遍。
2. 完整编写本章 12.2 节的例 12.21 游戏程序，并调试、运行。
3. 改进例 12.21，加上保存游戏结果功能，将最佳 5 次游戏结果的保存次数、游戏的日期时间、游戏者，在每次游戏结束时都显示成绩，根据游戏情况不断更新成绩。

ASCII 码表

表 A-1　ASCII 码表

ASCII 码		字符	ASCII 码		字符	ASCII 码		字符	ASCII 码		字符
十进制	十六进制		十进制	十六进制		十进制	十六进制		十进制	十六进制	
0	0	(NUL)	21	15	(NAK)	42	2A	*	63	3F	?
1	1	(SOH)	22	16	(SYN)	43	2B	+	64	40	@
2	2	(STX)	23	17	(ETB)	44	2C	,	65	41	A
3	3	(ETX)	24	18	(CAN)	45	2D	—	66	42	B
4	4	(EOT)	25	19	(EM)	46	2E	.	67	43	C
5	5	(ENQ)	26	1A	(SUB)	47	2F	/	68	44	D
6	6	(ACK)	27	1B	(ESC)	48	30	0	69	45	E
7	7	(BEL)	28	1C	(FS)	49	31	1	70	46	F
8	8	(BS)	29	1D	(GS)	50	32	2	71	47	G
9	9	(HT)	30	1E	(RS)	51	33	3	72	48	H
10	A	(LF)	31	1F	(US)	52	34	4	73	49	I
11	B	(VT)	32	20	(空格)	53	35	5	74	4A	J
12	C	(FF)	33	21	!	54	36	6	75	4B	K
13	D	(CR)	34	22	"	55	37	7	76	4C	L
14	E	(SO)	35	23	#	56	38	8	77	4D	M
15	F	(SI)	36	24	$	57	39	9	78	4E	N
16	10	(DLE)	37	25	%	58	3A	:	79	4F	O
17	11	(DC1)	38	26	&	59	3B	;	80	50	P
18	12	(DC2)	39	27	'	60	3C	<	81	51	Q
19	13	(DC3)	40	28	(	61	3D	=	82	52	R
20	14	(DC4)	41	29	)	62	3E	>	83	53	S

ASCII 码		字符	ASCII 码		字符	ASCII 码		字符	ASCII 码		字符
十进制	十六进制		十进制	十六进制		十进制	十六进制		十进制	十六进制	
84	54	T	95	5F	_	106	6A	j	117	75	u
85	55	U	96	60	`	107	6B	k	118	76	v
86	56	V	97	61	a	108	6C	l	119	77	w
87	57	W	98	62	b	109	6D	m	120	78	x
88	58	X	99	63	c	110	6E	n	121	79	y
89	59	Y	100	64	d	111	6F	o	122	7A	z
90	5A	Z	101	65	e	112	70	p	123	7B	{
91	5B	[	102	66	f	113	71	q	124	7C	|
92	5C	\	103	67	g	114	72	r	125	7D	}
93	5D	]	104	68	h	115	73	s	126	7E	~
94	5E	^	105	69	i	116	74	t	127	7F	(DEL)

其中 0~31 和 127 是 33 个控制字符,它们的含义如表 A-2 所示。

表 A-2　控制字符的含义及显示

ASCII 码		字符名	显示	含义
十进制	十六进制			
0	0	NUL	无	字符串结束、文件结束、无
1	1	SOH	☺	标题开始
2	2	STX	☻	正文开始
3	3	ETX	♥	正文结束
4	4	EOT	♦	传输结束
5	5	ENQ	♣	请求
6	6	ACK	♠	应答
7	7	BEL	无	响铃
8	8	BS	退格	退格删除
9	9	HT	下制表位	水平制表位
10	A	LF	换行	下一行
11	B	VT	♂	垂直制表位
12	C	FF	♀	换页
13	D	CR	回左	Enter 键,到行最左

ASCII 码		字 符 名	显 示	含 义
十进制	十六进制			
14	E	SO	♪	不用 Shift 切换
15	F	SI	¤	启用 Shift 切换
16	10	DLE	▶	数据链路转义
17	11	DC1	◀	设备控制 1
18	12	DC2	↕	设备控制 2
19	13	DC3	‼	设备控制 3
20	14	DC4	¶	设备控制 4
21	15	NAK	§	拒绝接收
22	16	SYN	▬	同步空闲
23	17	ETB	↕	块传输结束
24	18	CAN	↑	取消
25	19	EM	↓	介质中断
26	1A	SUB	→	替补
27	1B	ESC	←	换码（溢出）
28	1C	FS	∟	文件分隔符
29	1D	GS	↔	组分隔符
30	1E	RS	▲	记录分隔符
31	1F	US	▼	单元分隔符
127	7F	DEL	⌂	删除

附录 B

C 语言的关键字

1989 年，美国国家标准协会(ANSI)颁布了一个被广泛接受的 C 语言标准，称为 ANSI C (也简称 C89 或 C90)，共定义了 32 个关键字，也成为保留字。后续国际标准化组织 ISO 发布了 C99 和最新的 C11 标准。C89 中的 32 个关键字及其含义如表 B-1 所示。

表 B-1　C 语言的 32 个关键字

关 键 字	含　　义	关 键 字	含　　义
auto	自动变量(与静态相对)	static	声明静态变量
short	短整型变量、数据或函数	volatile	说明变量在程序执行中可被隐含地改变
int	整型变量、数据或函数	void	函数无返回值或无参数，无类型指针
long	长整型变量、数据或函数	if	条件语句
float	浮点型变量、数据或函数	else	条件语句否定分支(与 if 连用)
double	双精度变量、数据或函数	switch	开关语句
char	字符型变量、数据或函数	case	开关语句的分支之一
struct	结构体变量或函数	for	一种循环语句
union	共用数据类型	do	循环语句的循环体
enum	枚举类型	while	循环语句的循环条件
typedef	用以给数据类型取别名	goto	无条件跳转语句
const	声明只读变量	continue	结束当前循环，开始下一轮循环
unsigned	无符号类型变量、数据或函数	break	跳出当前循环、分支
signed	有符号类型变量、数据或函数	default	开关语句中的"其他"分支
extern	声明变量是在其他文件中声明	sizeof	计算数据类型长度
register	声明寄存器变量	return	子程序返回语句(可带参数，也可不带参数)

C 语言运算符的优先级和结合性

C 语言运算符的优先级分为 15 级,同一级运算符按结合性区分为先左后右(左结合)、先右后左(右结合)两种优先级,具体如表 C-1 所示。

表 C-1　C 语言运算符的优先级和结合性

优 先 级	运算符	名称或含义	使 用 形 式	结合性	说　明
1	[]	数组下标	数组名[常量表达式]	左	
	()	圆括号	(表达式)/函数名(形参表)		
	.	成员选择(对象)	对象.成员名		
	->	成员选择(指针)	对象指针->成员名		
	++	后置自增运算符	变量名++		单目运算符
	——	后置自减运算符	变量名——		单目运算符
2	—	负号运算符	—表达式	右	单目运算符
	(类型)	强制类型转换	(数据类型)表达式		
	++	前置自增运算符	++变量名		单目运算符
	——	前置自减运算符	——变量名		单目运算符
	*	间址(取值)运算符	*指针变量		单目运算符
	&	取地址运算符	& 变量名		单目运算符
	!	逻辑非运算符	!表达式		单目运算符
	~	按位取反运算符	~表达式		单目运算符
	sizeof	长度运算符	sizeof(表达式)		
3	/	除	表达式/表达式	左	双目运算符
	*	乘	表达式 * 表达式		双目运算符
	%	余数(取模)	整型表达式/整型表达式		双目运算符

优 先 级	运 算 符	名称或含义	使 用 形 式	结 合 性	说 明
4	＋	加	表达式＋表达式	左	双目运算符
	－	减	表达式－表达式		双目运算符
5	<<	左移	变量<<表达式	左	双目运算符
	>>	右移	变量>>表达式		双目运算符
6	>	大于	表达式>表达式	左	双目运算符
	>=	大于或等于	表达式>=表达式		双目运算符
	<	小于	表达式<表达式		双目运算符
	<=	小于或等于	表达式<=表达式		双目运算符
7	==	等于	表达式==表达式	左	双目运算符
	!=	不等于	表达式!=表达式		双目运算符
8	&	按位与	表达式 & 表达式	左	双目运算符
9	^	按位异或	表达式^表达式	左	双目运算符
10	|	按位或	表达式|表达式	左	双目运算符
11	&&	逻辑与	表达式 && 表达式	左	双目运算符
12	||	逻辑或	表达式||表达式	左	双目运算符
13	?:	条件运算符	表达式 1? 表达式 2：表达式 3	右	三目运算符
14	=	赋值运算符	变量＝表达式	右	
	/=	除后赋值	变量/=表达式		
	*=	乘后赋值	变量 * =表达式		
	%=	取模后赋值	变量%=表达式		
	+=	加后赋值	变量＋=表达式		
	-=	减后赋值	变量－=表达式		
	<<=	左移后赋值	变量<<=表达式		
	>>=	右移后赋值	变量>>=表达式		
	&=	按位与后赋值	变量 &=表达式		
	^=	按位异或后赋值	变量^=表达式		
	|=	按位或后赋值	变量|=表达式		
15	,	逗号运算符	表达式,表达式,…	左	

C 语言的常用库函数

1. 数学函数

调用数学函数时，要求在源文件中包含以下命令行：

`#include<math.h>`

数学函数如表 D-1 所示。

表 D-1 数学函数

函 数 名	函 数 原 型	功　能	返 回 值	说　明
abs	int abs(int x)	求整数 x 的绝对值	计算结果	
acos	double acos(double x)	计算 $\cos^{-1}(x)$ 的值	计算结果	x 为 $-1\sim1$
asin	double asin(double x)	计算 $\sin^{-1}(x)$ 的值	计算结果	x 为 $-1\sim1$
atan	double atan(double x)	计算 $\tan^{-1}(x)$ 的值	计算结果	
atan2	double atan2(double x)	计算 $\tan^{-1}(x/y)$ 的值	计算结果	
cos	double cos(double x)	计算 $\cos(x)$ 的值	计算结果	x 的单位为弧度
cosh	double cosh(double x)	计算双曲余弦 $\cosh(x)$ 的值	计算结果	
exp	double exp(double x)	求 e^x 的值	计算结果	
fabs	double fabs(double x)	求双精度实数 x 的绝对值	计算结果	
floor	double floor(double x)	求不大于双精度实数 x 的最大整数		
fmod	double fmod(double x,double y)	求 x/y 整除后的双精度余数		
frexp	double frexp (double val, int * exp)	将双精度 val 分解为尾数和以 2 为底的指数 n，即 $val = x * 2^n$，n 存放在 exp 所指的变量中	返回位数 x $0.5\leqslant x<1$	
log	double log(double x)	求 $\ln x$	计算结果	x>0
log10	double log10(double x)	求 $\log_{10} x$	计算结果	x>0

函 数 名	函 数 原 型	功　能	返 回 值	说　明
modf	double modf(double val,double * ip)	把双精度 val 分解成整数部分和小数部分,整数部分存放在 ip 所指的变量中	返回小数部分	
pow	double pow(double x,double y)	计算 x^y 的值	计算结果	
rand	int rand(void)	生成 0～32 767 的随机整数	返回一个随机整数	
sin	double sin(double x)	计算 sin(x)的值	计算结果	x 的单位为弧度
sinh	double sinh(double x)	计算 x 的双曲正弦函数 sinh(x)的值	计算结果	
sqrt	double sqrt(double x)	计算 x 的开方	计算结果	x≥0
tan	double tan(double x)	计算 tan(x)	计算结果	
tanh	double tanh(double x)	计算 x 的双曲正切函数 tanh(x)的值	计算结果	

2. 字符函数

调用字符函数时,要求在源文件中包含以下命令行:

```
#include<ctype.h>
```

字符函数如表 D-2 所示。

表 D-2　字符函数

函 数 名	函 数 原 型	功　能	返 回 值
isalnum	int isalnum(int ch)	检查 ch 是否为字母或数字	是,返回 1;否则返回 0
isalpha	int isalpha(int ch)	检查 ch 是否为字母	是,返回 1;否则返回 0
iscntrl	int iscntrl(int ch)	检查 ch 是否为控制字符	是,返回 1;否则返回 0
isdigit	int isdigit(int ch)	检查 ch 是否为数字	是,返回 1;否则返回 0
isgraph	int isgraph(int ch)	检查 ch 是否为 ASCII 码值在 ox21～ox7e 的可打印字符(即不包含空格字符)	是,返回 1;否则返回 0
islower	int islower(int ch)	检查 ch 是否为小写字母	是,返回 1;否则返回 0
isprint	int isprint(int ch)	检查 ch 是否为包含空格符在内的可打印字符	是,返回 1;否则返回 0
ispunct	int ispunct(int ch)	检查 ch 是否为除了空格、字母、数字之外的可打印字符	是,返回 1;否则返回 0
isspace	int isspace(int ch)	检查 ch 是否为空格、制表或换行符	是,返回 1;否则返回 0

函 数 名	函 数 原 型	功　　能	返　回　值
isupper	int isupper(int ch)	检查 ch 是否为大写字母	是,返回1;否则返回0
isxdigit	int isxdigit(int ch)	检查 ch 是否为十六进制数字	是,返回1;否则返回0
tolower	int tolower(int ch)	把 ch 中的字母转换成小写字母	返回对应的小写字母
toupper	int toupper(int ch)	把 ch 中的字母转换成大写字母	返回对应的大写字母

3. 字符串函数

调用字符串函数时,要求在源文件中包含以下命令行:

#include <string.h>

字符串函数如表 D-3 所示。

表 D-3　字符串函数

函 数 名	函 数 原 型	功　　能	返　回　值
strcat	char * strcat(char * s1,har * s2)	把字符串 s2 接到 s1 后面	s1 所指地址
strchr	char * strchr(char * s,nt ch)	在 s 所指字符串中,找出第一次出现字符 ch 的位置	返回找到的字符的地址,找不到,则返回 NULL
strcmp	int strcmp(char * s1,har * s2)	对 s1 和 s2 所指字符串进行比较	s1<s2,返回负数;s1==s2,返回 0;s1>s2,返回正数
strcpy	char * strcpy(char * s1,har * s2)	把 s2 指向的字符串复制到 s1 指向的空间	s1 所指地址
strlen	unsigned strlen(char * s)	求字符串 s 的长度	返回字符串中的字符(不计最后的'\0')个数
strstr	char * strstr(char * s1,har * s2)	在 s1 所指字符串中,找出字符串 s2 第一次出现的位置	返回找到的字符串的地址;找不到,则返回 NULL

4. 输入输出函数

调用输入输出函数时,要求在源文件中包含以下命令行:

#include <stdio.h>

输入输出函数如表 D-4 所示。

表 D-4　输入输出函数

函 数 名	函 数 原 型	功　　能	返　回　值
clearer	void clearer(FILE * fp)	清除与文件指针 fp 有关的所有出错信息	无

函 数 名	函 数 原 型	功　能	返 回 值
fclose	int fclose(FILE * fp)	关闭 fp 所指的文件,释放文件缓冲区	出错返回非 0,否则返回 0
feof	int feof(FILE * fp)	检查文件是否结束	遇文件结束返回非 0,否则返回 0
fgetc	int fgetc(FILE * fp)	从 fp 所指的文件中取得下一个字符	出错返回 EOF,否则返回所读字符
fgets	char * fgets(char * buf,int n, FILE * fp)	从 fp 所指的文件中读取一个长度为 n-1 的字符串,将其存入 buf 所指存储区	返回 buf 所指地址,若遇文件结束或出错,则返回 NULL
fopen	FILE * fopen(char * filename, char * mode)	以 mode 指定的方式打开名为 filename 的文件	成功,返回文件指针(文件信息区的起始地址),否则返回 NULL
fprintf	int fprintf(FILE * fp, char * format,args,…)	把 args,…的值以 format 指定的格式输出到 fp 指定的文件中	实际输出的字符数
fputc	int fputc(char ch,FILE * fp)	把 ch 中的字符输出到 fp 指定的文件中	成功,返回该字符,否则返回 EOF
fputs	int fputs(char * str,FILE * fp)	把 str 所指字符串输出到 fp 所指文件	成功,返回非负整数,否则返回－1(EOF)
fread	int fread(char * pt, unsigned size,unsigned n,FILE * fp)	从 fp 所指文件中读取的长度 size 为 n 个的数据项存到 pt 所指文件	读取的数据项个数
fscanf	int fscanf(FILE * fp, char * format,args,…)	从 fp 所指的文件中按 format 指定的格式把输入数据存入 args,…所指的内存中	已输入的数据个数,遇文件结束或出错,则返回 0
fseek	int fseek(FILE * fp,long offer, int base)	移动 fp 所指文件的位置指针	成功,返回当前位置,否则返回非 0
ftell	long ftell(FILE * fp)	求出 fp 所指文件当前的读写位置	读写位置,出错返回－1L
fwrite	int fwrite(char * pt, unsigned size,unsigned n,FILE * fp)	把 pt 所指向的 n * size 个字节输入 fp 所指文件	输出的数据项个数
getc	int getc(FILE * fp)	从 fp 所指文件中读取一个字符	返回所读字符,若出错或文件结束,则返回 EOF
getchar	int getchar(void)	从标准输入设备读取下一个字符	返回所读字符,若出错或文件结束,则返回－1
gets	char * gets(char * s)	从标准设备读取一行字符串放入 s 所指存储区,用'\0'替换读入的换行符	返回 s,出错,则返回 NULL

函 数 名	函 数 原 型	功　　能	返　回　值
printf	int printf (char * format, args, …)	把 args,… 的值以 format 指定的格式输出到标准输出设备	输出字符的个数
putc	int putc (int ch, FILE * fp)	同 fputc	同 fputc
putchar	int putchar(char ch)	把 ch 输出到标准输出设备	返回输出的字符,若出错,则返回 EOF
puts	int puts(char * str)	把 str 所指字符串输出到标准设备,将'\0'转成 Enter 键换行符	返回换行符,若出错,则返回 EOF
rename	int rename(char * oldname, char * newname)	把 oldname 所指文件名改为 newname 所指文件名	成功,返回 0,出错,则返回—1
rewind	void rewind(FILE * fp)	将文件位置指针置于文件开头	无
scanf	int scanf(char * format, args,…)	从标准输入设备按 format 指定的格式把输入数据存入 args,…所指的内存中	已输入的数据的个数

5. 动态内存分配函数和随机函数

调用动态内存分配函数和随机函数时,要求在源文件中分别包含以下命令行:

```
#include<malloc.h>
#include<stdlib.h>
```

动态内存分配函数和随机函数如表 D-5 所示。

表 D-5　动态内存分配函数和随机函数

函 数 名	函 数 原 型	功　　能	返　回　值
calloc	void * calloc(unsigned n, unsigned size)	分配 n 个数据项的内存空间,每个数据项的大小为 size 个字节	分配内存单元的起始地址;若不成功,则返回 0
free	void * free(void * p)	释放 p 所指的内存区	无
malloc	void * malloc(unsigned size)	分配 size 个字节的存储空间	分配内存空间的地址;若不成功,则返回 0
realloc	void * realloc(void * p, unsigned size)	把 p 所指内存区的大小改为 size 个字节	新分配内存空间的地址;若不成功,则返回 0
rand	int rand(void)	生成一个伪随机整数	返回一个[0,32 767]区间的伪随机整数

附录 E

C 语言语法概要

1. 标识符

由字母、数字、下画线组成，必须由字母、下画线开头。

长度有限制，一般 31 个字符内。

标识符区分大小写。

变量名、自定义函数名、结构体类型名、共用体类型名、枚举类型名、标签等都是标识符。

2. 常量

（1）整型常量。

十进制整型常量，如：314、0、-2 等。

八进制整型常量，以 0 开头，如：0314（相当于十进制的 204）、021（相当于 17）等。

十六进制整型常量，以 0x 开头，如：0x1a（相当于十进制的 26）等。

（2）字符常量。

单引号括起来的 1 个字符、转义字符或 ASCII 码，如：'a'、'D'、'0'、'\n'、'\101'、'\x41'、'\\'、'\''、'\"'等（单引号内不能 2 字符，ASCII 码只能是八进制或十六进制数）。

（3）字符串常量。

双引号括起来，系统自动在最后加上'\0'，如："\nChina"。

（4）实型常量（或浮点型常量）。

小数形式，如：3.14、−1.732、.5、5.、0.、.0、0.05 等（小数点前或小数点后至少有 1 个数字）。

指数形式，如：3.14e5、−0.02e−2、.1e1 等（指数必须是整数，且不能缺）。

3. 表达式

（1）算术表达式。

整型表达式：参加运算的运算量是整型量，结果也是整型数，如 1+3、1/2 结果为 0。

实型表达式：参加运算的有一个操作数是实型数据，运算过程中先都转换成 double 型，结果也为 double 型。如 1/2.结果为 0.5。

（2）逻辑表达式。

用逻辑运算符连接的整型量，结果为一个整数（0 或 1）。逻辑表达式可认为是整型表达

式的一种特殊形式。如 a&&b、c||d、!a 等。

（3）字位表达式。

用位运算符连接的整型量，结果为整数。字位表达式也可认为是整型表达式的一种特殊形式。如 a&0xf0、a>>2 等。

（4）强制类型转换表达式。

用"（类型）"运算符使表达式的类型进行强制转换，如（double）a 将变量 a 的值转换为 double 类型。

（5）逗号表达式（顺序表达式）。

其形式为：

表达式 1,表达式 2,…,表达式 n

顺序求出表达式 1,表达式 2,…,表达式 n 的值，整个表达式的结果为表达式 n 的值。

（6）赋值表达式。

将赋值运算符"="右侧表达式的值赋给其左边的变量，这个值也作为赋值表达式的值。

（7）条件表达式（三目运算符）。

其形式为：

逻辑表达式？表达式 1：表达式 2

逻辑表达式的值若为非零，则条件表达式的值等于表达式 1 的值；若逻辑表达式的值为零，则条件表达式的值等于表达式 2 的值。例如：x=a>0?a:-a;则 x 等于 a 的绝对值。

（8）指针表达式。

对指针类型的数据进行运算，例如，p-2、p+2、p1-p2 等（其中 p、p1、p2 均已被定义为指针变量），p+2 表示指针指向的变量后面 2 个类型位置后的地址及类型，结果仍然是指针类型；p1-p2 得到整数表示两个地址间的该类型位置数，类似数组元素间的下标差。

以上各表达式可以包含有关的运算符，也可以不包含任何运算符的操作数（例如，常数是算术表达式的最简单的形式）。

4. 变量及数据类型

变量本质是内存保存数据的空间，用特定名称表示该空间即为变量。变量必须先声明、后使用。变量声明表示有这么一个变量及类型，变量定义则是分配空间，除外部变量外，变量基本是声明、定义在一起。

对数据要定义其数据类型，需要时要指定其存储类别。

变量（包括数组变量、结构体变量）可以在定义时指定初始值，称为初始化。静态变量、外部变量如未初始化，系统将自动使其初值为 0，其他变量未初始化，则其值不确定。

（1）类型标识符。

```
int(long)
short
unsigned
char
float
```

double

struct 结构体名

union 共用体名

enum 枚举类型名

用 typedef 定义的类型名(别名),可为结构体类型定义别名。

结构体与共用体的定义形式为:

struct 结构体名

{ 成员列表; };

union 共用体名

{ 成员列表; };

(2) 存储类别。

auto　(默认存储类别)

static

register

extern

若不指定存储类别,则按 auto 处理。

5. 函数

自定义函数必须先声明、后使用。库函数必须包含相应的头文件指令。

自定义函数的声明形式为:

数据类型 函数名(形参类型列表);

自定义函数的定义形式为:

数据类型 函数名(形参类型,名称列表)

{ 函数体 }

函数体用花括号括起来表示开始和结束,可包括变量定义和语句。

函数调用必须给出实参数据,并可以得到返回值。

递归函数:在函数定义中调用函数自己,但参数会有变化,且必须有选择条件使函数在某种情况下不必调用自己而得到明确的返回值或操作。

6. 语句

C 语言的程序由多个函数组成,而每个函数的函数体由多条语句组成。每条语句最后必须以分号表示结束。C 语言的语句分为以下 10 种:

(1) 表达式语句。

(2) 函数调用语句。

(3) 复合语句:用花括号括起来的一条或多条语句,结构上相当于一条语句。

(4) 控制语句(分支语句)。

控制语句又有以下 3 种:

① 单分支语句:

```
if(表达式) 语句;
    //表达式为非 0,则执行语句;否则不执行而跳到分支语句后继续
```

② 双分支语句:

```
if(表达式) 语句 1; else 语句 2;
    //表达式为非 0,则执行语句 1;为 0 则执行语句 2
```

③ 多分支语句:

```
switch(表达式)
{    case 常量表达式 1: 语句 1;
     case 常量表达式 2: 语句 2;
     ......
     case 常量表达式 n: 语句 n;
     default: 语句 n+1;
}    //表达式与哪一个常量表达式相等,就进入相应位置语句向下执行;都不相等,则进入 default
     后面的语句执行。default 可以无。一般会配 break 语句
```

(5) 循环语句。

循环语句又有以下 3 种:

① do { 语句(也称为循环体) }while(表达式);//执行顺序: a. 执行循环体。b. 判断表达式,为非 0 则跳到 a,重复 a、b;为 0 则结束循环。

② while(表达式) 语句(也称为循环体);//执行顺序: 判断表达式的值,为非 0 则执行循环体;执行后再次判断表达式,若为 0 则结束循环,跳到循环语句后继续。

③ for(表达式 1;表达式 2;表达式 3) 语句(也称为循环体);//执行顺序: a.执行表达式 1。b.判断表达式 2,为非 0 则循环结束,跳到循环语句后继续。c.执行循环体。d.计算表达式 3,跳到 b 继续循环。例如,"for(m=0;m<5;m++)sum+=5;"就是计算 0+1+2+3+4。

(6) 空语句: 只有一个分号,什么也不干。

(7) break 语句。

在 switch 多分支语句中,结束本层分支语句,跳到本层分支语句后继续。

在循环语句中,结束本层循环语句,跳到本层循环语句后继续。

(8) continue 语句: 在循环语句中,结束本轮循环语句,继续下一轮循环语句,即跳过循环体中它后面的语句。

(9) goto 语句。

形式为:

```
goto 标签;
```

标签是程序中可以加在任何一条语句前面的标识符加冒号,如:

```
start: int a=1;
       goto start;
```

功能是使程序强制跳转到标签处继续执行,好处是方便,缺点是使程序结构混乱。

（10）exit 语句。

形式为：

```
exit(0);              //或 exit(1);
```

退出程序，自动清理，返回操作系统，exit(0)表示正常退出，exit(1)表示异常退出。

实验教学内容

F.1　实验一　熟悉开发环境及简单程序开发

【实验目的】

(1) 熟悉 C 语言的集成开发环境,掌握程序的编辑、编译、连接及运行的全过程。

(2) 了解 C 语言源程序的基本格式,掌握基本的输入/输出操作。

(3) 熟悉 C 语言的基本运算符与表达式,了解计算机语言与数学语言之间的联系和区别,能够将一个基本数学命题转换为 C 语言的表达式,并编写出简单的验证程序。

【实验内容及要求】

(1) 启动 Dev-C++ 开发平台,并以新建方式,建立文件名为 E0101.c 的源程序文件。

在 Dev-C++ 的菜单中选择"文件"→"新建"→"源代码",将在编辑区生成一个"未命名1"的文件。

在文件中按以下内容输入程序代码,在程序编辑中,建议大家只使用键盘,这样效率更高,特别是键盘上的 Home 键、End 键、PgUp 键、PgDn 键、Tab 键、Delete 键和 Backspace 键等,以及切换插入、改写状态、Dev-C++ 的快捷控制键。

```
01    #include<stdio.h>           //与输入输出有关的头文件
02    main()                      //程序入口,也是固定格式
03    {
04        printf("Hello World!"); //输出字符串
05    }
```

单击快捷工具栏的"保存"按钮,弹出如图 F-1 所示的"保存为"对话框,可输入保存文件路径、文件名、文件类型。这里,在保存类型中选择"C source files(＊.c)",修改文件名为"E0101"即可。注意本程序中的头文件、花括号是以后所有 C 语言程序所需要的,这将在本实验的内容(3)中用此程序做基础(模板)来开发其他程序。

单击快捷工具栏的"编译且运行"按钮,将编译该源程序,并运行如图 F-2 所示。

图 F-1 "保存为"对话框

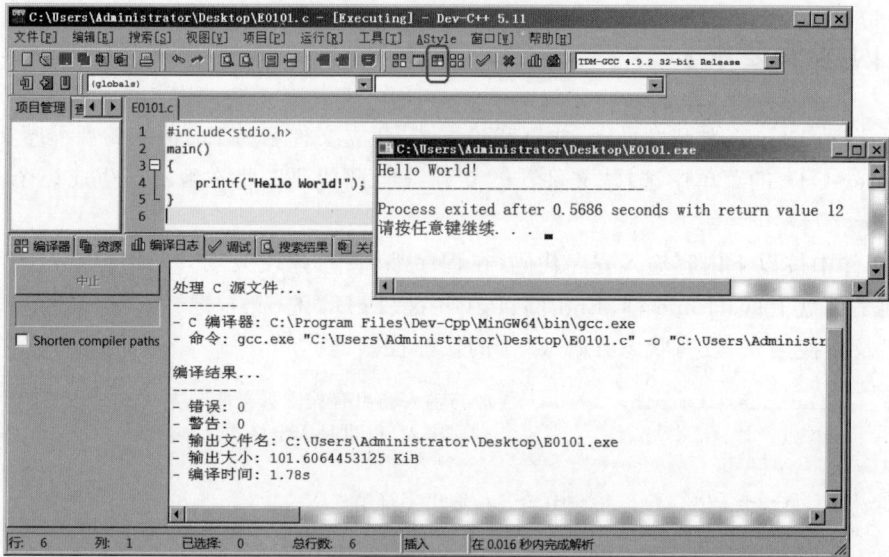

图 F-2 程序(1)的编译运行界面

若不能正常进行编译、运行,需要检查右上角的编译软件选择是否与你的计算机操作系统相匹配,如图 F-3 所示。

(2) 修改"E0101.c"文件,另存为"E0102.c"。

自己设计修改该程序,使程序运行显示你自己的姓名。

(3) 在操作系统的文件夹中直接双击"E0101.c"文件,将打开 Dev-C++,在此程序基础

图 F-3 Dev-C++ 集成开发环境中编译软件的选择

上进行修改,开发其他的程序。

修改为以下代码,另存为"E0103.c",编译并运行程序。

```
01    #include<stdio.h>
02    main()
03    { int a,b;
04      a=10,b=23;
05      c=a+b;
06      printf("a+b=");
07      printf("%d",c);
08      printf("\n");
09    }
```

然后编译程序,观察编译情况。如果有错误,请修改源程序。

重新编译程序,并运行程序。程序的运行结果是什么?

再将程序代码中的 3 条 printf 输出语句合并为 1 条 printf 输出语句,重新编译、连接、运行,对比结果。

(4) 尝试分别通过"文件"菜单、快捷工具栏、标签栏右键菜单来关闭编辑的源程序。

(5) 编程输出多个字符的 ASCII 码、字符。

(6) 编程:输入 3 个无符号整数,判断其是否可以作为三角形的边长来构成三角形。

【部分实验程序代码】

实验内容(5)的参考源程序代码:输出多个字符的 ASCII 码及字符。

```
01    #include<stdio.h>
02    main()
03    { char c1='a',c2='b',c3='c',c4='\101',c5='\106',c6;
04      c6=c5+1;
05      printf("%c, %c, %c\n",c1,c2,c3);
```

```
06        printf("12345678901234567890\n");
07        printf("%c, %c, %c\n",c3,c4,c6);
08        printf("%d, %d, %d\n",c3,c4,(int)c6);
09    }
```

程序的运行结果如图 F-4 所示。

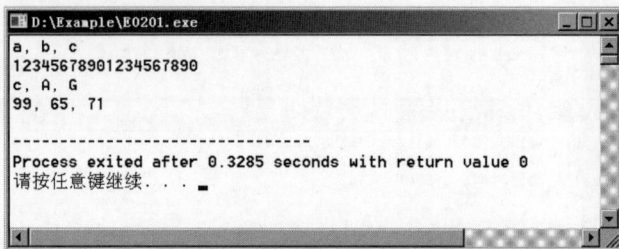

图 F-4   程序(5)的运行结果

实验内容(6)的参考源程序代码：输入 3 个无符号整数，判断其是否可以作为三角形的三条边来构成三角形。

```
01    #include<stdio.h>
02    main()
03    { unsigned a,b,c;
04      char yes_no;
05      printf("Please input 3 unsigned integers: ");
06      scanf("%u%u%u", &a, &b, &c);        //以空格、Tab 键或 Enter 键分隔各输入项
07                                          //最后以 Enter 键结束输入
08      yes_no=((a+b)>c&&(a+c)>b&&(b+c)>a)? 'Y':'N';
09      printf("a、b、c 能否构成三角形: ");
10      printf("%c\n",yes_no);
11    }
```

注意输入语句中，scanf 函数中不要忘了变量前的 & 符号！也可以采用 C++ 编程，使用 cout 输出变量值，它对变量无类型差别。编辑、调试课本相关章节的例子程序。

课后作业：结合本次实验，自己总结一种使用 Dev-C++ 进行程序开发的操作步骤，熟练掌握使用。

F.2   实验二   选择结构程序设计

【实验目的】

(1) 掌握结构化算法的三种基本控制结构之一：选择结构。

(2) 掌握选择结构在 C 语言中的实现方法，并针对不同的问题正确选择恰当的选择结构语句(if 语句、switch 语句和 break 语句)进行编程。

【实验内容及要求】

(1) 编程:输入一个实数,不使用绝对值库函数,自己编程输出其绝对值。

(2) 运用 if 语句编写程序:输入 3 个数,然后降序输出这 3 个数。

(3) 运用 switch 语句编写程序:根据下面的规则将输入的百分制分数 score(0≤score≤100)转换为相应的等级 rank 输出:

$$rank = \begin{cases} 优, & 90 \leqslant score \\ 良, & 80 \leqslant score < 90 \\ 中, & 70 \leqslant score < 80 \\ 及格, & 60 \leqslant score < 70 \\ 不及格, & score < 60 \end{cases}$$

(4) 用 if-else if 语句编程解决上面(3)的问题。

【部分实验程序代码】

从实验二起,实验程序采用 C 语言的输入输出,即完全采用 C 语言编程。实验内容(1)的参考源程序代码:输入一个实数,编程输出其绝对值。

```
01    #include<stdio.h>
02    main()
03    { double d;
04      printf("Please input a data: ");     //提示输入
05      scanf("%d",&d);
06      if(d<0)
07          d=-d;
08      printf("%d",d);
09    }
```

编辑输入上面的代码,保存为文件"E0201.c",编译并运行程序。由于 C++ 完全兼容 C,因此保存为 .cpp 文件也一样可以编译、运行。但 C++ 程序则必须保存为 .cpp 文件。

实验内容(2)的参考源程序代码:输入 3 个数,然后降序输出这 3 个数。

```
01    #include<stdio.h>
02    main()
03    { double a,b,c,m;              //m 是用于两个变量交换值的中间变量
04      printf("Please input 3 data: ");     //提示输入
05      scanf("%lf%lf%lf",&a, &b, &c);
06      if(a<b)
07      {   m=a;
08          a=b;
09          b=m;
10      }
11      if(a<c)                       //c 最大,降序顺序为:c,a,b
12          printf("%f, %f, %f",c,a,b);
```

```
13        else if(b>c)                         //a 最大,c 最小,降序顺序为: a,b,c
14            printf("%f, %f, %f",a,b,c);
15        else                                 //a 最大,b 最小,降序顺序为: a,c,b
16            printf("%f, %f, %f",a,c,b);
17    }                                        //注意程序中的 else 与 if 的配对关系
```

实验内容(3)的参考源程序代码: 运用 switch 语句将分数转换为等级输出。

```
01    #include<stdio.h>
02    main()
03    { int score;
04      printf("请输入百分制成绩: ");
05      scanf("%d",&score);
06      if(score<0||score>100)
07          printf("输入的成绩超出范围!");
08      else
09      {   switch(score/10)
10          {   case 10:
11              case  9: printf("优"); break;
12              case  8: printf("良"); break;
13              case  7: printf("中"); break;
14              case  6: printf("及格"); break;
15              default: printf("不及格");
16          }
17      }
18    }
```

实验内容(4)的参考源程序代码: 用 if-else if 语句将分数转换为等级输出。

```
01    #include<stdio.h>
02    main()
03    { int score;
04      printf("请输入百分制成绩: ");
05      scanf("%d",&score);
06      if(score<0||score>100)
07          printf("输入的成绩超出范围!");
08      else if(score>=90)  printf("优");
09      else if(score>=80)  printf("良");
10      else if(score>=70)  printf("中");
11      else if(score>=60)  printf("及格");
12      else                printf("不及格");
13    }
```

课后作业: 对 C 语言编程中选择结构的语法及应用进行总结归纳。

F.3　实验三　循环结构程序设计

【实验目的】

(1) 掌握结构化算法的 3 种基本控制结构(顺序结构、选择结构、循环结构)。

（2）掌握循环结构在 C 语言中的实现方法。

（3）掌握控制循环进程的两种方法：计数法和标志法。

（4）掌握穷举算法和迭代与递推算法。

【实验内容及要求】

（1）编程求累加和：0＋1＋2＋3＋…＋m，m 为输入的非正整数。

分别输入 0、100，验证程序。

思考：如果输入 3.1，会如何？输入 3.9 呢？输入－2 呢？为什么？

（2）编程求阶乘：n！＝1＊2＊3＊…＊n，n 为输入的非正整数。

分别输入 0、3、5，验证程序。

思考：如果输入 200，会如何？为什么？

（3）编写程序：分别输出如图 F-5 和图 F-6 所示的九九表。

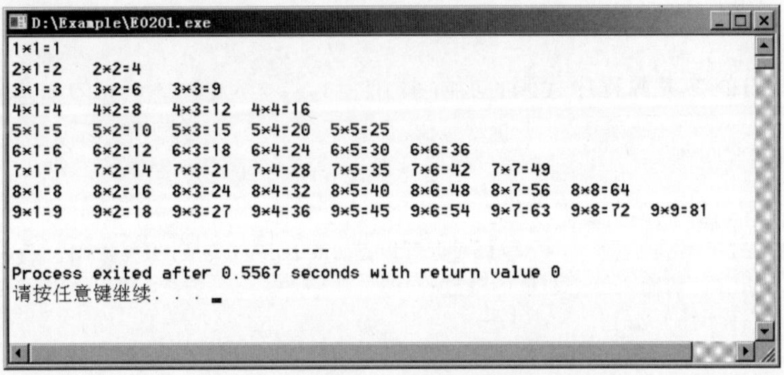

```
D:\Example\E0201.exe
1×1=1
2×1=2   2×2=4
3×1=3   3×2=6   3×3=9
4×1=4   4×2=8   4×3=12  4×4=16
5×1=5   5×2=10  5×3=15  5×4=20  5×5=25
6×1=6   6×2=12  6×3=18  6×4=24  6×5=30  6×6=36
7×1=7   7×2=14  7×3=21  7×4=28  7×5=35  7×6=42  7×7=49
8×1=8   8×2=16  8×3=24  8×4=32  8×5=40  8×6=48  8×7=56  8×8=64
9×1=9   9×2=18  9×3=27  9×4=36  9×5=45  9×6=54  9×7=63  9×8=72  9×9=81

--------------------------------
Process exited after 0.5567 seconds with return value 0
请按任意键继续. . .
```

图 F-5　程序(3)的运行效果图一

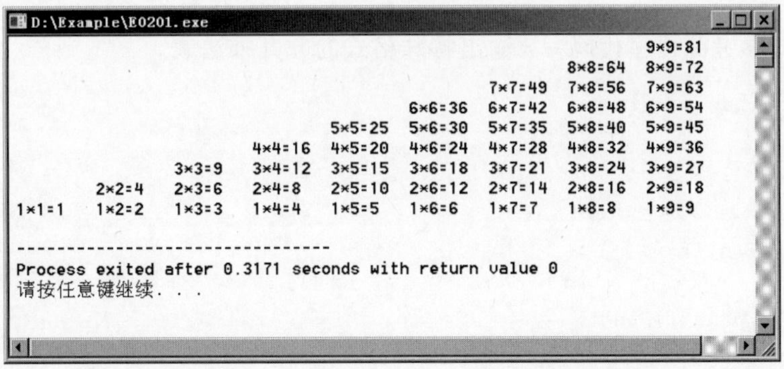

```
D:\Example\E0201.exe
                                                                        9×9=81
                                                                8×8=64  8×9=72
                                                        7×7=49  7×8=56  7×9=63
                                                6×6=36  6×7=42  6×8=48  6×9=54
                                        5×5=25  5×6=30  5×7=35  5×8=40  5×9=45
                                4×4=16  4×5=20  4×6=24  4×7=28  4×8=32  4×9=36
                        3×3=9   3×4=12  3×5=15  3×6=18  3×7=21  3×8=24  3×9=27
                2×2=4   2×3=6   2×4=8   2×5=10  2×6=12  2×7=14  2×8=16  2×9=18
1×1=1   1×2=2   1×3=3   1×4=4   1×5=5   1×6=6   1×7=7   1×8=8   1×9=9

--------------------------------
Process exited after 0.3171 seconds with return value 0
请按任意键继续. . .
```

图 F-6　程序(3)的运行效果图二

（4）编写程序：输入一个非负实数 x，根据下面的迭代公式求其平方根，要求误差小于 10^{-6}。

$$y_0=1, y_{i+1}=(y_i+x/y_i)/2, \sqrt{x}\ \lim_{1\to\infty} y_i$$

分别输入 1、2、4、5、9、121 验证。

输入 0 时得到的平方根结果是 0 吗？为什么不是？

【部分实验程序代码】

实验内容(1)的参考源程序代码：求累加和 $0+1+2+3+\cdots+m,m$ 为输入的非正整数。

```
01    #include<stdio.h>
02    main()
03    { unsigned i,m;
04      double sum=0.;            //sum 也可以是 unsigned 类型,但易溢出。必须赋初值 0
05      printf("请输入一个非负的整数: ");
06      scanf("%u",&m);
07      for(i=1;i<=m;i++)
08          sum+=i;
09      printf("%f",sum);
10    }
```

实验内容(2)的参考源程序代码：求阶乘 $n!=1*2*3*\cdots*n,n$ 为输入的非正整数。

```
01    #include<stdio.h>
02    main()
03    { unsigned i,n;
04      double fac=1.;            //fac 也可以是 unsigned 类型,但易溢出。必须赋初值 1
05      printf("请输入一个非负的整数: ");
06      scanf("%u",&n);
07      for(i=1;i<=n;i++)
08          fac*=i;
09      printf("%f",fac);
10    }
```

实验(3)的参考源程序代码一：输出特殊格式的九九乘法表。

```
01    #include<stdio.h>
02    main()
03    { int i,j;
04      for(i=1;i<=9;i++)
05      {   for(j=1;j<=i;j++)
06              printf("%d*%d=%d\t",i,j,i*i);
07          printf("\n");
08      }
09    }
```

实验(3)的参考源程序代码二：输出特殊格式的九九乘法表。

```
01    #include<stdio.h>
02    main()
03    { int i,j;
04      for(i=9;i>=1;i--)
05      {   for(j=1;j<i;j++)
```

```
06              printf("\t");
07          for(j=i;j<=9;j++)
08              printf("%d * %d=%d\t",i,j,i * i);
09          printf("\n");
10      }
11  }
```

实验(4)的参考源程序代码：利用迭代算法求平方根。

```
01  #include<stdio.h>
02  #include<math.h>                    //因为要使用绝对值函数
03  main()
04  { double x,y1=1.,y2,e;
05    printf("请输入一个非负的实数：");
06    scanf("%lf",&x);
07    if(x<0)
08        y1=-1.;
09    else
10        do
11        {   y2=(y1+x/y1)/2;           //迭代
12            e=fabs(y1-y2);            //迭代误差,注意绝对值函数不能掉
13            y1=y2;
14        }while(e>=1e-6);
15    printf("%f",y1);
16  }
```

课后作业：对 C 语言编程中循环结构的语法及应用进行总结归纳。

F.4　实验四　函数的编程及应用

【实验目的】

(1) 掌握 C 语言的函数定义、函数声明与函数调用。

(2) 掌握递归函数,并比较递归算法与迭代(递推)算法。

【实验内容及要求】

(1) 编写函数求阶乘：$f(n)=n!=1 * 2 * 3 * \cdots * n,n$ 为非负整数参数。

(2) 编写函数判断一个数是否是质数,然后在主程序中输入一个正整数,输出它的最大质因数。

(3) 编写递归函数求阶乘：$f(n)=n!=1 * 2 * 3 * \cdots * n,n$ 为非负整数参数。

(4) 编写函数：根据参数 year、month 和 day 显示是星期几。

输入今天的日期验证。

【部分实验程序代码】

实验(1)的参考源程序代码：编写函数求阶乘 $f(n)=n!=1*2*3*\cdots*n$，n 为非负的整数参数。

```
01      #include<stdio.h>
02      double f(unsigned);                //函数声明
03      main()
04      { unsigned n;
05        double fac;
06        printf("请输入一个非负的整数：");
07        scanf("%u",&n);
08        fac=f(n);
09        printf("%f",fac);
10      }
11      double f(unsigned n)               //函数定义
12      { unsigned i;
13        double fac=1.;                   //求阶乘 fac 必须赋初值 1
14        for(i=2;i<=n;i++)
15            fac*=i;
16        return fac;
17      }
```

实验(2)的参考源程序代码：编写函数判断一个数是否是质数，然后在主程序中输入一个正整数，输出它的最大质因数。

```
01      #include<stdio.h>
02      #include<math.h>                   //因为要使用平方根函数
03      int judge(unsigned);               //函数声明
04      main()
05      { unsigned i,n;
06        printf("请输入一个正整数：");
07        scanf("%u",&n);
08        for(i=n/2;i>0;i--)               //从该数的一半开始向下尝试
09            if(n%i==0&&judge(i)==1)      //本句是本程序的难点和关键
10            {   printf("%u 的最大质因数是%u",n,i);
11                break;
12            }
13      }
14      int judge(unsigned m)
15      { int i;
16        if(m<4) return 1;
17        if(m%2==0) return 0;
18        for(i=3;i<=sqrt(m);i+=2)
19            if(m%i==0)
20                return 0;
21        return 1;
```

```
22        }           //本方法只试除到 m 的平方根,且先排除了偶数,效率高
```

实验(3)的参考源程序代码:编写递归函数求阶乘,f(n)=n!=1＊2＊3＊…＊n,n 为非负的整数参数。

```
01    #include<stdio.h>
02    double f(unsigned);            //函数声明
03    int main(void)
04    { unsigned n;
05      printf("请输入一个非负的整数: ");
06      scanf("%u",&n);
07      printf("%f",f(n));
08    }
09    double f(unsigned n)            //函数定义
10    { unsigned i;
11      if(n==0)
12          return 1.;               //递归结束条件
13      else
14          return n*f(n-1);         //递归调用
15    }
```

实验(4)的参考源程序代码:编写函数,根据参数 year、month 和 day 显示是星期几。

```
01    #include<stdio.h>
02    #include<math.h>               //因为要使用平方根函数
03    void weekday(int,int,int);      //函数声明
04    main()
05    { unsigned y,m,d;
06      printf("Please input year, month, day: ");
07      scanf("%u%u%u",&y,&m,&d);
08      if(m<0||m>12||d<0||d>31||(m==4||m==6||m==9||m==11)&&d==31||
09          m==2&&d>29||m==2&&d==29&&!(y%4==0&&y%100!=0||y%400==0))
10          printf("\n\n\tInput Data Error !");
11      else
12          weekday(y,m,d);
13    }
14    void weekday(int y,int m,int d)
15    { char wd[]="日一二三四五六";
16      int yr,dd,i,wkday;
17      yr=(int)((ceil)(y/4.)-(ceil)(y/100.)+(ceil)(y/400.));
18                                    //-1.12.31.~y.1.1.闰年数
19      dd=y*365+yr;                  //y 年元旦离-1.12.31.的天数
20      for(i=1;i<m;i++)              //加上今年的天数
21      {   switch(i)
22          {   case 1:
23              case 3:
24              case 5:
25              case 7:
26              case 8:
27              case 10:
```

```
28              case 12:dd+=31;break;        //大月
29              case 4:
30              case 6:
31              case 9:
32              case 11:dd+=30;break;        //小月
33              default:                     //二月
34                  if(y%4==0&&y%100!=0||y%400==0) dd+=29;
35                  else dd+=28;
36          }
37      }
38      dd+=d+5;                             //-1 年 12 月 31 日是星期五
39      wkday=(dd%7+7)%7*2;
40      printf("\n\n\t 公元 %d 年 %d 月 %d 日是星期%c%c.",
41                  y,m,d,wd[wkday],wd[wkday+1]);
42      }
```

课后作业：对 C 语言中函数的特点和使用进行总结归纳。

F.5　实验五　数组的应用

【实验目的】

(1) 掌握数组的定义和使用方法。
(2) 掌握字符数组处理字符串的方法。
(3) 掌握交换排序法、选择排序法、冒泡排序法及折半查找法。

【实验内容及要求】

(1) 编写程序：输入 5 个学生的分数，求平均分，并输出 5 人分数。
(2) 编写函数：返回一个二维数组中元素的最大值。
(3) 编写程序：统计一个字符串中的英文单词个数。
(4) 编写程序：输入 5 个学生的分数，降序输出这 5 人分数。
(5) 编写对分搜索函数：在一个已降序排序的整型数组中，查找是否存在某个整数？是第几个？

【部分实验程序代码】

实验(1)的参考源程序代码：输入 5 个学生的分数，求平均分，并输出 5 人分数。

```
01    #include<stdio.h>
02    main()
03    { unsigned i,score[5],sum=0;
04      printf("请输入 5 个非负的整数: ");
```

```
05      for(i=0;i<5;i++)
06      {   scanf("%u",&score[i]);
07          sum+=score[i];
08      }
09      printf("%f\n",sum/5.);            //输出平均分
10      for(i=0;i<5;i++)                  //输出 5 人分数
11          printf("%u, ",score[i]);
12      }
```

实验(2)的参考源程序代码：编写函数,返回一个二维数组中元素的最大值。

```
01      #include<stdio.h>
02      #define N 5
03      double f(double d[][N],int);      //函数声明
04      main()
05      { double d[][N]={{1,12,3,4,5},{-1,-2,-3,0,-6}};
06          printf("%f",f(d,2));
07      }
08      double f(double d[][N],int n)     //函数定义
09      { int i,j;
10          double max=d[0][0];           //先假设第一个元素最大
11          for(i=0;i<n;i++)
12              for(j=0;j<N;j++)
13                  if(d[i][j]>max)
14                      max=d[i][j];
15          return max;
16      }
```

实验(3)的参考源程序代码：输入一个英文句子,统计其中英文单词的个数。

```
01      #include<stdio.h>
02      main()
03      { char ch[100], * p;
04          int sign=0,count=0;           //sign 标记是否是单词状态
05          printf("Please input a string: ");
06          gets(ch);
07          p=ch;
08          while( * p!='\0')
09          {   if(sign==0&& * p!=' ')    //空格碰到非空格后算一个单词
10              {   sign=1;
11                  count++;
12              }
13              else if( * p==' ')
14                  sign=0;
15              p++;
16          }
17          printf("%d",count);
18      }
```

实验(4)的参考源程序代码：输入 5 个学生的分数,降序输出这 5 人分数。

```
01    #include<stdio.h>
02    #define N 5
03    void sortExchange(int a[],int n);    //交换排序法,函数声明
04    main()
05    { int i;
06      int score[N];
07      printf("Please input 5 scores: ");
08      for(i=0;i<N;i++)
09          scanf("%d",&score[i]);
10      sortExchange(score,N);              //函数调用
11      for(i=0;i<N;i++)
12          printf("%d, ",score[i]);
13    }
14    void sortExchange(int a[],int n)      //对数组的 n 个元素降序排序
15    { int i,j,m;
16      for(i=0;i<n-1;i++)                   //依次找出 n-1 个最大数、次大数……
17          for(j=i+1;j<n;j++)               //j 是 a[i]后面的所有元素的下标
18              if(a[i]<a[j])                //若后面大,则交换,以使 a[i]比其后面的元素大
19              {   m=a[i];
20                  a[i]=a[j];
21                  a[j]=m;
22              }
23    }
```

实验(5)的参考源程序代码:编写对分搜索函数,在一个已降序排序的整型数组中,查找是否存在某个整数? 是第几个?

```
01    #include<stdio.h>
02    #define N 10
03    int biSearch(int a[],int n,int x);    //对分搜索,函数声明
04    main()
05    { int x,result;
06      int d[N]={-7,0,2,5,8,54,111,120,300,500};
07      printf("Please input searched data: ");
08      scanf("%d",&x);
09      result=biSearch(d,N,x);             //函数调用
10      printf("%d",result);
11    }
12    int biSearch(int a[], int n, int x)
13    { int low,high,mid,find=-1;           //find=-1 表示未找到
14      low=0;high=n-1;
15      while(low<=high)
16      {   mid=(low+high)/2;
17          if(x<a[mid]) high=mid-1;
18          else if(x>a[mid]) low=mid+1;
19              else
20              {   find=mid;
21                  break;
22              }
```

```
23      }
24      return find;
25   }
```

课后作业：对 C 语言中数组的特点及应用进行总结归纳。

F.6　实验六　指针及结构体的应用

【实验目的】

(1) 掌握指针的概念，会定义和使用指针变量。
(2) 掌握数组与指针、指针与函数之间的关系。
(3) 能正确使用指针处理相关问题。

【实验内容及要求】

(1) 编写函数：使用指针作参数，实现两个参数值的交换并返回结果。
(2) 编写函数：判断一个字符串是不是"回文"字符串（字符串前后对称）。
(3) 编程用指针数组存储月份英文名称，根据输入月份数字显示英文月份名。
(4) 编程：定义结构体，存储学生姓名、分数、出生年月日，输入 5 个学生的信息，按分数降序输出信息。

【部分实验程序代码】

实验(1)的参考源程序代码：编写函数，使用指针作参数，实现两个参数值的交换并返回结果。

```
01   #include<stdio.h>
02   void swap(double * ,double * );           //函数声明,参数是 2 个 double 型指针
03   main()
04   { double a,b;
05     printf("Please input 2 data: ");
06     scanf("%lf",&a,&b);
07     swap(&a,&b);
08     printf("%f, %f",a,b);
09   }
10   void swap(double * p1,double * p2)         //函数定义
11   { double m;
12     m= * p1;
13     * p1= * p2;
14     * p2=m;
15   }
```

实验(2)的参考源程序代码：编写函数，判断一个字符串是不是"回文"字符串。

```
01    #include<stdio.h>
02    int judge(char *);              //函数声明,参数是1个字符指针,返回值是结果
03    main()
04    { char c[100];
05      int result;
06      printf("Please input a string: ");
07      gets(c);
08      result=judge(c);
09      if(result)
10          printf("Yes");
11      else
12          printf("No");
13    }
14    int judge(char * p)             //函数定义
15    { char * p2=p;                  //定义另一个字符指针,移到字符串尾
16      while(* p2!='\0')
17          p2++;
18      p2--;                         //p2移动到字符串尾
19      while(p<p2)                    //比较字符串的头和尾
20          if(* p== * p2)
21          {   p++;
22              p2--;
23          }
24          else
25              return 0;             //一旦不相等,就不是"回文"字符串
26      return 1;                     //一直相等
27    }
```

实验(3)的参考源程序代码：用指针数组存储月份英文名称，根据输入月份数字显示英文月份名。

```
01    #include<stdio.h>
02    main()
03    { int month;
04      char * (p[12]);               //定义一个指针数组,12个元素
05      p[0]="January";               //逐一赋值,分别指向一个字符串常量
06      p[1]="February";
07      p[2]="March";
08      p[3]="April";
09      p[4]="May";
10      p[5]="June";
11      p[6]="July";
12      p[7]="August";
13      p[8]="September";
14      p[9]="October";
15      p[10]="November";
16      p[11]="December";
```

```
17      printf("Please input month: ");
18      scanf("%d", &month);
19      if(month<1||month>12)
20          printf("Data Error !");
21      else
22          printf("%s",p[month-1]);
23  }
```

实验(4)的参考源程序代码：定义结构体,存储学生姓名、分数、出生年月日,输入 5 个学生的信息,按分数降序输出信息。

```
01      #include<stdio.h>
02      #define N 5
03      typedef struct date
04      { int year;
05        int month;
06        int day;
07      }DATE;
08      typedef struct student                    //声明结构体类型
09      { char name[20];
10        DATE birthdate;
11        unsigned score;
12      }STUDENT;
13      void swapStruct(STUDENT * ,STUDENT * );    //声明函数
14      main()
15      { int i,j;
16        STUDENT stu[N];
17        printf("Please input 5 students' information: \n");
18        for(i=0;i<N;i++)                         //通过交互,输入信息
19        {    fflush(stdin);
20             printf(" No. %d\n",i+1);
21             printf(" Name: ");
22             gets(stu[i].name);
23             printf(" Birthday (year month day): ");
24             scanf("%d%d%d",&stu[i].birthdate.year,
25                 &stu[i].birthdate.month,&stu[i].birthdate.day);
26             printf(" Score: ");
27             scanf("%u",&stu[i].score);
28        }
29        for(i=0;i<N-1;i++)                      //交换排序
30            for(j=i+1;j<N;j++)
31            if(stu[i].score<stu[j].score)
32                swapStruct(stu+i,stu+j);
33        for(i=0;i<N;i++)                        //输出结果
34            printf("\n No %d, %s, \t, %d.%d.%d, \t, %d",
35                i+1,stu[i].name,stu[i].birthdate.year,
36                stu[i].birthdate.month,stu[i].birthdate.day,
37                stu[i].score);
38  }
```

```
39    void swapStruct(STUDENT * p1,STUDENT * p2)//函数定义
40    { STUDENT m;
41       m= * p1;                //相同类型的结构体变量间可以直接赋值
42       * p1= * p2;
43       * p2=m;
44    }
```

运行程序,输入 5 人信息,如图 F-7 上半部所示,排序后的输出如该图下半部所示。

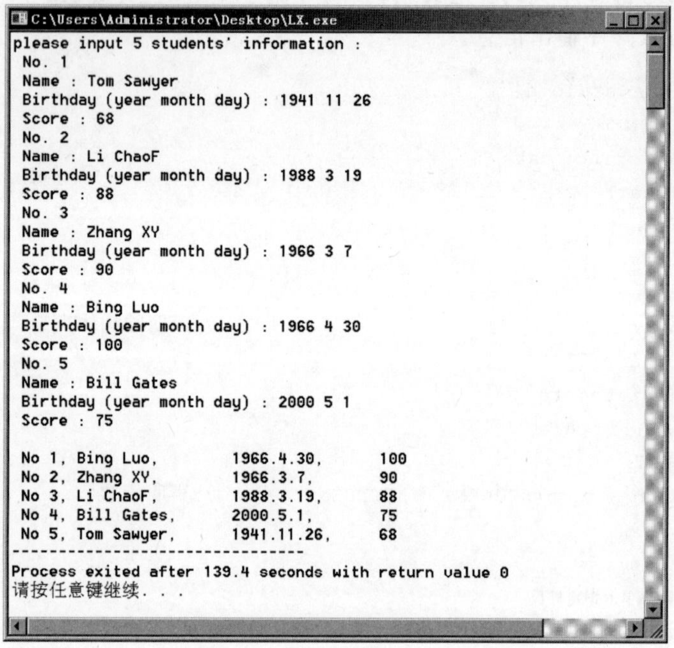

```
C:\Users\Administrator\Desktop\LX.exe
please input 5 students' information :
 No. 1
 Name : Tom Sawyer
 Birthday (year month day) : 1941 11 26
 Score : 68
 No. 2
 Name : Li ChaoF
 Birthday (year month day) : 1988 3 19
 Score : 88
 No. 3
 Name : Zhang XY
 Birthday (year month day) : 1966 3 7
 Score : 90
 No. 4
 Name : Bing Luo
 Birthday (year month day) : 1966 4 30
 Score : 100
 No. 5
 Name : Bill Gates
 Birthday (year month day) : 2000 5 1
 Score : 75

No 1, Bing Luo,        1966.4.30,      100
No 2, Zhang XY,        1966.3.7,        90
No 3, Li ChaoF,        1988.3.19,       88
No 4, Bill Gates,      2000.5.1,        75
No 5, Tom Sawyer,      1941.11.26,      68
--------------------------------
Process exited after 139.4 seconds with return value 0
请按任意键继续. . .
```

图 F-7   程序(4)的运行结果

课后作业：分析指针与变量、数组的联系与区别。

F.7   实验七   文件的操作

【实验目的】

(1) 了解文件和文件指针的概念。
(2) 能正确使用基本的文件处理函数实现文件的基本操作。
(3) 了解随机数的生成、日期的读取。

【实验内容及要求】

(1) 编写函数：复制一个文本文件,参数是 2 个字符指针,表示源文件名和目标文件名,源文件名、目标文件名均为输入。

(2) 编程：依次生成 3 个随机整数，将这 3 个整数、当前日期、时间按整数降序保存到记录文件。

(3) 编程：读取(2)的记录文件，显示记录。新生成一个随机整数，将当前日期、时间、新随机整数更新保存到文件，使文件始终降序记录最大的 3 个整数及生成日期、时间。

【部分实验程序代码】

实验(1)的参考源程序代码：编写函数，复制一个文本文件，参数是 2 个字符指针，表示源文件名和目标文件名，源文件名、目标文件名均为输入。

```
01    #include<stdio.h>
02    int MyCopy(char *,char *);           //函数声明
03    main()
04    { char f1[100],f2[100];
05      printf("Please input source file name: ");
06      gets(f1);
07      printf("Please input destination file name: ");
08      gets(f2);
09      if(MyCopy(f1,f2))
10          printf("Success");
11      else
12        printf("Fail");
13    }
14    int MyCopy(char * f1,char * f2)
15    { char m;
16      FILE * fp1, * fp2;
17      if((fp1=fopen(f1,"rb"))==NULL)      //以只读模式打开
18      {   printf("Failure to open %s",f1);
19          exit(1);
20      }
21      if((fp2=fopen(f2,"wb"))==NULL)      //以写文件模式打开
22      {   printf("Failure to open %s",f2);
23          exit(1);
24      }
25      m=fgetc(fp1);                       //思考为什么放在循环外
26      while(!feof(fp1))
27      {   fputc(m,fp2);
28          m=fgetc(fp1);
29      }
30      fclose(fp1);                        //关闭文件
31      fclose(fp2);
32      return 1;
33    }
```

实验(2)的参考源程序代码：依次生成 3 个随机整数，将这 3 个整数、当前日期、时间按整数降序保存到记录文件。

```
01    #include<stdio.h>
02    #include<time.h>
03    #include<stdlib.h>
04    #define N 3
05    void sortSelect(int a[],int n);           //对数组 a 的 n 个元素降序排序
06    main()
07    { int i,a[N];
08      srand((unsigned)time(NULL));            //必须先调用设定随机种子函数
09      printf("\n\t 随机数是: \t");
10      for(i=0;i<N;i++)                         //生成随机数
11      {   a[i]=rand();                         //生成 0~32 767 的随机整数
12          printf("%d, ",a[i]);
13      }
14      sortSelect(a,N);                         //降序排序
15      time_t nowTime;
16      struct tm * sysTime;
17      struct tm t[N];                          //用于保存读取文件的数据
18      time(&nowTime);                          //获取当前系统时间长整型
19      sysTime=localtime(&nowTime);             //转换为日期时间结构体
20      printf("\n\n\t 系统日期: \t%d-%d-%d %d:%d:%d\n",    //显示日期、时间
21          1900+sysTime->tm_year,sysTime->tm_mon+1,sysTime->tm_mday,
22          sysTime->tm_hour,sysTime->tm_min,sysTime->tm_sec);
23      FILE * fp;
24      if((fp=fopen("record.dat","wb"))==NULL)          //以写文件模式打开
25      {   printf("Failure to open file.");
26          exit(1);
27      }
28      for(i=0;i<N;i++)
29      {   fwrite(a+i,sizeof(int),1,fp);                //写 1 个整型: 随机数
30          fwrite(sysTime,sizeof(struct tm),1,fp);      //写结构体: 日期时间
31      }
32      fclose(fp);
33      //--------------------------------验证: 读文件,显示
34      if((fp=fopen("record.dat","rb"))==NULL)          //以只读模式打开
35      {   printf("Failure to open file.");
36          exit(1);
37      }
38      fread(&i,sizeof(int),1,fp);
39      fread(sysTime,sizeof(struct tm),1,fp);
40      while(!feof(fp))
41      {   printf("\n\t%d, \t%d-%d-%d %d:%d:%d",
42              i,1900+sysTime->tm_year,sysTime->tm_mon+1,
43              sysTime->tm_mday,sysTime->tm_hour,sysTime->tm_min,
44              sysTime->tm_sec);                        //显示日期、时间
45          fread(&i,sizeof(int),1,fp);
46          fread(sysTime,sizeof(struct tm),1,fp);
47      }
48      fclose(fp);
```

```
49        }
50    void sortSelect(int a[],int n)              //对数组 a 的 n 个元素降序排序
51    { int i,j,k,m;                             //变量 k 表示最大数的下标
52      for(i=0;i<n-1;i++)                        //依次找出 n-1 个最大数、次大数……
53      {    k=i;                                //先假设第一个最大
54          for(j=i+1;j<n;j++)                   //j 是 a[i]后面的所有元素的下标
55              if(a[k]<a[j])                    //若后面大,则修改 k,使 k 始终是最大数的下标
56                  k=j;                         //把新下标存储到 k 中
57          m=a[i];a[i]=a[k];a[k]=m;             //将第一个元素与选择的最大数的元素交换
58      }
59    }
```

实验(3)的参考源程序代码:读取(2)的记录文件,显示记录。新生成一个随机整数,将当前日期、时间、新随机整数更新保存到文件,使文件始终降序记录最大的 3 个整数及生成日期、时间。

```
01    #include<stdio.h>
02    #include<time.h>
03    #include<stdlib.h>
04    #define N 3
05    void sortSelect(int a[],int n);                   //对数组 a 的 n 个元素降序排序
06    main()
07    { int i,a[N],d;
08      srand((unsigned)time(NULL));                    //必须先调用设定随机种子函数
09      d=rand();                                       //生成 0~32 767 的随机整数
10      printf("new: %d\n",d);
11      time_t nowTime;
12      struct tm * sysTime;
13      struct tm t[N];                                 //用于保存读文件的数据
14      time(&nowTime);                                 //获取当前系统日期长整型
15      sysTime=localtime(&nowTime);                    //转换为结构体日期时间
16    //------------------------------读文件
17      FILE * fp;
18      if((fp=fopen("record.dat","rb+"))==NULL)        //读写模式打开文件
19      {    printf("Failure to open file.");
20          exit(1);
21      }
22      for(i=0;i<N;i++)
23      {    fread(a+i,sizeof(int),1,fp);
24          fread(t+i,sizeof(struct tm),1,fp);
25          printf("\n%d, \t,%d-%d-%d %d:%d:%d",a[i],
26              1900+(t+i)->tm_year,(t+i)->tm_mon+1,(t+i)->tm_mday,
27              (t+i)->tm_hour,(t+i)->tm_min,(t+i)->tm_sec);    //显示日期、时间
28      }
29      int sign=0;                                     //判断是否需要插入新数据
30      if(d>a[N-1])
31      {    for(i=N-2;i>=0;i--)
32          {    if(d<a[i])
33              {    a[i+1]=d;
```

```
34              t[i+1]= * sysTime;
35              break;
36          }
37          a[i+1]=a[i];
38          t[i+1]=t[i];
39        }
40        a[i+1]=d;
41        t[i+1]= * sysTime;
42        sign=1;
43      }
44    if(sign)
45    {   rewind(fp);
46        for(i=0;i<N;i++)
47        {   fwrite(a+i,sizeof(int),1,fp);          //写 1 个整型数据
48            fwrite(t+i,sizeof(struct tm),1,fp);  //写结构体日期时间
49        }
50    }
51    fclose(fp);
52  //------------------------------验证性读文件显示
53    if((fp=fopen("record.dat","rb"))==NULL)    //只读模式打开文件
54    {   printf("Failure to open file.");
55        exit(1);
56    }
57    printf("\n");
58    for(i=0;i<N;i++)
59    {   fread(a+i,sizeof(int),1,fp);
60        fread(t+i,sizeof(struct tm),1,fp);
61        printf("\n%d, \t,%d-%d-%d %d:%d:%d",a[i],
62        1900+(t+i)->tm_year,(t+i)->tm_mon+1,(t+i)->tm_mday,
63        (t+i)->tm_hour,(t+i)->tm_min,(t+i)->tm_sec);
64    }
65    fclose(fp);
66  }
```

运行程序,结果如图 F-8 所示。

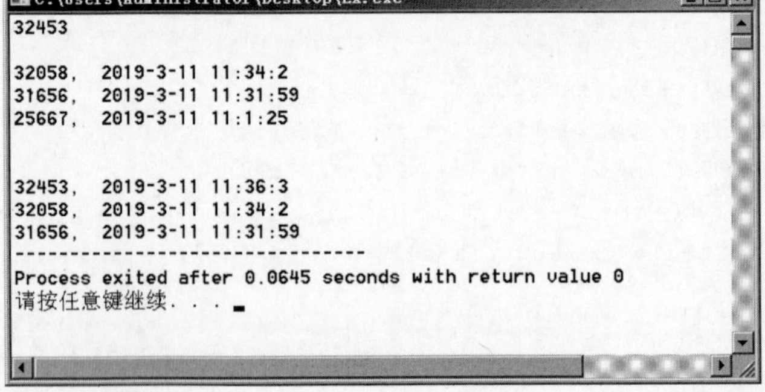

图 F-8　程序(3)的运行结果

课后作业：对 C 语言的文件操作方法进行总结归纳。

F.8 实验八 综合实验：开发游戏程序

实验八和实验九可选做一个，由学生结合课外自主完成。

【实验目的】

（1）了解模块化程序设计的基本方法。
（2）掌握复杂程序设计的方法和程序调试方法。
（3）掌握程序流程图的使用。

【实验内容及要求】

（1）设计游戏程序，该游戏程序的内容参见第 12 章的例 12.21。
程序的一次运行结果如图 F-9 所示。

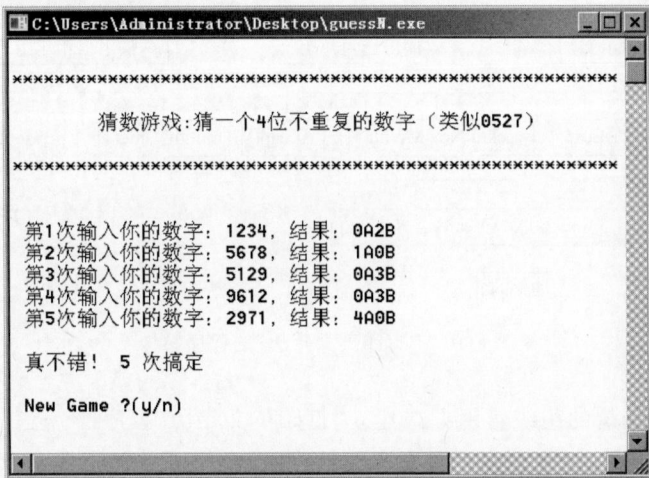

图 F-9 实验八程序的一次运行结果

（2）进行总体设计：将任务实现划分为多个模块。为每个模块设计流程图。
（3）编程，调试。

【分析及程序代码】

程序的详细分析、各模块设计可参考第 12 章例 12.21 的分析和源代码。
该程序本身逻辑并不复杂，但玩该游戏则需要严密的逻辑推理。同学们可以尝试编程让计算机玩该游戏。

F.9 实验九 综合实验：打印英文年历

【实验目的】

(1) 了解模块化程序设计的基本方法。
(2) 了解多文件结构的组织管理方法。
(3) 了解 Visual C++ 集成开发环境，了解 C 语言的格式化输入输出函数。
(4) 设计实现一个"打印英文年历"的综合程序。

【实验内容及要求】

(1) 根据模块化程序设计的基本思想，将"打印英文年历"的程序分解为若干函数，函数的组成及其相互关系如图 F-10 所示。

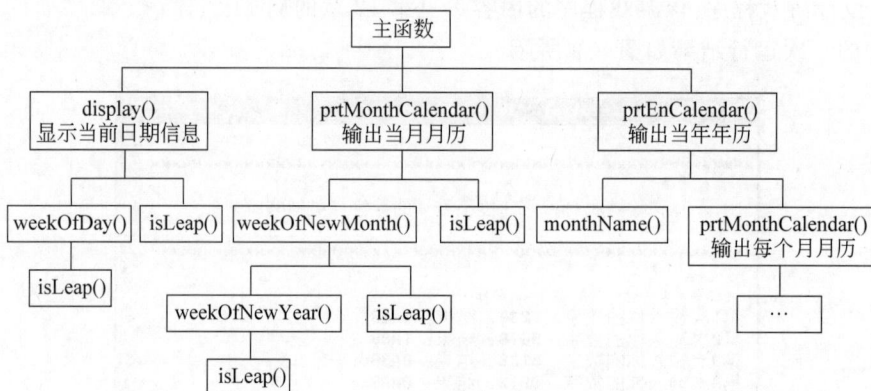

图 F-10 "打印英文年历"的程序结构

(2) 以多文件结构的组织管理方式建立"打印英文年历"程序。

一个应用程序可以划分为多个源程序文件，最基本的可以划分为 3 个文件：

① 函数声明文件（＊.h 文件）；

② 功能模块的函数定义文件（＊.c 文件）；

③ 控制模块的函数定义文件（main(void)函数所在的 ＊.c 文件）。

本实验的"打印英文年历"程序也由 3 个文件组成：Ex_Date.h（函数声明文件）、Ex_Date.c（函数定义文件）和 Ex_main.c。这 3 个源程序文件之间的关系及最后形成一个可执行文件的过程（编译、连接的过程）如图 F-11 所示。

从图 F-11 可以看到，首先是在两个.c 源程序文件中都增加了一个 ♯include"Ex_Date.h" 文件，包含预编译命令，将函数声明文件包含进来；然后将这两个.c 文件单独进行编译并生成相应的二进制目标文件.obj；最后把目标文件连接起来生成可执行文件。

编译是以文件为单位进行的。采用这种多文件的组织结构，可以对不同的源程序文件

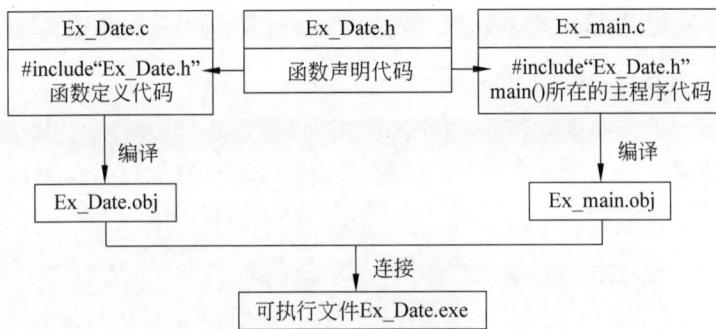

图 F-11 "打印英文年历"程序的文件结构

单独进行编写和编译,最后再连接。在程序调试、修改时,只需要对修改过的文件重新编译,再进行连接即可,不用考虑其余的文件。而且连接的文件只需要编译后的二进制目标文件,这对于源程序代码文件的原始作者来说,可以只提供目标文件给用户,从而起到源代码保密的作用。

这种多文件结构的具体组织管理方式,在不同的开发环境中会有所不同。在 Visual C++ 开发系统中,我们使用工程进行多文件管理,在一个工程中可以建立新文件,可以将相关的文件添加进来,并进行编译和连接。

(3) 在 monthName() 和 display() 函数中利用 static 修饰英文月份的指针数组和中文星期的指针数组,从而达到优化系统算法的作用(注意理解 static 修饰的意义)。

【具体步骤】

(以下操作步骤中的操作细节和具体方法请参见附录 G "C/C++ 开发平台介绍"中对 Visual C++ 6.0 开发环境的介绍及程序调试方法")

(1) 启动 Visual C++ 6.0 后,进入集成开发环境。

(2) 新建一个工程,工程类型为"Win32 Console Application",工程名为"Ex_Date",存放工程的上一级文件夹为"D:\Example"。

(3) 分别建立源程序文件:Ex_Date.h(函数声明文件)、Ex_Date.c(函数定义文件)和 Ex_main.c。

若某个源程序文件已经提前创建,则可将已存在的文件添加到当前工程中,方法如下:

如图 F-12 所示,在工程工作空间窗口的 FileView 文件视图面板中,将鼠标指向该视图面板的"Ex_Date files"项并右击打开快捷菜单,再单击执行其中的"添加文件到工程(F)..."菜单命令,打开"插入文件到工程"对话框,如图 F-13 所示。在该对话框中选定要插入工程中的文件,单击"确定"按钮,返回主窗口。这样,就可以把已经提前创建的文件添加到当前工程中。需要说明的是,将已有文件添加到当前工程中,只是工程文件的一种管理操作,并没有文件的创建、复制等操作,不改变文件原来的实际存放位置。

(4) 执行"文件→保存工作空间"菜单命令,将工作空间的定义和工程中所包含文件的所有信息保存到 Ex_Date.dsw 文件中。这样,在关闭工作空间或退出 Visual C++ 6.0 以后,可以通过工作空间文件 Ex_Date.dsw 重新打开工作空间,继续已有工程的操作。

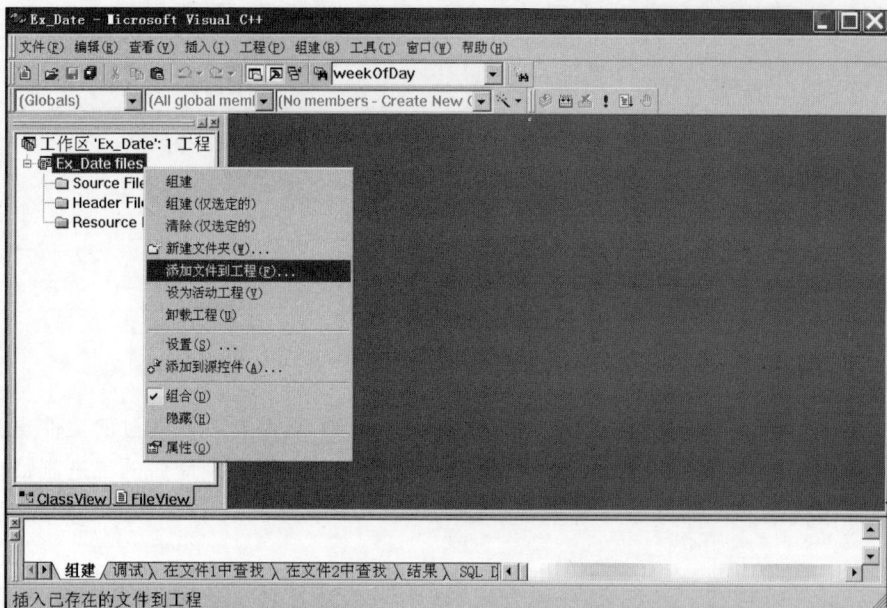

图 F-12　添加文件到工程

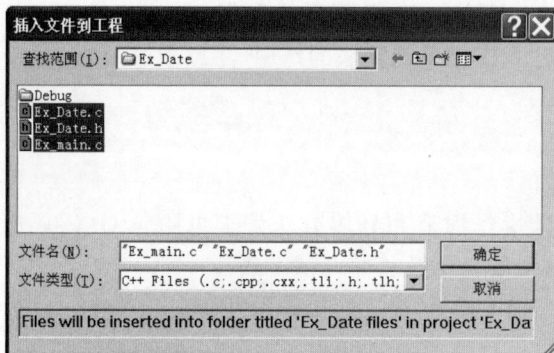

图 F-13　"插入文件到工程"对话框

（5）编译→连接→运行（调试）。

首先分别对 Ex_Date.c 和 Ex_main.c 文件单独进行编译并生成相应的二进制目标文件.obj；若编译通过，再进行连接操作生成可执行文件 Ex_Date.exe；然后运行程序。如果程序运行不能得到预期的结果，则需要进行分析、调试，直到程序正确为止。

【参考代码】

程序由 3 个文件组成：

（1）Ex_Date.h 函数声明文件。

```
01    /*-------------   Ex_Date.h 函数声明文件   --------------- */
02    int isLeap(int year);        //判断闰年,是闰年则返回 1;否则返回 0
```

```
03    int weekOfDay(int year,int month,int day);      //求某个日期是星期几
04    int weekOfNewYear(int year);                     //求某年元旦是星期几
05    int weekOfNewMonth(int year,int month);          //求某年某月1日是星期几
06    void display(int year,int month,int day);        //输出显示某日的日期信息
07    char * monthName(int n);                         //将月份数值转换为相应的英文名称
08    void prtMonthCalendar(int year,int month);       //打印月历
09    void prtEnCalendar(int year);                    //打印英文月份名称日历(年历)
```

（2）Ex_main.c 主程序文件。

```
01    /*------------     Ex_main.c 主程序文件     --------------*/
02    #include<stdio.h>
03    #include "Ex_Date.h"
04    int main(void)                                   //主函数(程序执行的入口)
05    { int year,month,day;
06      printf("Please input year,month,day:\n");
07      scanf("%d%d%d",&year,&month,&day);
08              //从键盘分别输入年月日数据,中间用空格、Tab符或回车分隔
09      printf("今天是: ");
10      display(year,month,day);                       //显示日期信息
11      printf("\n 输出本月月历: \n");
12      prtMonthCalendar(year,month);
13      printf("\n 输出本年年历: \n");
14      prtEnCalendar(year);
15    }
```

（3）Ex_Date.c 功能函数定义文件。

```
01    /*--------------     Ex_Date.c 功能函数定义文件     ----------*/
02    #include<stdio.h>
03    #include "Ex_Date.h"
04    //----------------判断闰年函数--------------------
05    int isLeap(int year)
06    { return (year%4==0&&year%100!=0||year%400==0); }
07    //--------求某个日期是星期几函数(1900.1.1为星期一)--------
08    int weekOfDay(int year,int month,int day)
09    { int i;
10      int sumDays=0;                         //1900年至今的总天数
11      int daysOfMonth[12]={31,28,31,30,31,30,31,31,30,31,30,31};
12                                             //平年每月的天数
13      sumDays=sumDays+day;                   //将当月的天数加入 sumDays 中
14          //将当年元旦到当月以前月份的天数加入 sumDays 中
15      for(i=1;i<month;i++)
16      {   sumDays=sumDays+daysOfMonth[i-1];
17          if(i==2&&isLeap(year)) sumDays=sumDays+1;
18      }
19      //将当年以前年份的天数加入 sumDays 中
20      for(i=1900;i<year;i++)
21      {   sumDays=sumDays+365;
22          if(isLeap(i)) sumDays=sumDays+1;
```

```
23          }
24         return sumDays%7;
25       }
26       //-------求某年元旦是星期几函数-----------------------------
27       int weekOfNewYear(int year)
28       { int i,days,m=0;
29            //days为1900年至(year-1)年份为止的总天数,m是此期间的闰年数
30         for(i=1900;i<year;i++)
31            if(isLeap(i)) m++;
32         days=(year-1900)*365+m;
33         return (days+1)%7;
34       }
35       //--------------求某年某月1日是星期几的函数-------------------
36       int weekOfNewMonth(int year,int month)
37       { int i;
38         int sumDays=0;
39         int daysOfMonth[12]={31,28,31,30,31,30,31,31,30,31,30,31};
40                                        //平年每月的天数
41         for(i=1;i<month;i++)
42            sumDays=sumDays+daysOfMonth[i-1];
43         if(month>2&&isLeap(year)) sumDays=sumDays+1;
44         return (sumDays+weekOfNewYear(year))%7;
45       }
46       //--------------输出显示某日的日期信息函数------------------
47       void display(int year,int month,int day)
48       { static char * weekDays[7]={"星期日","星期一","星期二",
49                   "星期三","星期四","星期五","星期六"};
50         char * weekDay=weekDays[weekOfDay(year,month,day)];
51         printf("%d年%d月%d日 %s",year,month,day,weekDay);
52         if(isLeap(year)) printf(" 闰年");
53         printf("\n");
54       }
55       //----------将月份数值转换为相应的英文名称函数--------------
56       char * monthName(int n)           //返回值为指向字符类型的指针
57       {                                 //定义一个静态字符型指针数组
58         static char * month[]=
59         {  "Illegal month",            //月份出错
60            "January",                   //一月
61            "February",                  //二月
62            "March",                     //三月
63            "April",                     //四月
64            "May",                       //五月
65            "June",                      //六月
66            "July",                      //七月
67            "August",                    //八月
68            "September",                 //九月
69            "October",                   //十月
70            "November",                  //十一月
```

```
71      "December"                    //十二月
72     };
73     //以上定义了一个静态字符型指针数组(存放各字符串的首地址)
74     //静态存储量是在程序加载时初始化的,并永久存在
75     //静态存储量在程序运行阶段根据其有效性直接使用,无新的存储分配的问题
76     //这样在需要多次调用本函数进行转换时,将大大提高时间效率
77     return (n>=1&&n<=12)? month[n]:month[0];
78   }
79   //-------------打印月历函数----------------------------
80   void prtMonthCalendar(int year,int month)
81   { int day,weekday,lenOfMonth,i;
82     weekday=weekOfNewMonth(year,month);      //求当月 1 日是星期几
83                                              //确定当月的天数 lenOfMonth
84     if(month==4||month==6||month==9||month==11)
85         lenOfMonth=30;
86     else if(month==2)
87     {   if(isLeap(year))
88             lenOfMonth=29;
89         else
90             lenOfMonth=28;
91     }
92     else
93         lenOfMonth=31;
94     //打印月历头
95     printf(" --------------------------\n");
96     printf(" SUN MON TUE WED THU FRI SAT\n");
97     printf(" --------------------------\n");
98         //找 当月 1 日的打印位置
99     for(i=0;i<weekday;i++)
100        printf("    ");
101    //打印当月日期
102    for(day=1;day<=lenOfMonth;day++)
103    {   printf("%4d",day);
104        weekday=weekday+1;
105        if(weekday==7)                       //打完一星期换行
106        {   weekday=0;
107            printf("\n");
108        }
109    }
110    printf("\n");                            //打完一月换行
111  }
112  //-------------打印英文月份名称日历(年历)函数--------------
113  void prtEnCalendar(int year)
114  { int month;
115    //打印 12 个月的月历
116    for(month=1;month<=12;month++)
117    {   printf("\n%s\n",monthName(month));   //打印英文名称的月份
118        prtMonthCalendar(year,month);        //打印月历
```

```
119    }
120  }
```

程序运行结果如图 F-14 所示。

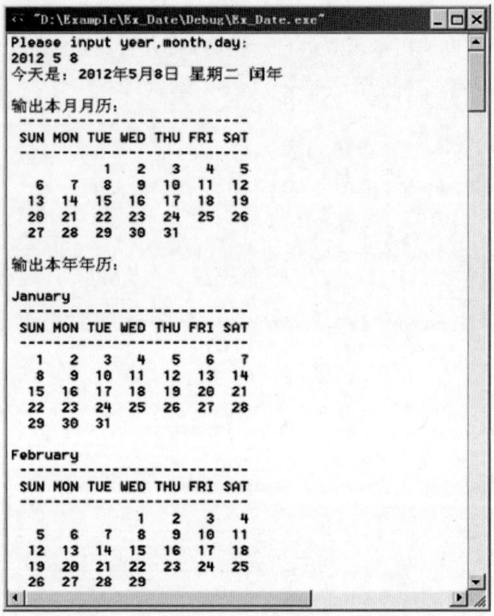

图 F-14 "打印英文年历"程序运行结果

C/C++ 开发平台介绍

G.1 Dev-C++ 开发平台

G.1.1 Dev-C++ 简介

Dev-C++ 是 Bloodshed 公司开发的一款 C/C++ 集成开发环境(IDE)下的开发工具,具有很好的开放性,它与免费的 C/C++ 编译器和类库相配合,共同提供一种全开放、全免费的方案,具有对免费应用开发用途的免费使用授权。它是一款自由软件,遵守 GPL 许可协议分发源代码。

Dev-C++ 是适合 Windows 的一个全功能的综合开发环境,使用 GCC 作为编译器和库组。可以在 Orwell 公司的主页下载安装程序,该网站也有关于 Dev-C++ 的相关论坛。

Dev-C++ 的界面十分友好,提供了多国语言操作,其中包括中文,只要在安装后初次运行时选择"简体中文",就可以使用简体中文界面。

它包括多页面窗口、项目编辑器等,在项目编辑器中集合了编辑器、编译器、连接程序和执行程序。同时,采用高亮度语法显示,以减少编辑错误。还有完善的调试功能,适合初学者与编程高手的不同需求,是学习 C 或 C++ 的首选开发工具。

Dev-C++ 的优点是功能简捷,适合在教学中供 C/C++ 语言初学者使用。它集成了 AStyle 源代码格式整理器,只要单击菜单"AStyle"→"格式化当前文件",就可以把当前窗口中的源代码按一定的风格迅速整理好排版格式。它还提供了一些常用的源代码片段,只要在源程序编辑窗口中的右键菜单选择"插入",就可以在下拉项中选择插入需要的常用源代码片段。

Dev-C++ 的缺点是它的功能并不完善,容易出现 Bug,因此它不适合做商业性或大型软件开发使用。

Dev-C++ 的原开发公司在开发完 4.9.9.2 版本后停止了开发。现在由 Orwell 公司继续更新开发。

G.1.2　Dev-C++ 的安装

运行安装程序：Dev-Cpp.5.11.exe。运行后，首先提示选择安装语言，可以直接单击 OK 按钮选择默认的英语版本，如图 G-1 所示。

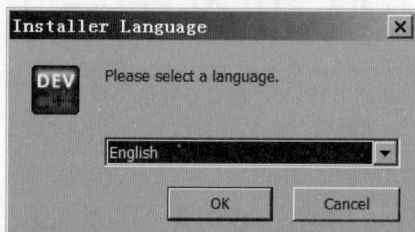

图 G-1　Dev-C++ 安装第一步的安装语言选择

然后将显示软件的许可使用协议，选择"I Agree"按钮，如图 G-2 所示，否则无法继续。

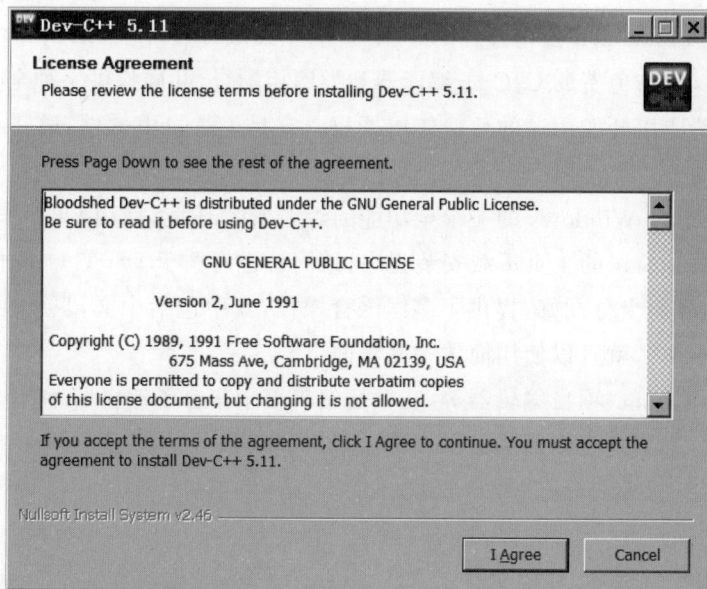

图 G-2　Dev-C++ 安装时同意软件使用许可协议

然后是选择安装组件，建议简单选择类型为 Full，单击 Next 按钮继续，见图 G-3。

下一步是选择安装路径。默认路径是"C:\Program Files\Dev-Cpp"，也可以设置自己的安装路径，见图 G-4。

然后程序自动解压缩，提取文件安装，如图 G-5 所示。

安装完成后将显示图 G-6 所示的界面，此时可直接选择"Run Dev-C++ 5.11"单选框，单击 Finish 按钮结束安装，并启动 Dev-C++ 程序。也可以从桌面快捷方式或程序启动栏中启动该程序。第一次运行 Dev-C++，将提示进行语言和显示的主题风格设置。

语言选择界面如图 G-7 所示，建议选择第 3 行的"简体中文/Chinese"。

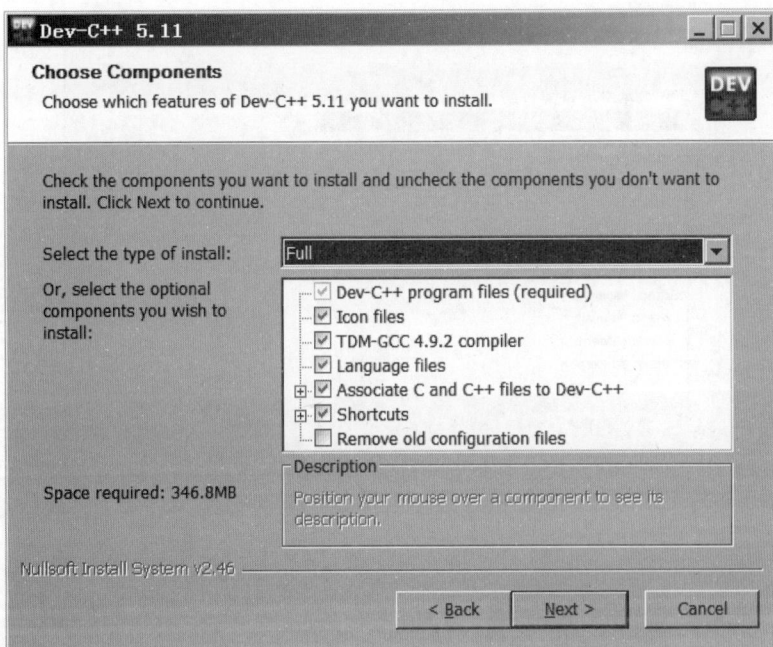

图 G-3　Dev-C++ 安装时选择安装组件

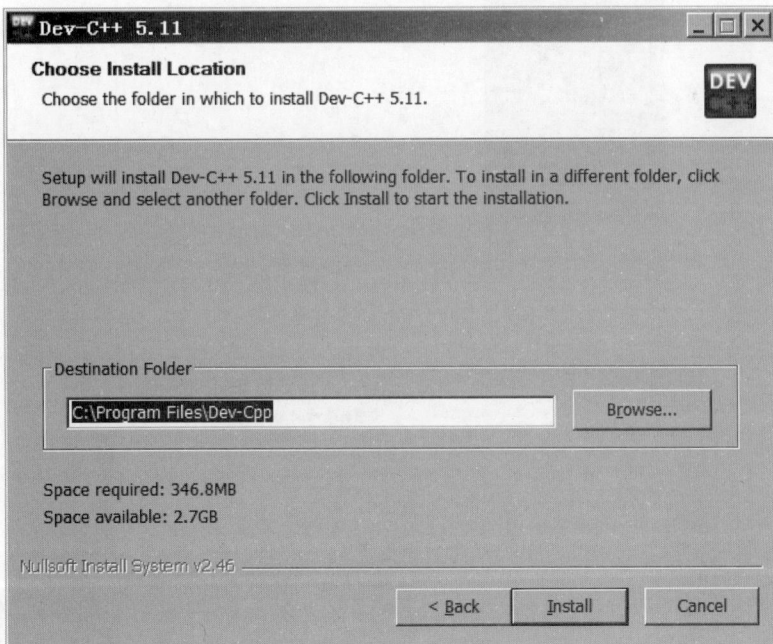

图 G-4　Dev-C++ 安装路径选择

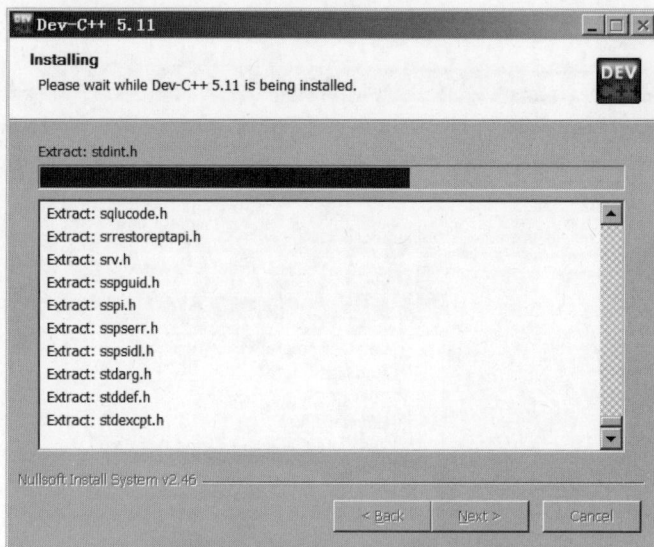

图 G-5　Dev-C++ 安装过程

图 G-6　Dev-C++ 安装完成的界面

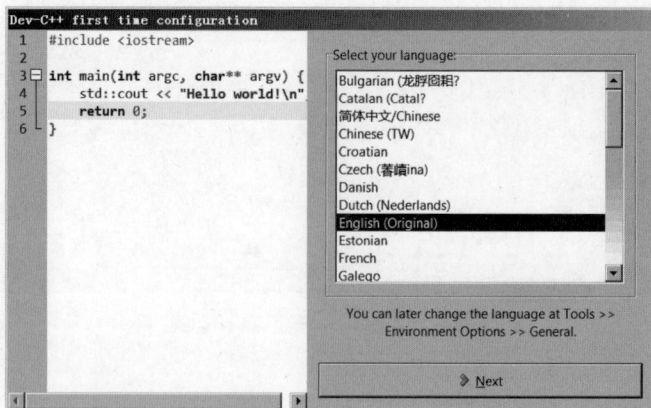

图 G-7　第一次运行 Dev-C++ 时提示的语言选择

在后面运行 Dev-C++ 的过程中，也可以通过菜单"工具"→"环境选项"修改界面的语言设置，如图 G-8 所示。

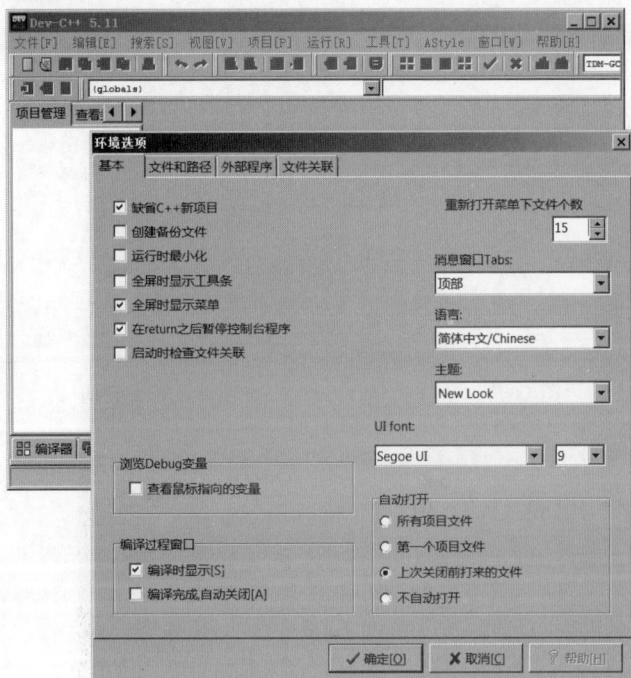

图 G-8　Dev-C++ 中修改语言设置

然后还会提示显示主题选择，建议采用默认值，如图 G-9 所示。

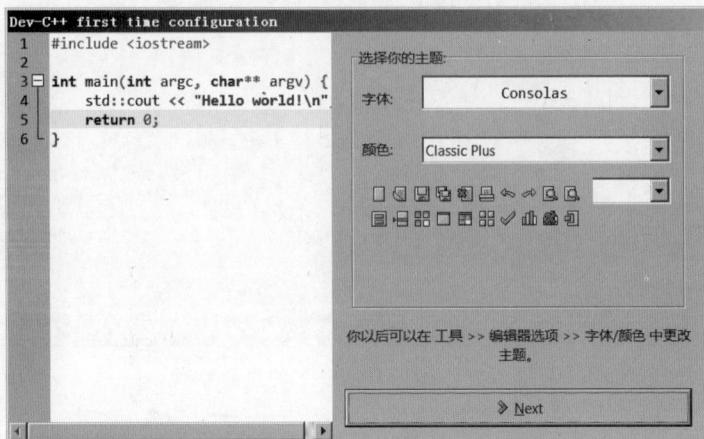

图 G-9　第一次运行 Dev-C++ 时提示的界面主题设置

最后显示设置完成界面，如图 G-10 所示。

这样，就完成了 Dev-C++ 的安装。

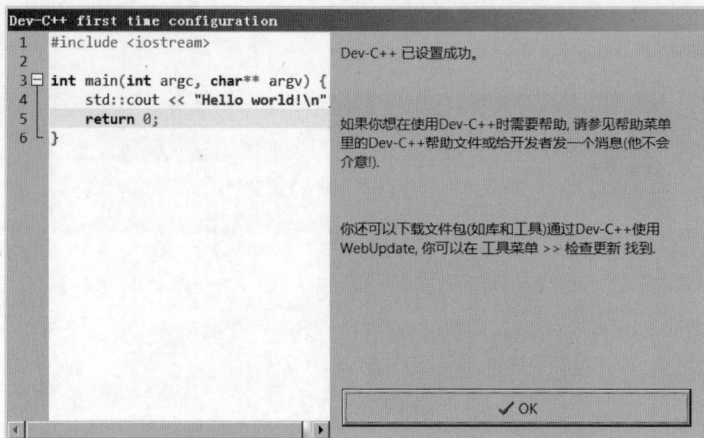

图 G-10　第一次运行 Dev-C++ 时设置完成界面

G.1.3　Dev-C++ 的操作界面

Dev-C++ 安装完成以后,双击桌面的 Dev-C++ 图标或从"开始"菜单启动程序,如图 G-11 所示。

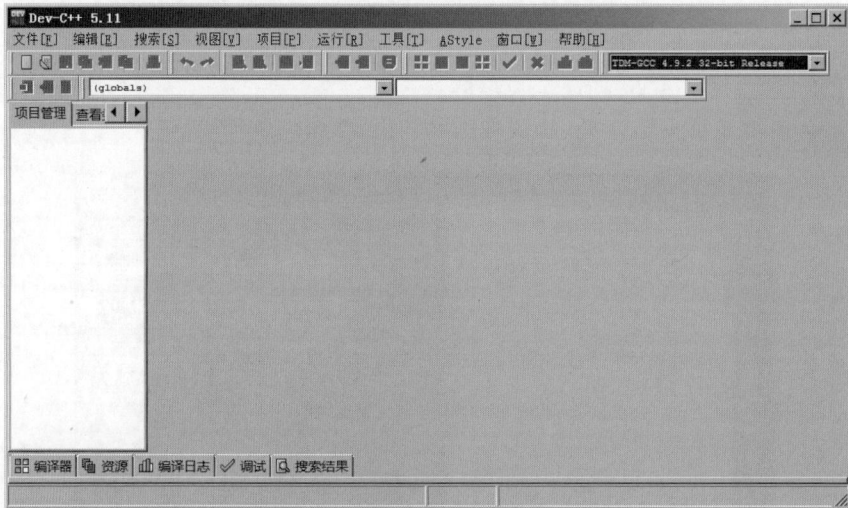

图 G-11　运行 Dev-C++ 的最初界面

在 Dev-C++ 中可以新建源文件、编辑、编译、调试、运行。也可以打开已保存的.c 或 .cpp 源文件。源文件可以通过任意文本编辑软件新建或编辑、保存。

直接双击打开一个.c 或.cpp 文件也可以进入 Dev-C++ ,并打开该文件。在 Dev-C++ 中打开一个桌面上的 C++ 源程序文件后的界面如图 G-12 所示。

在 Dev-C++ 中第一次编译源程序前需要根据所在计算机的操作系统选择 Dev-C++ 的编译器配置(32 位或 64 位)和编译后的版本(调试版、发布版和简要版)。其工具栏上有 3 个按钮是最常用的,如图 G-13 所示,分别表示编译、运行、编译并运行。

图 G-12　Dev-C++ 中打开一个 C++ 源程序文件后的界面

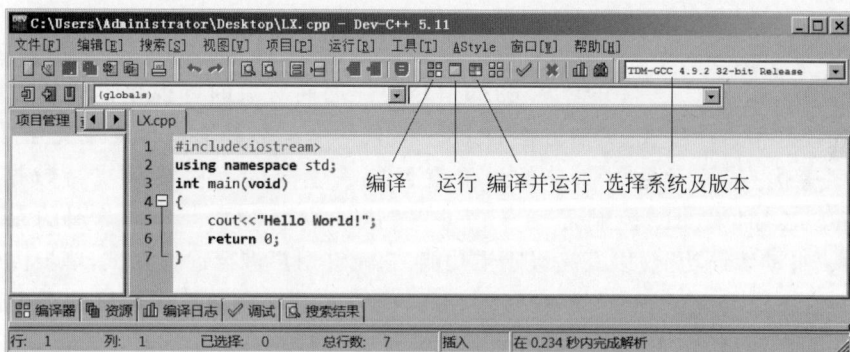

图 G-13　Dev-C++ 的常用编译、运行按钮

编译、连接后生成的可执行程序(.exe)如果在操作系统下直接单击运行,往往会出现窗口一闪而过的现象,这不是程序的问题,而是因为程序如果没有输入交互就会很快运行结束,自动关闭窗口而导致看不到输出结果。解决办法有很多,如在程序最后加上一句"getchar();",程序运行就会等待用户输入 Enter 键后才会结束。或者在程序最后加上一句"system("pause");",程序运行会出现提示"请按任意键继续…",并等待一个按键输入后才关闭窗口结束运行。

G.2　Visual C++ 平台介绍

G.2.1　Visual C++ 简介

Microsoft Visual C++ (简称 Visual C++、MSVC、VC++ 或 VC),微软公司的 C++ 开发工具,具有集成开发环境,可提供编辑 C 语言、C++ 以及 C++ /CLI 等编程语言。VC++ 整合了便利的除错工具,特别是整合了微软视窗程序设计(Windows API)、三维动画 DirectX API,Microsoft .NET 框架。教学中使用最多的较稳定的是 Microsoft Visual C++ 6.0(以下简称 VC6.0) 版本,如图 G-14 是 VC6.0 运行后的界面。

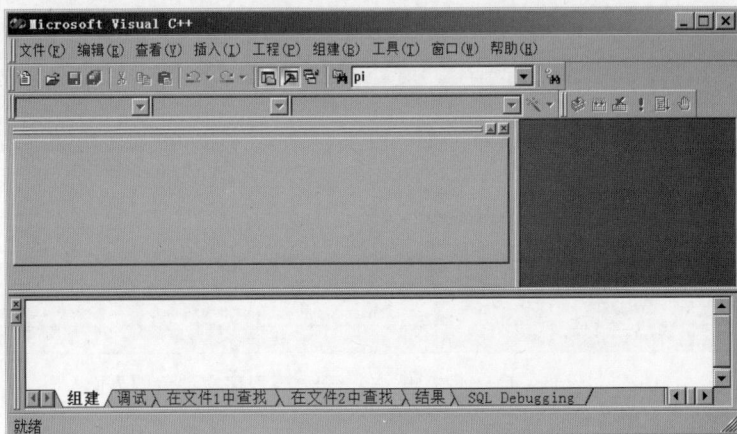

图 G-14　运行 VC6.0 后的界面

　　Microsoft Visual C++ 是开发 Win32 环境程序、面向对象的可视化集成编程系统。它不但具有程序框架自动生成、灵活方便的类管理、代码编写和界面设计集成交互操作、可开发多种程序等优点，而且通过简单的设置就可使其生成的程序框架支持数据库接口、OLE2，WinSock 网络、3D 控制界面。它可以"语法高亮"显示不同类别的字符，具有 IntelliSense（自动编译功能）以及高级除错功能，它允许用户进行远程调试，单步执行等。它还允许用户在调试期间重新编译被修改的代码，而不必重新启动正在调试的程序。这些功能可以加快程序调试，在大型软件开发中会显示明显优势。

　　VC6.0 集成了 MFC 6.0，于 1998 年发行，一直被广泛地用于各种 Win32 应用程序开发。但是，这个版本在 Windows XP 下运行会出现一些问题，尤其是在调试模式的情况下（例如：静态变量的值并不会显示）。这个调试问题可以通过"Visual C++ 6.0 Processor Pack"补丁文件来解决。更好的解决方法是在更高版本的 Windows 操作系统下运行。

　　VC6.0 同样可以新建、打开、编辑、保存、编译、运行、调试一个 C 或 C++ 源程序。如图 G-15是 VC6.0 打开一个 C++ 源程序文件后的界面。

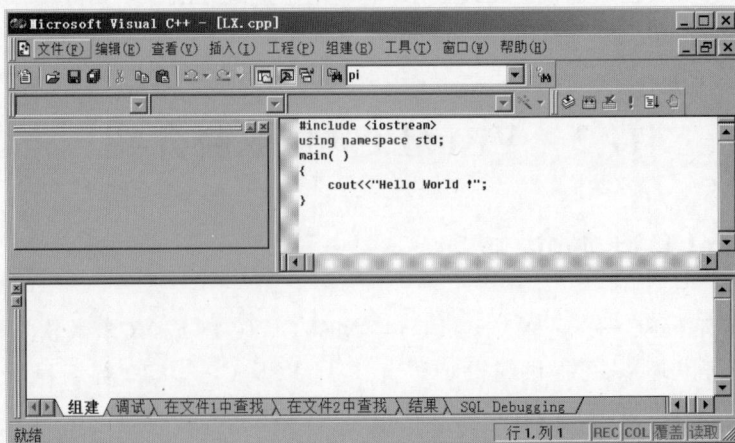

图 G-15　VC6.0 打开一个 C++ 源程序文件后的界面

与 Dev-C++ 有所不同的是，在 VC6.0 中编译或运行一个 C 或 C++ 程序，必须先将其加入一个工程中（project）。也就是说，它是以工程（project）为单位编译、运行程序的。工程（project）中可以包含一个或多个相关程序文件，但只能有一个 main 函数。如图 G-16 是编译图 G-15 的源程序后显示的界面，提示用户将源程序加到一个默认的与该程序文件同名的工程中。VC6.0 中文版将 project 翻译为"工程"，后续的 Visual Studio 翻译为"项目"。

图 G-16　VC6.0 编译一个 C++ 源程序后的界面

G.2.2　Visual C++ 的使用

VC 6.0 是一个基于 Windows 平台的可视化的集成开发环境（IDE），它集程序的编辑、编译、连接、运行、调试等功能于一体，而且提供了更加强大的系统集成能力。其中最基本的一点是，它通过工程（project）的方式管理系统的开发过程。

下面以 VC6.0 简体中文版为平台，通过实现例题"输入圆的半径，求圆的面积"这个程序实例，初步认识 Visual C++ 开发环境，初步了解 C 语言程序的基本结构和特点。

1. 从新建"一个空工程"开始，实现例题程序的编辑、编译、连接、运行（调试）的全过程

工程名称为 prj0202，存放工程的上一级文件夹为"D:\Example"。

具体操作步骤如下。

（1）启动 VC6.0 后，进入集成开发环境。

如图 G-17 所示，VC 6.0 的主窗口界面包括标题栏、菜单栏、工程工作空间、主工作空间、输出窗口和状态栏等。其中：

- 工程工作空间（Workspace），又称为工程工作区。它现在为空，它用于组织文件、工程和工程配置。当建立一个工程或读进一个工程后，该窗口的下端通常会出现 2 个或 3 个视图面板：类视图（ClassView）、资源视图（ResourceView）及文件视图（FileView），方便对项目的管理和操作。

- 主工作空间：现在为空。它用于各种程序文件、资源文件、文档文件以及帮助信息等的显示或编辑。

- 输出窗口：现在为空。它用于显示工程建立过程中所产生的各种信息。
- 状态栏：给出当前操作或所选择的命令的提示信息。

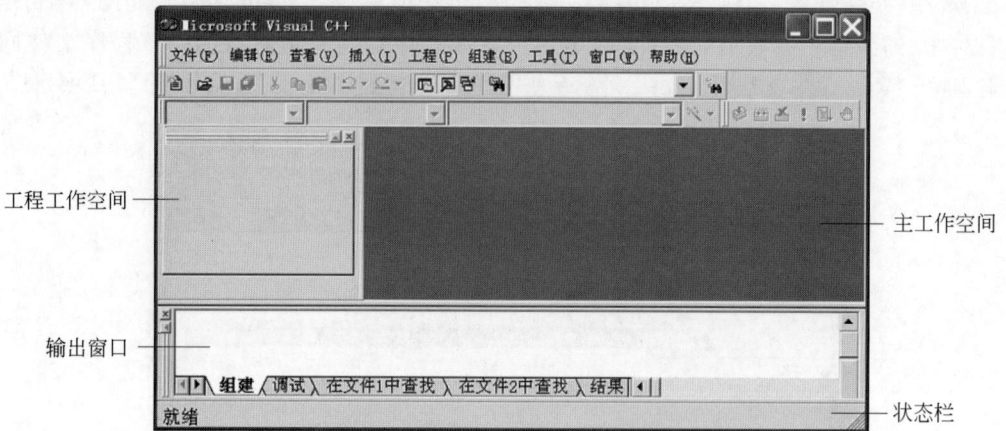

图 G-17　VC++ 6.0 的主窗口界面

（2）新建"一个空工程"——工程类型"Win32 Console Application"。

① 执行"文件→新建"菜单命令，打开"新建"对话框。对话框有 4 个选项卡，默认处于"工程"选项卡中。

② 在"新建"对话框的"工程"选项卡中，选择工程类型"Win32 Console Application" 和工程位置"D:\EXAMPLE"，并输入工程名称"prj0202"，如图 G-18 所示。然后单击"确定"按钮，进入创建工程的下一窗口。

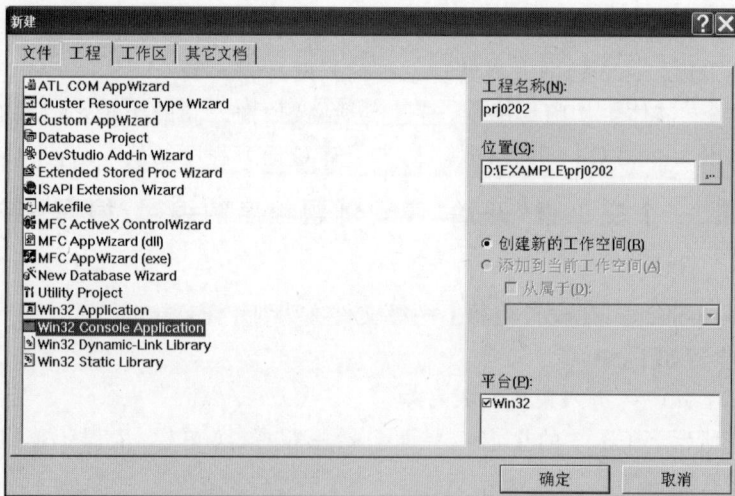

图 G-18　创建工程的"新建"对话框——Win32 控制台程序

③ 在下一窗口中选择"一个空工程"选项，如图 G-19 所示，然后单击"完成"按钮。进入下一窗口后，再单击"确定"按钮，返回主窗口。这时主窗口的工程工作空间出现了 ClassView 和 FileView 视图面板，如图 G-20 所示。同时，系统自动在"D:\EXAMPLE"文件夹中建立了 prj0202 文件夹，并在其中生成了 prj0202.dsp、prj0202.dsw 文件和 Debug 文

件夹(参见图 G-24)。Debug 文件夹用于存放编译、连接过程中产生的文件。

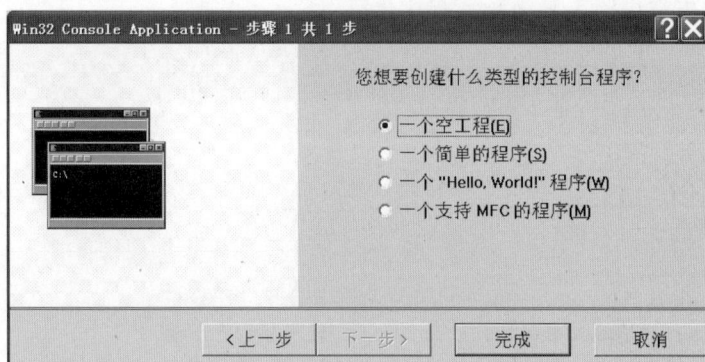

图 G-19　Win32 控制台程序创建步骤对话框

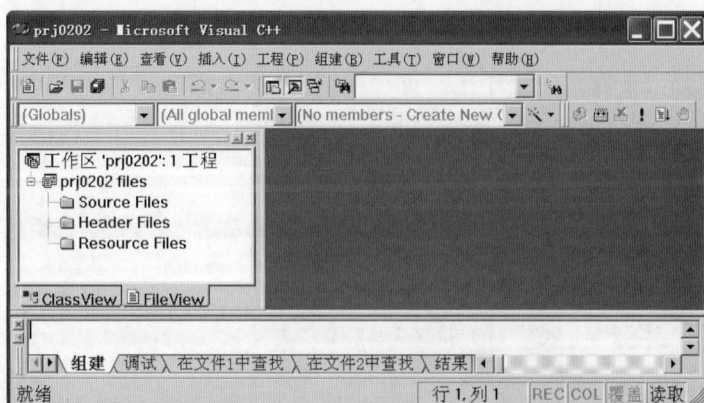

图 G-20　一个控制台程序的空工程建立后的工程工作空间的结构

（3）建立 C 语言源程序文件(* .c)。

① 再次执行"文件→新建"菜单命令，打开"新建"对话框，选择"文件"选项卡。在"文件"选项卡上选择文件类型"文本文件"，输入文件名"Ex0202.c"(注意不要漏掉文件扩展名.c)，其他使用默认值，如图 G-21 所示。

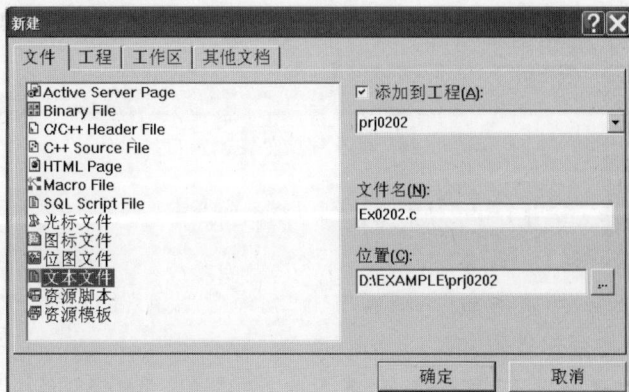

图 G-21　创建 C 语言源程序文件的"新建"对话框

② 接着单击"确定"按钮,返回主窗口。这时主窗口的主工作空间出现了源程序文件编辑窗口。在该编辑窗口输入下面的源程序代码。

```
01   /* --------------------------------------------------------
02       Ex0202.c 程序的功能是:输入圆的半径,求圆的面积
03      --------------------------------------------------------
04    */
05   #include<stdio.h>
06   #define PI 3.141593              //宏定义
07   main()
08   { float r,s;                     //定义了 2 个变量
09     printf("请输入半径(r): ");     //输出显示提示输入
10     scanf("%f",&r);               //输入半径
11     s=r*r*PI;                      //计算面积
12     printf("圆面积: %f\n",s);      //输出
13   }
```

如图 G-22 所示,在输入源程序代码过程中,可以发现程序代码中有些单词的颜色是蓝色的,有些字符的颜色是绿色的。蓝颜色的单词表示它们是系统定义的关键字,绿颜色的文本是注释内容。

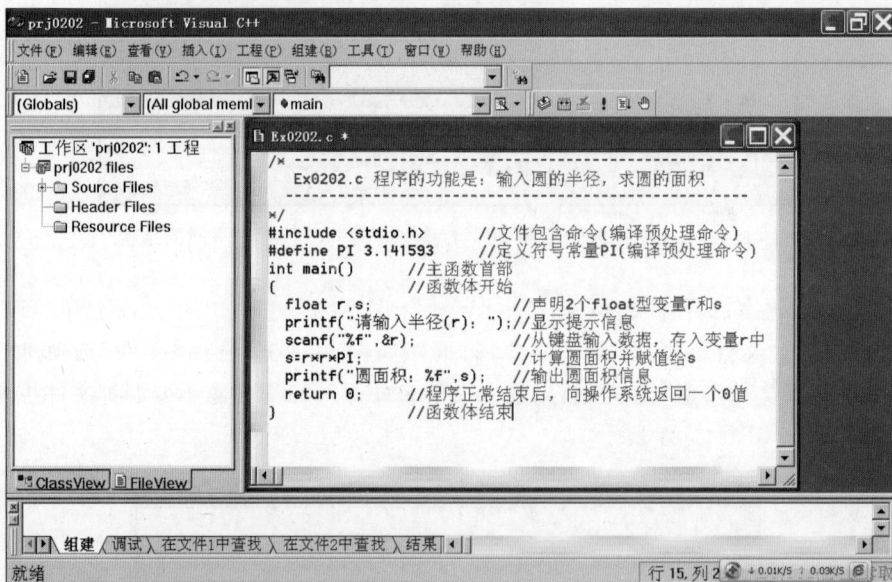

图 G-22 源程序文件编辑窗口

③ 源程序代码输入编辑结束,执行"文件→保存"操作。

(4) 编译→连接→运行(调试)。

① 执行"组建→编译"菜单命令,或者单击"编译微型条"工具栏上的"编译"命令按钮，编译生成源程序的目标代码文件(＊.obj)。

② 接着执行"组建→组建"菜单命令,或者单击"编译微型条"工具栏上的"组建"命令按钮，连接生成可执行文件(＊.exe)。

③ 在以上编译、连接过程中，若有问题，则在输出窗口中给出相应的错误信息。这时可参照错误信息，分析原因并改正错误，再重新编译、连接，直至通过。

④ 编译、连接通过以后，可以执行"组建→执行"菜单命令，或者单击"编译微型条"工具栏上的"执行"命令按钮，运行程序。如果程序运行不能得到预期的结果，则需要进行分析、调试，直到程序正确为止。

本示例程序的最后运行结果如图 G-23 所示。在该程序运行窗口中，10 是用户从键盘输入的半径值，"Press any key to continue"是 VC6.0 系统给出的提示信息，其他都是程序运行自动输出的结果。

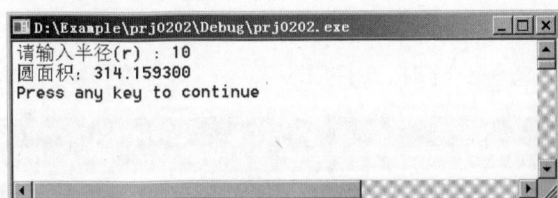

图 G-23　计算圆面积程序的运行结果

在整个过程中，系统在相应的工程文件夹"D:\Example\prj0202"中为该工程生成了许多文件，其主要的文件结构如图 G-24 所示。

图 G-24　工程 prj0202 的文件结构

其中：

(1) prj0202.dsp ——工程文件，存储了当前工程的特定信息，如工程设置等。

(2) prj0202.dsw ——工作空间文件，含有工作空间的定义和工程中所包含文件的所有信息。打开工作空间文件，可以继续已有工程的进一步操作；关闭工作空间，则关闭了该工作空间内的所有工作。

(3) Ex0202.c ——源程序文件。

(4) Debug 文件夹 ——该文件夹存放了编译、连接过程中生成的中间文件以及最终生成的可执行文件。其中，Ex0202.obj 是编译后生成的目标代码文件，prj0202.exe 是连接后最终生成的可执行文件。

源程序编译后生成的目标代码文件(＊.obj)，其文件名与源程序文件名相同；将相应的目标文件和系统的其他文件连接后生成的可执行文件(＊.exe)，其文件名与工程名相同。

在这些文件中，Ex0202.c 文件是最重要的文件，它才是用户自己建立的文件，其他文件是由系统自动生成的。

2. 从直接创建源程序文件开始，实现上述程序的编辑、编译、连接、运行（调试）的全过程

具体操作步骤如下：

（1）执行"文件→关闭工作空间"菜单命令，关闭原来的工程。这一步非常重要，否则会造成一个工程中有多个 main() 函数的问题。（如果是从启动 VC 6.0 开始，则忽略该步骤）

（2）直接创建源程序文件。

执行"文件→新建"菜单命令，打开"新建"对话框，选择"文件"选项卡。在"文件"选项卡上，先选择文件类型"文本文件"，再选择文件的存放位置"D:\EXAMPLE"，最后输入文件名"Ex0202.c"（注意不要漏掉文件扩展名.c），如图 G-25 所示。然后在源程序文件编辑窗口输入源程序代码，并保存文件。这时，文件"Ex0202.c"保存在"D:\EXAMPLE"文件夹中。

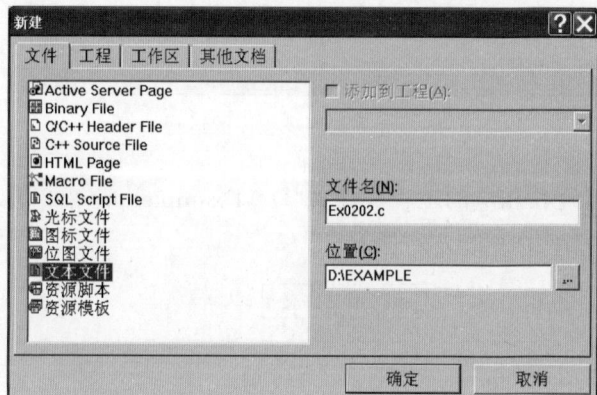

图 G-25　直接创建 C 语言源程序文件的"新建"对话框

（3）编译→连接→运行（调试）。

这里的操作步骤与前面所述完全相同，只是在开始编译后，出现一个对话框，系统要自动创建一个默认的工程工作空间，如图 G-26 所示。这时选"是(Y)"即可。

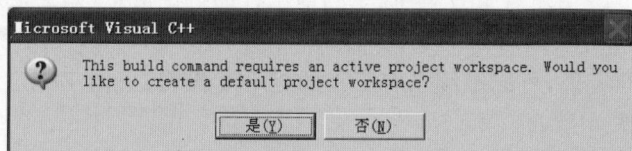

图 G-26　创建默认工程工作空间的"确认"对话框

说明：

（1）以上操作的第二步"（2）直接创建源程序文件"，也可以通过直接单击工具栏上的第一个命令按钮"新建文本文件"来实现源程序文件的输入编辑操作，如图 G-27 所示。此时系统自动在缺省的文件夹中以 Text1.txt、Text2.txt 等临时文件名来建立文件，但这时系统不能自动识别 C 语言程序的关键字、注释等代码信息，关键字、注释与其他代码不会有任何颜色的区别，不利于源程序文件的输入编辑操作。

为了使系统能够按 C 语言源程序代码的特征识别文件内容，可以在正式输入程序代码

图 G-27　单击"新建文本文件"命令按钮后打开的文件编辑窗口

前先执行文件保存操作,打开文件"保存为"对话框,如图 G-28 所示。在该对话框中,选择文件的存放位置"D:\Example",输入文件名"Ex0202.c"(注意不要漏掉文件扩展名.c),然后单击"保存"按钮,系统即进入可以识别 C 语言程序的关键字、注释等代码特征的编辑状态,如图 G-29 所示,从而有利于源程序文件的输入编辑操作。

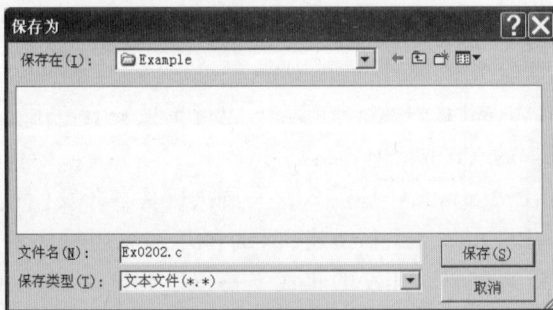

图 G-28　文件"保存为"对话框

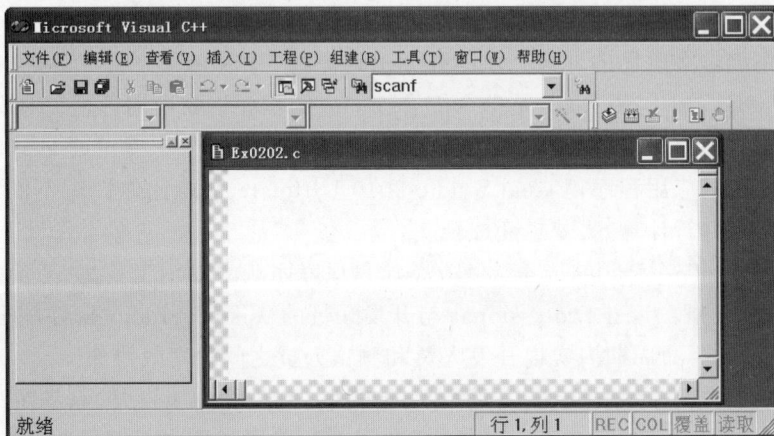

图 G-29　可识别程序代码特征的文件编辑窗口

（2）"从直接创建源程序文件开始"的操作步骤比"从新建一个空工程开始"的操作步骤要简单，它较适合单文件的控制台应用程序的实现。但因它是利用系统自动创建的默认工程工作空间对整个程序的实现过程进行管理的，所以对源程序文件、资源文件及其他文件的管理方式过于简单，不适合多文件程序的管理和实现。

G.3　Visual Studio 介绍

Visual Studio 是微软公司推出的最新一代开发环境，Visual Studio 可以用来创建 Windows 平台下的 Windows 应用程序和网络应用程序，也可以用来创建网络服务、智能设备应用程序和 Office 插件。Visual Studio 是目前最流行的 Windows 平台应用程序开发环境。

Visual Studio 2008 包括各种增强功能，例如可视化设计器（使用 .NET Framework 3.5 加速开发）、对 Web 开发工具的大量改进，以及能够加速开发和处理所有类型数据的语言增强功能。Visual Studio 2008 为开发人员提供了所有相关的工具和框架支持，帮助创建引人注目的、令人印象深刻并支持 AJAX 的 Web 应用程序。

开发人员能够利用这些丰富的客户端和服务器端框架轻松构建以客户为中心的 Web 应用程序，这些应用程序可以集成任何后端数据提供程序、在任何当前浏览器内运行并完全访问 ASP.NET 应用程序服务和 Microsoft 平台。

Visual Studio 还将 Visual C++ 整合在其中，也可单独安装使用。

目前有 4 种最新版本的 Visual Studio：

Visual Studio 2010 Professional 是供开发人员执行基本开发任务的重要工具。可简化在各种平台（包括 SharePoint 和云）上创建、调试和开发应用程序的过程。Visual Studio 2010 Professional 自带对测试驱动开发的集成支持以及调试工具，以帮助确保提供高质量的解决方案。

Visual Studio 2010 Premium 是一个功能全面的工具集，可为个人或团队简化应用程序开发过程，支持交付可扩展的高质量应用程序。无论是编写代码、构建数据库、测试还是调试，都可以使用能够按照你的方式工作的强大工具提高工作效率。

Visual Studio 2010 Ultimate 是一个综合性的应用程序生命周期管理工具套件，可供团队用于确保从设计到部署的整个过程都能取得较高质量的结果。无论是创建新的解决方案，还是改进现有的应用程序，Visual Studio 2010 Ultimate 都能让你针对不断增加的平台和技术（包括云和并行计算）将梦想变成现实。

Visual Studio Test Professional 2010 是质量保障团队的专用工具集，可简化测试规划和手动测试执行过程。Test Professional 与开发人员的 Visual Studio 软件配合运行，可在整个应用程序开发生命周期内实现开发人员和测试人员之间的高效协作。

如图 G-30 是 Visual Studio 2010 运行后的界面。它虽然功能强大，但是在开发 C/C++ 程序时的操作基本是相同的，为此，不再展开介绍。后续同学们在学习 Web 程序开发中会用到其强大功能，可以再结合 Web 软件开发技术学习来掌握其使用。

以上介绍了比较流行的 3 种 C/C++ 开发平台，需要说明的是：Dev-C++ 是免费软件，

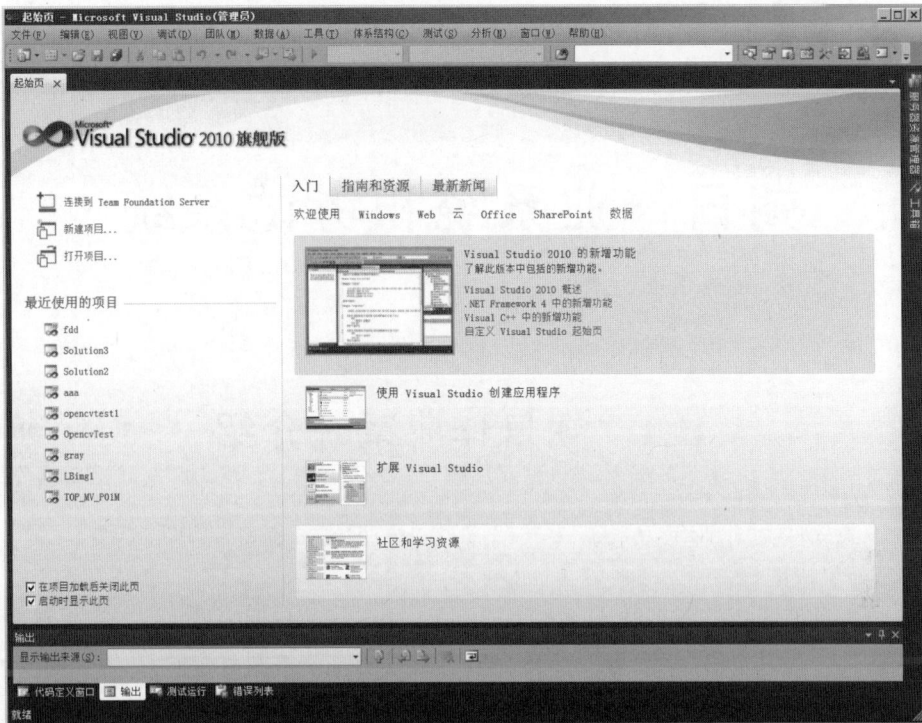

图 G-30　Visual Studio 2010 运行后的界面

Visual C++ 6.0 和 Visual Studio 2010 都是收费软件。而且 Dev-C++ 对于初学者在编辑练习程序、调试运行等使用上更方便,因此本书的后续实验都是基于 Dev-C++ 开发平台实现的。

附录 H

朔日作业系统和考试系统

H.1　朔日作业系统介绍

（1）下载软件："作业练习系统 安装程序 10.10.101.105.rar"，解压缩后安装，会在桌面生成图标。

（2）单击桌面图标打开系统。

（3）在打开的窗口中，如图 H-1 所示，单击"配置修改"，将服务器的 IP 地址修改为：10.10.101.105（见图 H-2）。

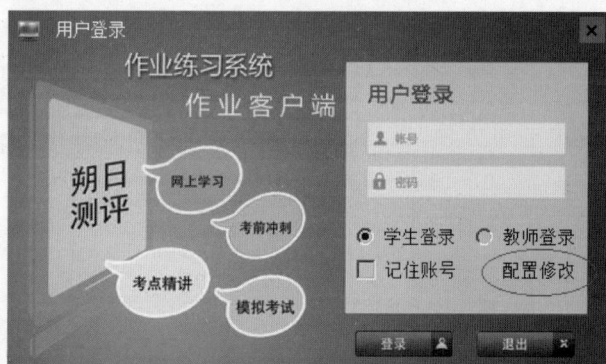

图 H-1　朔日作业系统登录的界面

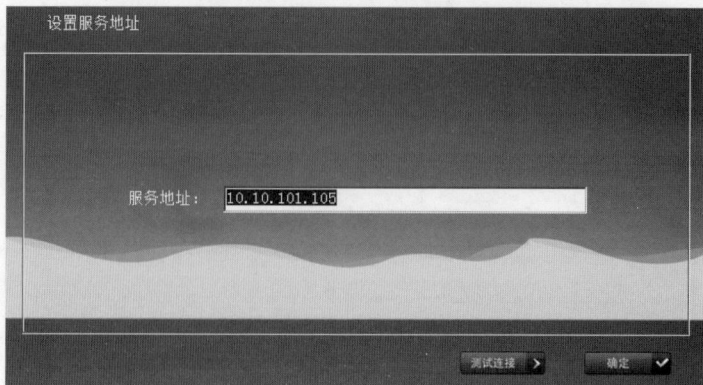

图 H-2　作业系统修改服务器地址的界面

（4）输入学号即可登录，密码也是学号。

（5）登录后，提示：环境检查不通过时，直接单击"确定"按钮。进入系统后，选择"我的作业""查询"，选择某次作业即可进入做作业。

H.2　朔日考试系统介绍

（1）朔日考试系统学生端是 BS 架构，采用浏览器登录、考试，但只能使用 IE 或 360 极速浏览器，其他浏览器（包括 Edge）都不行。

（2）打开浏览器，访问网址 http://10.10.101.105/jsjwzh。首先提示安装插件，这个插件安装比较麻烦，很容易失败。需要在安装插件前，关闭计算机的杀毒软件、360 安全卫士等安全监控、杀毒软件，并将浏览器的安全等级降低。启用 ActiveX 控件和插件、允许弹窗、不启用保护模式（注意协议是 HTTP，不是 HTTPS）。

（3）单击页面下方的按钮"手工安装"，如图 H-3 所示。

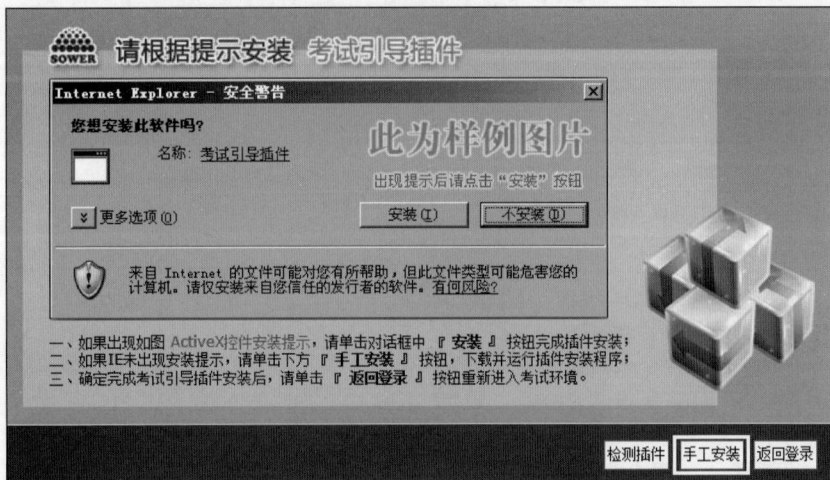

图 H-3　考试系统浏览器插件安装选择界面

（4）提示下载插件时选择"保存"中的"另存为"，将插件安装程序保存到本地。或者在 IE 下直接选择"运行"。或者使用我们提供的插件安装程序安装。

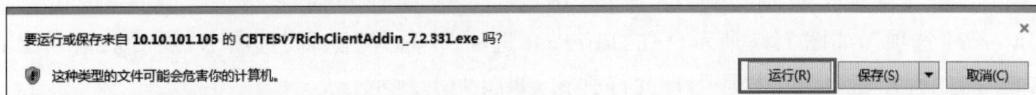

（5）确认运行程序。

（6）运行插件安装程序后，单击"安装"按钮，如图 H-4 所示。

（7）安装插件前，IE 浏览器的设置：在"工具"菜单中选择"Internet 选项"，然后选择"安全"选项卡，如图 H-5 所示。

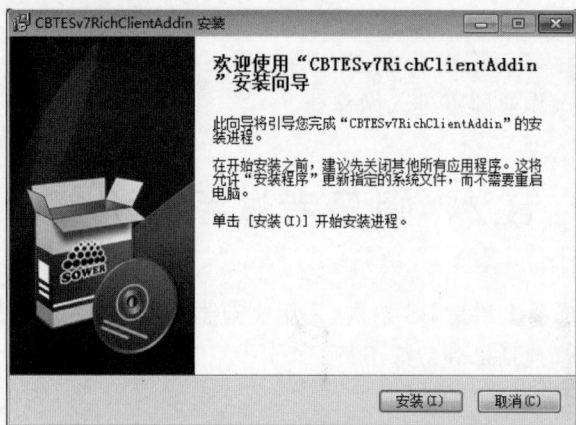

图 H-4　考试系统浏览器插件安装界面

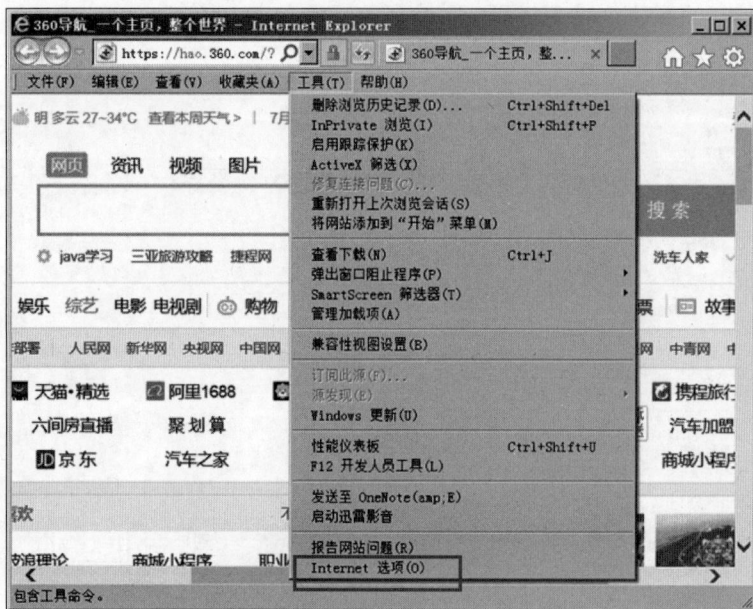

图 H-5　IE 浏览器的设置进入

① 在其中取消勾选"启用保护模式（要求重新启动 Internet）"，如图 H-6 所示。

② 进入自定义级别，然后选择"启用"ActiveX 控件和插件，单击"确定"按钮返回"Internet 选项"，如图 H-7 所示。在"Internet 选项"中选择"隐私"选项卡，然后取消勾选其中的"启用弹出窗口阻止程序"，即允许弹窗，如图 H-8 所示。

然后就可以在 IE 中安装插件了。

（8）安装插件前，360 极速浏览器的设置：在 360 极速浏览器的右上角单击圆形按钮可弹出菜单，选择"工具"，可进一步选择"Internet 选项"，然后同上述步骤（7）中设置启用 ActiveX 控件和插件、不启用保护模式、不启用弹出窗口阻止程序，如图 H-9 所示。

然后在"选项"的"高级设置"中的"网络内容"中，取消勾选"不允许任何网站显示弹出式窗口（推荐）"。

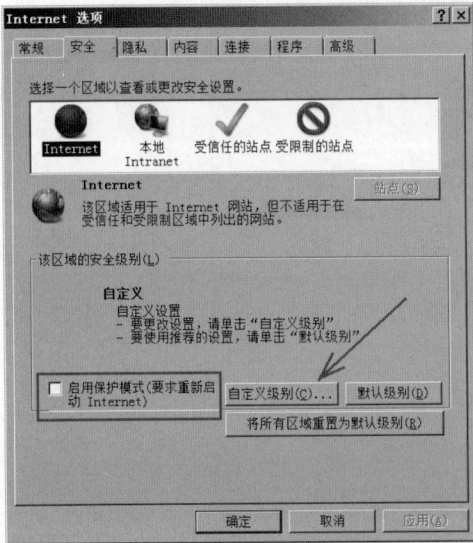

图 H-6　IE 浏览器的设置

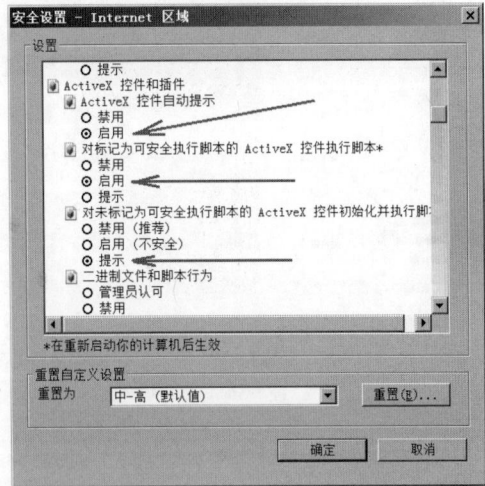

图 H-7　IE 浏览器的安全设置

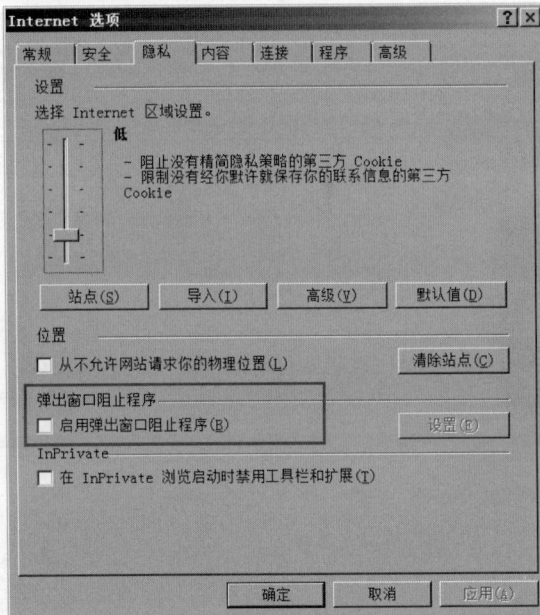

图 H-8　IE 浏览器的 Internet 选项设置

然后，就可以在 360 极速浏览器中安装插件了。

（9）浏览器插件安装后，重启浏览器，输入网址 http://10.10.101.105/jsjwzh，即可进入考试系统，如图 H-10 所示。

（10）在环境检测中检测"无 VC"时，如果你的计算机安装了"Dev-C++"，则可以不理会，单击"下一步"按钮。如果你的计算机不兼容"Dev-C++"，也可以安装 VC6.0 或 VS 来处理源程序，如图 H-11 所示，选择正确的考试科目。

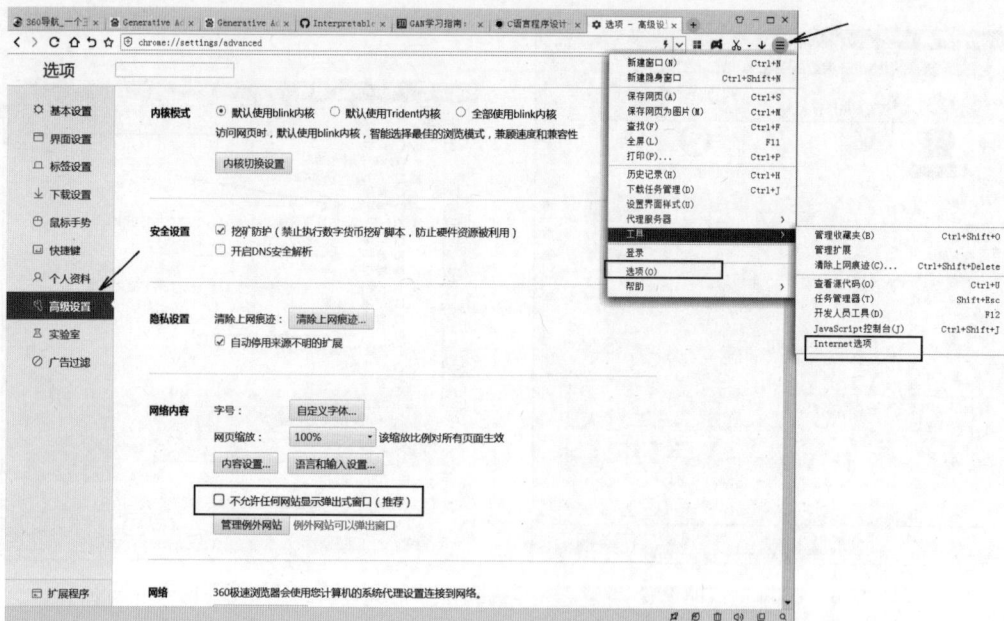

图 H-9　360 极速浏览器的选项设置

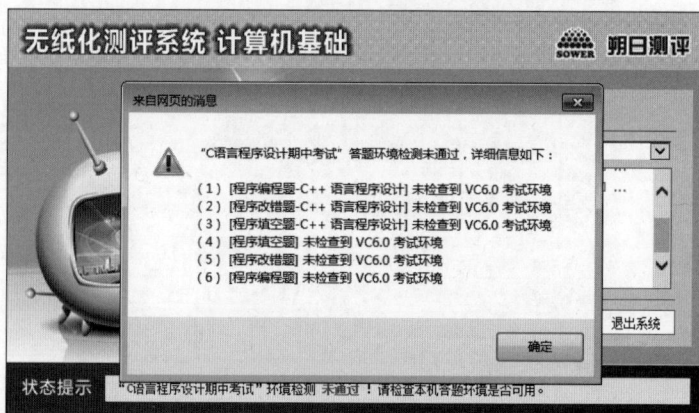

图 H-10　插件安装后考试系统运行界面

图 H-11　考试科目选择

C 语言程序设计

（11）然后进入登录环节，如图 H-12 所示，在"准考证号"输入框中输入你的学号，单击"下一步"按钮。

图 H-12　输入学号登录界面

（12）如图 H-13 所示，核对显示的考生信息，有误，则返回上一步修改学号，无误，则单击"下一步"按钮进入考试页面或等待页面。

图 H-13　考生信息核对界面

补充说明：上述步骤（12）后，若考生登录时考试开始时间未到，单击"下一步"按钮后显示的是等待页面。待考试开始后，系统会自动跳转至考试页面（当考生人数较多时会稍有延时）。若系统未能自动跳转至考试页面，考生可关闭浏览器重新登录。

参 考 文 献

[1] 谭浩强. C 程序设计教程[M]. 4 版. 北京：清华大学出版社，2022.

[2] 史蒂芬·普拉达. C Primer Plus(中文版)[M]. 姜佑，译. 6 版. 北京：人民邮电出版社，2016.

[3] 艾佛·霍尔顿. C 语言入门经典[M]. 杨洁，译. 5 版. 北京：清华大学出版社，2013.

[4] 罗兵，高潮，洪智勇. 程序设计基础[M]. 北京：清华大学出版社，2019.

[5] 高潮，罗兵，洪智勇. 程序设计实验指导书[M]. 北京：清华大学出版社，2019.

[6] 李根福，贾丽君. 软件项目开发全程实录：C 语言项目开发全程实录[M]. 北京：清华大学出版社，2013.

[7] 贾蓓，郭强，刘占敏，等. C 语言趣味编程 100 例[M]. 北京：清华大学出版社，2014.

[8] 明日科技. C 语言学习路线图：C 语言经典编程 282 例[M]. 北京：清华大学出版社，2012.

图 书 资 源 支 持

感谢您一直以来对清华版图书的支持和爱护。为了配合本书的使用，本书提供配套的资源，有需求的读者请扫描下方的"书圈"微信公众号二维码，在图书专区下载，也可以拨打电话或发送电子邮件咨询。

如果您在使用本书的过程中遇到了什么问题，或者有相关图书出版计划，也请您发邮件告诉我们，以便我们更好地为您服务。

我们的联系方式：

地　　址：北京市海淀区双清路学研大厦 A 座 714

邮　　编：100084

电　　话：010-83470236　　010-83470237

客服邮箱：2301891038@qq.com

QQ：2301891038（请写明您的单位和姓名）

资源下载：关注公众号"书圈"下载配套资源。

资源下载、样书申请　　　　　图书案例

书　圈　　　　清华计算机学堂　　　　观看课程直播